SAS数据挖掘与分析
项目实战

尚 涛 编著

中国铁道出版社有限公司

CHINA RAILWAY PUBLISHING HOUSE CO., LTD.

内 容 简 介

本书讲述了在实际运营中核心的数据挖掘分析案例,为读者重点展示了 SAS 在精准营销、客户流失预警、客户分群、广告点击、信用卡欺诈、信用风险评分等领域中的具体应用。

本书分为 16 章,以数据挖掘基础知识介绍开始,循序渐进地讲述了 Kaggle 数据科学社区调查数据分析、考察汽车耗油量与里程数的关系分析、影响汽车销售的关键因子分析、健身运动中耗氧量回归分析、旅客量预测分析、客户群分类判别分析、销售公司的客户分群、员工离职预测、广告点击率预测、产品精准营销模型、电信客户流失预警、银行贷款用户风险分析、信用风险评分卡的开发以及信用卡反欺诈预测模型等案例。最后一章介绍了与数据挖掘项目中的时间成本有较大关系的 SAS 数据清洗的相关技术。

本书案例丰富,实用性较强,特别适合从事数据挖掘、统计建模、机器学习、商业分析、运营分析等工作的人员使用,也可作为数学、统计学、金融管理、计算机等专业的学生学习 SAS 数据挖掘应用的参考书籍。

图书在版编目(CIP)数据

SAS 数据挖掘与分析项目实战/尚涛编著 . —北京:
中国铁道出版社有限公司,2020.8
ISBN 978-7-113-26850-3

Ⅰ. ①S… Ⅱ. ①尚… Ⅲ. ①数据采集-统计分析
Ⅳ. ①TP274

中国版本图书馆 CIP 数据核字(2020)第 073507 号

书 名:SAS 数据挖掘与分析项目实战
SAS SHUJU WAJUE YU FENXI XIANGMU SHIZHAN
作 者:尚 涛

责任编辑:张 丹   读者热线:(010)63560056
责任印制:赵星辰   封面设计:曾 程

出版发行:中国铁道出版社有限公司(100054,北京市西城区右安门西街 8 号)
印   刷:中国铁道出版社印刷厂
版   次:2020 年 8 月第 1 版 2020 年 8 月第 1 次印刷
开   本:787 mm×1 092 mm 1/16 印张:21 字数:460 千
书   号:ISBN 978-7-113-26850-3
定   价:79.80 元

前言

FOREWORD

这个技术有什么前途

随着大数据、人工智能的发展，无论是阿里巴巴、腾讯、百度还是母婴店、超市，不同的企业都在尝试利用大数据、人工智能技术提升企业的运营决策效率、降低管理费用，同时扩大业务范围。作为人工智能主要内容的数据挖掘技术，一直紧跟时代潮流，在企业的运营决策中发挥着越来越大的作用。

作为非常常用的商业数据挖掘软件 SAS，也紧跟大数据、人工智能的发展，不断创新。从 1960 年至今，经过几十年的完善和发展，SAS 系统在业内被公认为统计分析的标准软件，在零售、制造、银行、保险、通信、互联网、教育、医学、新闻媒体等领域得到广泛应用。基于当前大数据、人工智能的发展，以及 SAS 在数据挖掘领域的地位及广泛应用，如果你是数据分析行业里的新人，笔者建议要首先学会使用 SAS，它很好操作，并且市场占有率非常高。对于数据挖掘领域里的专业人士，如果至少需要掌握两种工具，首先建议掌握 SAS 软件。

笔者的使用体会

- SAS 功能强大，统计方法齐、全、新。SAS 提供了从基本的描述性统计分析到各种试验设计的方差分析、相关回归分析、因子分析、聚类分析、时间序列分析等多种统计分析，几乎囊括了所有很前沿的分析方法，其分析技术先进、可靠，分析方法的实现通过过程调用完成，许多过程同时提供了多种算法和选项。
- 使用简便，操作灵活。SAS 以一个通用的数据（DATA）产生数据集，可以通过不同的过程调用完成各种数据分析挖掘过程。SAS 编程语句简洁、短小，通常只需很少的几个语句即可完成一些复杂的运算，得到满意的结果。
- SAS 有可在 DATA 和 PROC 使用的大量函数和自定义函数，功能非常强大，也可以作为被 DATA 和 PROC 使用的宏语言。
- SAS 的软件及算法都是经过检验的，专业的医学生物数据统计一般只使用 SAS 软件。
- SAS 非常容易上手，如果你会 SQL，则可以立即上手使用 SAS。SAS 提供了丰富的统计功能，其友好的 GUI 界面可以让分析师快速上手，并且得到很好的技术支持。
- 在商业分析领域，SAS 是无可争辩的行业领导者，就全球而言，SAS 仍然是公司和机构中使用最多的数据分析工具之一，尤其是大型金融公司。

本书的特色

- 案例丰富：本书不空讲 SAS 语法和模型算法，以大量企业实际案例、清晰简明的解释以及尽可能少的专用术语来介绍 SAS 的实际应用。
- 内容全面：覆盖企业中的热点应用案例，比如精准营销、流失预警、客户分群、信用评分、广告点击率预测等。如果读者是公司的数据分析师，则可以直接参考案例进行相关模型研发。
- 较新的软件版本：以 SAS 9.4 软件版本，向读者介绍如何使用 SAS 进行数据挖掘项目的开发工作。
- 配备数据和源代码：提供所有案例的数据文件和 SAS 源代码，供读者操作练习、快速学习。
- 学习路线图清晰：每个案例均按照数据挖掘项目的一般工作流程逐步展开。

本书的内容

本书基于 SAS 9.4 版本软件编写，从数据挖掘基础知识介绍出发，给出了企业实际运营中的各种数据挖掘分析案例，为读者展示 SAS 在精准营销、流失预警、客户分群、广告点击、信用欺诈、风险评分等项目中的具体应用。本书的详细结构内容如下图所示。

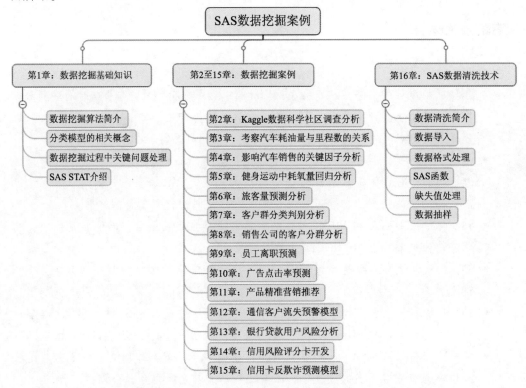

本书读者对象

- 数据分析师
- 数据挖掘工程师
- 机器学习工程师
- 风险分析师
- 商业分析师
- 运营分析人员
- 想从事数据挖掘工作的各大中专院校的学生
- 对数据挖掘技术领域有兴趣爱好的其他人员

本书案例代码及相关下载

请登录中国铁道出版社有限公司网站下载

http://www.m.crphdm.com/2020/0608/14267.shtml

目录

CONTENTS

第 1 章　数据挖掘知识介绍 ··· 1

1.1　数据挖掘算法简介 ··· 1

1.1.1　分类 ··· 1

1.1.2　聚类 ··· 2

1.1.3　关联 ··· 2

1.1.4　预测 ··· 3

1.2　分类模型的相关概念 ·· 3

1.2.1　数据说明 ··· 3

1.2.2　混淆矩阵 ··· 4

1.2.3　ROC 曲线和 AUC 面积 ··· 8

1.2.4　提升（Lift） ··· 10

1.2.5　K-S 曲线 ··· 11

1.3　数据挖掘过程中关键问题处理 ·· 11

1.3.1　数据准备 ··· 12

1.3.2　定义变量及数据抽样 ·· 14

1.3.3　变量选择 ··· 15

1.3.4　缺失值处理 ·· 16

1.3.5　模型比较 ··· 16

1.4　SAS STAT 介绍 ··· 17

第 2 章　Kaggle 数据科学社区调查分析 ·· 19

2.1　描述性统计分析的主要内容 ·· 19

2.1.1　数据的频数分析 ·· 19

2.1.2　数据的集中趋势分析 ·· 19

2.1.3　数据的离散程度分析 ·· 20

2.1.4　数据的分布 ·· 20

2.1.5　绘制统计图 ·· 20

2.2　SAS 描述性分析过程介绍 ·· 20

2.2.1　PROC FREQ 过程 ··· 20

2.2.2　PROC MEANS 过程 ··· 23

2.2.3　PROC UNIVARIATE 过程 ·· 29

I

2.3　调查数据说明 ··· 38

2.4　数据探索 ··· 39

2.5　Kaggle 社区用户画像分析 ··· 43

　　2.5.1　人员属性 ·· 43

　　2.5.2　工作属性 ·· 51

　　2.5.3　技能属性 ·· 52

　　2.5.4　学习属性 ·· 53

第 3 章　考察汽车耗油量与里程数的关系 ································· 58

3.1　项目背景 ··· 58

3.2　非线性回归简介 ·· 58

3.3　非线性回归过程说明 ··· 59

3.4　广义线性模型过程 ··· 62

3.5　数据文件说明 ·· 63

3.6　数据探索 ··· 63

3.7　模型建立 ··· 64

3.8　结果分析 ··· 64

第 4 章　影响汽车销售的关键因子分析 ···································· 67

4.1　数据说明 ··· 67

4.2　因子分析的基本原理 ··· 68

　　4.2.1　因子分析模型 ·· 68

　　4.2.2　因子旋转 ·· 70

　　4.2.3　计算因子得分 ·· 70

4.3　因子分析的步骤和 SAS 过程 ··· 70

　　4.3.1　因子分析的步骤 ··· 70

　　4.3.2　FACTOR 过程说明 ··· 71

4.4　模型开发及结果解释 ··· 73

4.5　主成分分析和因子分析的区别 ··· 77

第 5 章　健身运动中耗氧量回归分析 ······································· 79

5.1　线性回归模型 ·· 79

5.2　REG 过程 ·· 80

　　5.2.1　过程选项 ·· 80

　　5.2.2　MODEL 语句选项 ·· 80

　　5.2.3　关键字选项 ··· 81

　　5.2.4　PLOT 语句选项 ··· 82

5.3　数据说明 ··· 82

5.4 相关性分析 82

5.5 回归分析 83

5.6 逐步回归 85

    5.6.1 逐步回归过程 85

    5.6.2 利用逐步回归选择变量 87

第6章 旅客量预测分析 90

6.1 项目背景 90

6.2 数据文件说明 90

6.3 平稳随机过程概述 91

    6.3.1 自回归模型 92

    6.3.2 滑动平均模型 92

    6.3.3 自回归滑动平均模型 92

6.4 ARMA 模型的识别 92

    6.4.1 基于相关函数的定阶方法 93

    6.4.2 利用信息准则法定阶 94

6.5 模型参数的估计 94

6.6 时间序列的分析步骤 94

6.7 SAS 系统的 ARIMA 过程 95

    6.7.1 ARIMA 语句选项 96

    6.7.2 IDENTIFY 语句选项 97

    6.7.3 ESTIMATE 语句选项 97

    6.7.4 FORECAST 语句选项 97

    6.7.5 ARIMA 建模过程 98

6.8 数据探索 99

    6.8.1 平稳性检验 99

    6.8.2 序列变换 100

6.9 自相关函数检验 102

6.10 模型参数估计 104

6.11 预测 107

第7章 客户群分类判别分析 109

7.1 业务背景及数据说明 109

7.2 判别分析的数学原理 110

7.3 判别分析的 SAS 过程 111

    7.3.1 DISCRIM 过程 111

    7.3.2 CANDISC 过程 113

7.3.3　STEPDISC 过程 ·· 114

7.4　数据探索 ··· 115

7.5　客户群判别模型建立 ··· 116

7.6　模型应用 ··· 125

第 8 章　销售公司的客户分群分析 ·· 126

8.1　项目背景 ··· 126

8.1.1　客户细分的概念 ·· 127

8.1.2　客户细分模型 ·· 127

8.1.3　客户细分模型的基本流程 ·································· 128

8.1.4　细分方法介绍 ·· 129

8.2　聚类分析的数学原理 ··· 130

8.2.1　聚类的数学原理 ·· 130

8.2.2　距离和相似距离 ·· 131

8.2.3　聚类方法 ··· 132

8.2.4　聚类数的确定 ·· 135

8.2.5　聚类分析步骤 ·· 136

8.3　SAS 中的聚类过程 ··· 137

8.3.1　Cluster 系统聚类过程 ··· 138

8.3.2　Fastclus 快速聚类过程 ·· 139

8.3.3　Varclus 方差聚类过程 ··· 141

8.3.4　Tree 聚类树型输出过程 ······································ 143

8.4　数据文件说明 ··· 144

8.5　数据探索 ··· 145

8.5.1　变量衍生 ··· 146

8.5.2　变量标准化 ··· 148

8.5.3　变量相关性分析 ·· 149

8.6　模型建立 ··· 150

8.7　客户画像分析 ··· 151

8.8　模型应用 ··· 152

第 9 章　员工离职预测 ··· 153

9.1　项目背景 ··· 153

9.2　数据说明 ··· 154

9.3　数据探索 ··· 155

9.4　数据建模 ··· 158

9.4.1　变量相关分析 ·· 158

　　　9.4.2　决策树建模 •• 159

　9.5　模型评估与应用 •• 164

第 10 章　广告点击率预测 ••••••••••••••••••••••••••••••••••••••• 168

　10.1　业务背景 •• 168

　　　10.1.1　网络广告发展情况 •••••••••••••••••••••••••••••• 168

　　　10.1.2　计算广告学 •••••••••••••••••••••••••••••••••••••• 169

　10.2　数据说明 •• 169

　10.3　数据不平衡的处理方式 •••••••••••••••••••••••••••••••• 170

　　　10.3.1　收集更多的数据 •••••••••••••••••••••••••••••••• 170

　　　10.3.2　改变模型性能评价指标 •••••••••••••••••••••••• 170

　　　10.3.3　重新对样本进行采样 •••••••••••••••••••••••••• 171

　10.4　模型开发与评估 •• 171

　　　10.4.1　样本欠抽样 •••••••••••••••••••••••••••••••••••••• 171

　　　10.4.2　模型开发 •• 174

　　　10.4.3　模型评估 •• 177

　10.5　CTR 模型的发展脉络 •••••••••••••••••••••••••••••••••• 178

第 11 章　产品精准营销推荐 ••••••••••••••••••••••••••••••••••• 182

　11.1　项目背景 •• 182

　　　11.1.1　业务背景 •• 182

　　　11.1.2　数据说明 •• 183

　　　11.1.3　项目目标 •• 185

　11.2　数据探索 •• 185

　　　11.2.1　变量描述性统计分析 •••••••••••••••••••••••••• 185

　　　11.2.2　变量缺失值处理 •••••••••••••••••••••••••••••••• 189

　　　11.2.3　变量衍生处理 •••••••••••••••••••••••••••••••••• 189

　11.3　模型建设 •• 192

　　　11.3.1　欠抽样 •• 192

　　　11.3.2　数据集分割 •••••••••••••••••••••••••••••••••••••• 194

　　　11.3.3　模型开发 •• 195

　　　11.3.4　模型评估 •• 201

　11.4　模型应用 •• 203

　　　11.4.1　产品自动化推荐系统 •••••••••••••••••••••••••• 203

　　　11.4.2　易受到市场环境等各种因素的影响 •••••••••• 204

　　　11.4.3　人群特征漂移需要不断优化模型 •••••••••••• 204

第 12 章　通信客户流失预警模型 ··· 205

　12.1　项目背景 ·· 205

　　12.1.1　客户流失分析要解决的问题 ··· 206

　　12.1.2　分析客户流失的类型 ·· 206

　　12.1.3　如何进行客户流失分析 ·· 207

　12.2　数据说明 ·· 208

　12.3　因变量定义 ·· 209

　12.4　样本抽取 ·· 209

　12.5　数据探索 ·· 210

　12.6　模型开发 ·· 212

　　12.6.1　变量衍生 ··· 212

　　12.6.2　变量选择 ··· 212

　　12.6.3　相关性处理 ·· 212

　　12.6.4　模型结果 ··· 214

　12.7　模型评估 ·· 215

　　12.7.1　开发样本上的模型性能 ·· 215

　　12.7.2　验证样本上的模型性能 ·· 216

　12.8　模型应用 ·· 218

第 13 章　银行贷款用户风险分析 ··· 219

　13.1　案例背景 ·· 219

　13.2　因变量定义 ·· 220

　13.3　样本抽取 ·· 221

　13.4　数据探索 ·· 222

　　13.4.1　为什么要进行数据探索 ·· 222

　　13.4.2　数据分布情况 ··· 223

　13.5　模型建设 ·· 224

　　13.5.1　变量衍生 ··· 224

　　13.5.2　变量选择 ··· 225

　　13.5.3　共线性处理 ·· 226

　　13.5.4　模型结果 ··· 227

　13.6　模型性能评估 ··· 229

　　13.6.1　开发样本上的模型性能 ·· 230

　　13.6.2　验证样本上的模型性能 ·· 231

　13.7　模型应用 ·· 232

第 14 章　信用风险评分卡开发 ··· 233

14.1　信用评分模型简介 ··· 233

14.2　信用卡模型的开发过程 ··· 234

14.3　案例背景及项目目标确定 ·· 235

　　14.3.1　项目背景说明 ··· 235

　　14.3.2　确定项目目标 ··· 236

14.4　数据获取 ·· 237

14.5　数据质量检验 ··· 238

14.6　项目参数设定 ··· 240

　　14.6.1　排除规则确定 ··· 240

　　14.6.2　表现和观察窗口 ··· 240

　　14.6.3　确定"坏"的定义 ··· 241

　　14.6.4　滚动率分析 ··· 242

　　14.6.5　客户分群 ··· 242

14.7　数据探索 ·· 243

　　14.7.1　数据分布分析 ··· 243

　　14.7.2　缺失值的处理 ··· 244

　　14.7.3　极端值的处理 ··· 246

14.8　模型开发 ·· 247

　　14.8.1　证据权重（WOE） ··· 247

　　14.8.2　信息值（IV） ··· 255

　　14.8.3　变量选择 ··· 256

　　14.8.4　变量分组 ··· 257

　　14.8.5　变量相关性分析 ··· 265

　　14.8.6　模型迭代开发 ··· 265

14.9　模型评估 ·· 269

　　14.9.1　混淆矩阵 ··· 269

　　14.9.2　K-S 统计量 ··· 274

　　14.9.3　ROC 曲线 ··· 276

14.10　评分卡创建 ··· 277

　　14.10.1　评分尺度变换 ··· 277

　　14.10.2　变量分值分配 ··· 278

14.11　评分卡实施 ··· 282

14.12　监测与报告 ··· 283

14.13　拒绝推断 ·· 283

14.14　运用评分卡需要注意的事项 ································ 284

第 15 章　信用卡反欺诈预测模型 ································ 286

15.1　信用卡欺诈概述 ·· 286

15.1.1　信用卡欺诈的种类 ····································· 287

15.1.2　智能反欺诈管理 ··· 287

15.1.3　其他反欺诈技术 ··· 288

15.2　案例背景 ·· 289

15.3　数据探索 ·· 289

15.4　模型开发 ·· 291

15.4.1　不使用分层抽样策略 ··································· 291

15.4.2　使用分层抽样策略 ····································· 298

15.5　总结 ·· 303

第 16 章　SAS 数据清洗技术 ······································ 304

16.1　数据清洗简介 ··· 304

16.1.1　数据清洗 ··· 305

16.1.2　数据探索 ··· 305

16.2　数据导入 ·· 306

16.2.1　读入数据到 SAS 系统的方法 ····················· 307

16.2.2　指定数据文件的位置 ··································· 307

16.2.3　读入由空格分隔的原始数据 ······················· 309

16.2.4　读入列对齐的原始数据 ······························· 309

16.2.5　读入非标准格式的数据 ······························· 310

16.2.6　读入一个观测占据多行的数据文件 ·············· 311

16.2.7　读入原数据文件的一部分 ··························· 312

16.2.8　IMPORT 过程读入分隔数据文件 ················ 313

16.3　数据格式处理 ··· 316

16.4　SAS 函数 ··· 316

16.4.1　字符函数 ··· 317

16.4.2　数值函数 ··· 318

16.5　缺失值处理 ·· 319

16.6　数据抽样 ·· 319

16.6.1　等比例分层抽样 ··· 320

16.6.2　不等比例分层抽样 ······································ 321

16.6.3　分层抽样 ··· 321

第 1 章

数据挖掘知识介绍

目前，海量数据时代已经来临，尤其是在互联网、通信、金融等行业，几乎已经到了"数据就是业务本身"的程度，对这些海量数据进行分析挖掘，从而转化为对公司业务发展、决策有用的知识则至关重要。

本章将介绍各种数据挖掘的相关技术知识，以及数据挖掘过程中的关键内容，并阐述 SAS STAT 中的部分数据挖掘过程。

1.1 数据挖掘算法简介

数据挖掘最重要的要素是分析人员的相关业务知识和思维模式，丰富的业务知识是设计有效的相关变量的必要条件，而分析人员的思维模式从另外一个方面也保障了设计变量的结构化和完整性。所以，我们在掌握了丰富的业务知识以后，如果能够按照正确的思维模式去思考问题，将会发现解决问题并不是很困难的。

一般来说，数据挖掘主要侧重解决四类问题：分类、聚类、关联、预测，而常规的描述性统计、交叉报表、假设检验等数据分析方法，则侧重于解决其他问题，数据挖掘的应用就是把这几类问题演绎的一个过程，下面详细讲述。

1.1.1 分类

分类问题属于预测性的问题，但是它跟普通预测问题的区别在于其预测的结果是类别而不是一个具体的数值。

举个例子，你和朋友在路上走着，迎面走来一个人，你对朋友说，我猜这个人是深圳人，那么这个问题就属于分类问题；如果你对朋友说，我猜这个人的年龄在 30 岁左右，那么这个问题就属于后面要说到的数据预测问题。

商业案例中，分类问题是我们最常见到的问题，比如：

- 给你一个客户的相关信息，预测一下他未来一段时间是否会离网。

- 客户或者企业的信用度是好、一般还是差？
- 是否会使用本公司的某个产品？
- 将来会成为你的高、中价值还是低价值的客户？
- 是否会响应你的某个促销活动？
- 申请银行的贷款是否获批？
- 申请银行的信用卡是否获批？
- 用户是否会点击公司发布的广告？

解决分类问题，需要使用 SAS 系统中的一些分析过程，比如 Logictic 回归过程、决策树算法、判别分析、神经网络等。在后续的章节中，会用分类问题的案例来说明。

1.1.2 聚类

聚类算法通常按照中心点或者分层的方式对输入数据进行归并，所有的聚类算法都试图找到数据分布的内在结构，以便按照最大的共同点将数据进行归类。常见的聚类算法包括 K-Means 算法等。

聚类问题不属于预测性的问题，它主要解决的是把一群对象划分成若干个组的问题，划分的依据是聚类问题的核心，所谓"物以类聚、人以群分"，故得名聚类。

聚类问题在商业案例中也是常见的问题，例如需要选择若干个指标（如价值、成本、使用的产品等）对已有的用户群进行划分，特征相似的用户聚为一类，特征不同的用户分属于不同的类。

聚类的方法很多，基于用户间彼此距离的长短来对用户进行聚类划分的方法依然是当前最流行的方法，大致的思路是这样的：

- 首先确定选择哪些指标对用户进行聚类；
- 然后在选择的指标上计算用户彼此间的距离，距离的计算公式很多，最常用的就是直线距离（把选择的指标当作维度、用户在每个指标下都有相应的取值，可以看作多维空间中的一个点，用户彼此间的距离就可理解为两者之间的直线距离）；
- 最后把彼此距离比较短的用户聚为一类，类与类之间的距离相对较长。

SAS 系统中有专门的过程来解决聚类问题，比如系统聚类、K-Means 快速聚类等，在后续对应的章节中会进行针对性的介绍。

1.1.3 关联

说起关联问题，可能要从"啤酒和尿布"说起了，啤酒和尿布是沃尔玛超市的一个经典案例，它给了我们这样一个启示：世界上的万事万物都有着千丝万缕的联系，我们要善于发现这种关联。关联规则学习通过寻找最能够解释数据变量之间关系的规则，来找出大量多元数据集中有用的关联规则。

商业上最经典的一个应用是在超市，比如一群用户购买了很多产品之后，哪些产品同时购买的概率比较高？买了 A 产品的同时买哪个产品的概率比较高？一般这种关联分析，叫作"购物篮分析"。

SAS EM 系统中的关联分析模块可以解决关联相关的问题。

1.1.4　预测

此处说的预测问题指的是狭义的预测，并不包含前面阐述的分类问题，虽然分类问题也属于预测。一般来说，我们谈预测问题主要指预测变量的取值为连续数值型的情况。

例如天气预报预测明天的气温、国家预测下一年度的 GDP 增长率、航空公司预测下一年的旅客量、通信运营商预测下一年的收入、用户数等。

预测问题的解决更多的是采用统计学的技术，例如回归分析和时间序列分析。相对来说，用于预测问题的回归分析在商业中的应用要远远少于在医学、心理学、自然科学中的应用，最主要的原因是后者是更偏向于自然科学的理论研究，需要有理论支持的实证分析。而在商业统计分析中，更多地使用描述性统计和报表去揭示过去发生了什么，或者是应用性更强的分类、聚类问题。

解决预测问题的算法很多，比如线性回归、Logistic 回归、时间序列分析等。SAS 系统中有对应的 SAS 过程解决回归、时间序列等问题。

1.2　分类模型的相关概念

分类模型是企业在运营过程中经常遇到的一类模型，例如贷款用户是否违约、推销给客户的产品是否购买、通信客户是否会流失等。本节将重点介绍分类模型的一些相关概念，比如混淆矩阵、ROC、AUC、Lift、K-S 之类的指标或者统计量，并在业务上对这些指标进行解释，以便让数据分析人员明白如何利用数据指标来评价模型的技术性能，下面我们就通过一个简单的案例来逐一介绍这些概念。

1.2.1　数据说明

为了说明分类模型的相关技术指标，本案例使用通信行业的用户流失数据 churn_data，假设某个通信服务提供商非常关心流失到竞争对手那里的客户数，则可以使用数据预测有可能转移到其他提供商的客户，然后制订个性化的服务来尽可能多地保留这些客户。

本案例将焦点集中于利用使用数据预测客户的流失，因为目标含有两个截然不同的类别，所以在本案例我们可以直接使用二分类模型，如果目标中含有多个类别，则会转而创建多分类模型。

首先利用 contents 过程来查看数据集的变量属性等信息，图 1-1 展示了数据集的所有变量属性信息。

```
/* 查看数据集的描述* /
proc contents data = churn_data;
run;
```

```
                  按字母排序的变量和属性列表

#   变量        类型   长度   标签

1   AGE         数值    8     Age in years
6   CALLCARD    数值    8     Calling card service
8   CHURN       数值    8     Churn within last month
3   EMPLOY      数值    8     Years with current employer
5   EQUIP       数值    8     Equipment rental
4   GENDER      数值    8     Gender
2   INCOME      数值    8     Household income in thousands
7   INTERNET    数值    8     Internet
```

图 1-1　数据集的变量属性信息

然后查看目标变量CHURN中0（未流失）和1（流失）的分布情况，利用FREQ过程进行频数统计，程序如下，结果如图1-2所示。

```
/* 查看目标变量的分布情况* /
proc freq data = churn_data ;
    tables churn;
run;
```

```
                      FREQ PROCEDURE

                  Churn within last month

                                           累积        累积
CHURN       频数       百分比             频数      百分比
-------------------------------------------------------------
    0        726        72.60              726       72.60
    1        274        27.40             1000      100.00
```

图 1-2　变量CHURN的分布情况

1.2.2　混淆矩阵

首先介绍混淆矩阵（Confusion Matrix）的概念，混淆矩阵是用来反映某一个分类模型的分类结果，其中行代表的是真实的类，列代表的是模型预测的分类，具体见表1-1。在实际情况下，属于1类的个数为C + D，属于0类的分数是A + B。经过模型预测，实际属于1类的样本有D个被预测称1类，实际属于1类的样本有C个被预测为0类；实际属于0类的样本有B个被预测为1类，实际属于0类的样本有A个被预测为0类。

表 1-1　混淆矩阵

		预测	
		1	0
实际	1	D	C
	0	B	A

　　下面我们就利用 Logistic 模型来对用户流失数据 churn_data 进行建模，首先需要把数据集分为 70% 和 30% 两部分，即训练数据集 churn_train_data 和验证数据 churn_valid_data，程序代码如下所示。

```
/* 分割数据集 */
proc surveyselect data = churn_data
    method = srs n = 700
/* srs 代表指定要用 simple random sampling,所以每个样本是以相同的概率被抽取且不置换 */
    out = churn_train_data;
/* 输出到数据集 churn_train_data */
run;
/* 选取模型验证样本 */
proc sql;
    create table churn_valid_data as
    select a. *
    from  churn_data a
    left join  churn_train_data b
    on a. id = b. id
    where b. id = . ;
quit;
/* 统计负样本的占比 */
/* 建模样本的负样本占比 */
proc freq data = churn_train_data;table churn;run;
/* 验证样本的负样本占比 */
proc freq data = churn_valid_data;table churn;run;
```

　　运行上述程序，结果如图 1-3 所示，分别是建模样本和验证样本的正负样本占比。

		建模样本的负样本占比		
		FREQ PROCEDURE		
		Churn within last month		
CHURN	频数	百分比	累积频数	累积百分比
0	522	74.57	522	74.57
1	178	25.43	700	100.00
		验证样本的负样本占比		
		FREQ PROCEDURE		
		Churn within last month		
CHURN	频数	百分比	累积频数	累积百分比
0	204	68.00	204	68.00
1	96	32.00	300	100.00

图 1-3　训练样本和验证样本的正负样本占比

由于此案例数据比较整齐，不需要对数据进行特别的先期处理，下面直接调用 Logistic 回归过程进行建模，调用 stepwise 关键字对变量进行逐步回归选择操作，程序代码如下所示。

```
/* 进行模型拟合,并选择变量* /
proc logistic data = churn_train_data;
model churn = AGE
         CALLCARD
         EMPLOY
         EQUIP
         GENDER
         INCOME
         INTERNET/stepwise
;
run;
```

运行上述建模程序，参数估计的结果如图 1-4 所示。

Analysis of Maximum Likelihood Estimates					
Parameter	DF	Estimate	Standard Error	Wald Chi-Square	Pr > ChiSq
Intercept	1	-0.3689	0.3723	0.9817	0.3218
AGE	1	0.0366	0.00898	16.5801	<.0001
CALLCARD	1	1.0523	0.1995	27.8359	<.0001
EQUIP	1	-1.4005	0.1953	51.4134	<.0001

图 1-4　极大似然估计结果

所以可以得到回归方程，如下所示。

```
Logit(p) = log(p/1 - p) = -0.3689 +
0.0366* age +
1.0523* callcard -
1.4005* equip
```

用下面的公式就可以求出正例的概率（目标变量 churn = 1 的概率）。

```
p = exp(logit)/(exp(logit) +1)
```

上式求出的是概率值，根据概率值把各个客户进行归类，还需要一个阈值，比如，违约概率超过 0.7 的就归为 bad，即流失客户，其余为 good，即非流失客户。

把上述公式代入 valid 数据中，可以对验证数据进行打分处理，程序如下所示。

```
/* 计算测试数据集上的分数* /
data churn_valid_data_score;
set churn_valid_data;
logit = -0.3689 +0.0366* age +1.0523* callcard -1.4005* equip;
p = exp(logit)/(exp(logit) +1);
```

```
if p < =0.7 then flag =0;
else flag =1;
keep id churn p flag;
run;
```

最完美的分类模型就是，如果一个客户实际上属于类别 1，就预测成 1，属于类别 0，也就预测成 0。但是在通常情况下，模型并不是完美的，也会有判断错误的时候，模型只是尽可能地把判断误差降到最低。混淆矩阵可以把模型判断的所有信息汇总到一个表里面，即混淆矩阵，见表 1-2。

表 1-2　混淆矩阵表

		预测		
		1	0	
实际	1	d, True Positive	c, False Negative	c + d, Actual Positive
	0	b, False Positive	a, True Negative	a + b, Actual Negative
		b + d, Predicted Positive	a + c, Predicted Negative	

下面说明一下混淆矩阵包含的一些概念，这些概念只是学术上的概念，实际工作中需要结合具体的业务分析对待，具体见表 1-3。

表 1-3　混淆矩阵中的一些概念

标识	说明
a	正确预测到的负例的数量（True Negative）
b	把负例预测成正例的数量（False Positive）
c	把正例预测成负例的数量（False Negative）
d	正确预测到的正例的数量（True Positive）
a + b	实际上负例的数量（Actual Negative）
c + d	实际上正例的个数（Actual Positive）
a + c	预测的负例个数（Predicted Negative）
b + d	预测的正例个数（Predicted Positive）

直接调用 proc freq 过程即可计算混淆矩阵中的数据，程序如下所示。

```
/* 计算混淆矩阵* /
proc freq data =churn_valid_data_score;
tables churn* flag / nopercent
                nocol
                norow;
run;
```

对照上表，结果如图 1-5 所示。

7

下面我们根据图 1-5 中的数据，计算一些比较常用的模型性能评估指标，准确率等模型性能评估指标见表 1-4。

```
         表 — CHURN X flag

CHURN(Churn within last month)
        flag

频数  |     0|     1|  合计
------+------+------+
  0 |    51 |   153 |   204
------+------+------+
  1 |    54 |    42 |    96
------+------+------+
合计       105    195    300
```

图 1-5　本案例中 Logistic 模型的判断分类表

表 1-4　模型的一些性能评估指标

评估指标	计算公式
准确率	$(a+d)/(a+b+c+d)$
误分类率	$(b+c)/(a+b+c+d)$
正例的覆盖率（Sensitivity）	$d/(c+d)$
正例的命中率	$d/(b+d)$
负例的覆盖率（Specificity）	$a/(a+b)$
负例的命中率	$a/(a+c)$

利用 proc freq 过程即可计算出来这些性能评估指标，程序如下所示。

```
/* 计算混淆矩阵 */
proc freq data = churn_valid_data_score;
tables churn* flag ;
run;
```

运行上述程序，结果如图 1-6 所示。

其中，准确率 = 17.00% + 14.00% = 31.00%，正例的覆盖率 = 43.75%，正例的命中率 = 21.54%，负例的覆盖率 = 25.00%，负例的命中率 = 48.57%。

从这些指标的计算过程可以得出，不同的阈值划分直接影响到这些指标的大小，这就为后面绘制 ROC 等曲线提供了依据。

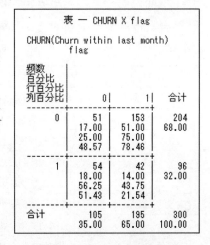

图 1-6　性能指标计算结果

1.2.3　ROC 曲线和 AUC 面积

1. ROC 曲线

由上述混淆矩阵中的各种指标的计算得知，不同的阈值会产生不同的各类指标，比如会产生不同的正例的覆盖率（Sensitivity）和 Specificity，由于 Sensitivity 和 Specificity 的变化方向相反，把基于不同的阈值而产生的一系列 Sensitivity 和 1 - Specificity 描绘到直角坐标上，就是 ROC 曲线，全称是接受者操作特性曲线（Receiver Operating Characteristic Curve）。

绘制 ROC 曲线仅仅需要两个值，即：

- Sensitivity（正例的覆盖率）；
- Specificity（负例的覆盖率，True Negative Rate）。

下面我们把 ROC 曲线绘制出来，SAS 中直接调用 gplot 过程即可，也可以直接利用建模过程中的关键字选项 plot(only) = roc 来绘制，程序如下所示。

```
/* 绘制 ROC 曲线 * /
ods graphics on;
proc logistic data = churn_train_data
    plot(only) = roc;
model churn = AGE   CALLCARD
EMPLOY   EQUIP
GENDER   INCOME
INTERNET /   stepwise
;
run;
ods graphics off;
```

　　运行上述程序,则 ROC 曲线直接绘制出来(横轴是 1-Specificity,纵轴是 Sensitivity),如图 1-7 所示。模型选择的每一步 ROC 曲线都被绘制出来,可以比较不同模型的 ROC 曲线变化情况。

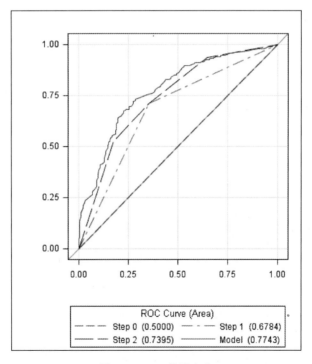

图 1-7　ROC 曲线变化

2. AUC 面积

　　ROC 曲线是根据与 45 度线的偏离来判断模型好坏,AUC(Area Under the ROC Curve,ROC,曲线下的面积)是 ROC 的一个派生指标,可以精确地衡量模型的性能,如图 1-7 所示,45 度线下的面积是 0.5,ROC 曲线与它偏离越大,ROC 曲线就越向左上方靠拢,它下面的面积(AUC)也就相应越大。

SAS 的 Logistic 回归能够直接生成 AUC 值，拟合完模型，则可以得到 AUC 指标，如图 1-8 所示为上述 Logistic 模型拟合的结果，本案例中 C = AUC = 0.774。

```
                    The LOGISTIC Procedure
      Association of Predicted Probabilities and Observed Responses

          Percent Concordant      77.2    Somers' D    0.549
          Percent Discordant      22.3    Gamma        0.551
          Percent Tied             0.5    Tau-a        0.208
          Pairs                  92916    c            0.774
```

图 1-8 模型性能指标

如上所述，在 SAS 系统里，Logistic 模型拟合结果已经包含 AUC 数值，图 1-8 所示的模型选择过程中的 ROC 曲线都会被绘制出来，针对最后选取的 Logistic 模型，SAS 系统也会单独绘制一张 ROC 图形，如图 1-9 所示（横轴是 1-Specificity，纵轴是 Sensitivity），从中也可以得到 AUC 的数值，即等于 0.774。

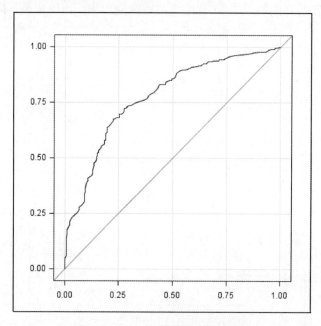

图 1-9 Logistic 模型的 ROC 曲线

1.2.4 提升（Lift）

提升（Lift）的计算方法也是从混淆矩阵的一些概念中计算出来的，和 ROC 曲线的绘制基本一致，也同样能绘制出提升（Lift）和收益（Gain）的曲线。

这里给出 Lift 的定义，程序如下所示。

```
Lift = (d/(b+d))/((c+d)/(a+b+c+d))
```

它是衡量与不使用模型相比，模型的预测能力提升了多少，显然，Lift（提升指数）越大，模型的运行效果越好。举例说明 Lift，如果一个公司对某一个群体进行发传单宣传，假设有 10 000 人, 其中响应 (可以是购买公司的产品等) 的人有 1 000 人, 现在构造一个模型, 这个模型的执行结果是, 选出来 4 000 人, 这 4 000 人中有 800 人是响应 (比如购买公司的某个产品) 的, 则

- 最初的响应比例为: 1 000/10 000 ＝ 0.1
- 模型计算后的比例为: 800/4 000 ＝ 0.2

那么 Lift 值为: Lift ＝ 0.2/0.1 ＝2。Lift 值是衡量模型好坏的一个指标, 其含义是人群响应比提高的倍数, 如果有两个或以上的预测模型, 则可以利用 Lift 值的大小来选择模型。

1.2.5　K-S 曲线

K-S (Kolmogorov-Smirnov) 指标是根据两位数学家的名称来命名的, 是衡量好账户和坏账户的累积分布比例之间距离最大的差距, 好账户和坏账户之间的距离越大, K-S 指标越高, 模型的区分能力越强。

K-S 指标的计算公式如下:

$$D_{KS} = \max \{ abs (cpG - cpB) \}$$

其中, cpG 表示好样本的累积百分比, cpB 表示坏样本的累积百分比, K-S 指标即为好样本的累积百分比减去坏样本的累积百分比的绝对值的最大值。

K-S 检验主要是验证模型对好坏样本的区分能力, 通常是在模型预测全体样本的变坏概率后 (本案例中即是客户流失的概率), 将全体样本按好 (不会流失的客户) 与坏 (流失的客户) 分为两部分, 然后用 KS 统计量来检验这两组样本概率得分的分布是否有显著差异。

1.3　数据挖掘过程中关键问题处理

数据挖掘过程中通常会遇到海量数据的处理以及常见的建模问题, 而且会不断涌现新问题, 这些问题会大大增加开发有效模型的时间, 并阻碍高质量模型的开发。本节主要讨论如何识别并纠正若干常见的建模错误, 使用这些问题处理技巧, 可以大大减少构建有效模型的时间, 并提高模型的质量。

本节内容告诉读者如何识别常见的数据挖掘错误, 并提出纠正这些错误的一些建议, 但给出的纠正措施不应看作完整的解决方案。这里罗列的是经常出现的错误, 而且在实际的模型开发过程中也是可以克服的。需要读者注意的是, 选择何种问题处理方式是具有高度主观性的, 很有可能本节推荐的建议并不太适合某种特定场合, 毕竟具体分析选择最适当的方法是分析员的职责。这里的讨论是要让读者对那些导致非预期结果的情况增加认识, 并阐述如何应对那些情况的方式。

1.3.1 数据准备

数据准备所花费的时间通常比花费在模型开发上的时间要多，但是不幸的是，由于项目期限的原因，人们总是希望通过捷径尽快找到最终答案，而不管答案是否是最优的。选择捷径方式往往减少了数据准备阶段上的时间，然而数据如果没有被充分准备好，会增加花费在模型开发阶段上的时间，反而削弱了捷径方式的效果。更重要的是，在这种情况下生成的模型与在充分数据准备下建立的数据模型进行比较时，往往导致变量考虑不足，不能正确地处理分类型变量，以及不能正确地处理数值型变量等问题，值得我们特别重视。

1. 数据不足

虽然随着互联网、大数据的发展，企业获取数据更加方便，获取的数据量更多，但是涉及一些具体的业务运营数据挖掘项目时，还是会遇到数据量较少，变量不足的情况，我们常常以已知数据子集的特性作为参考来解决建模的问题。

对公司来说，充分利用更多的数据建立模型的好处莫过于提高市场的份额，当竞争对手通过交叉销售来提高业绩时，竞争对手就总会赢得市场份额。

为了克服数据量不足的问题，在时间允许的条件下，我们需要尽可能利用更多的数据进行建模分析。但在时间资源有限的条件下，只使用一部分数据进行建模也是很平常的事情。为了建模所花费的数据获取时间对于未来模型分析阶段是很有用的。总的来说，获取足够数据量及变量的建模所花费的时间比在将来修复模型所花费的时间要少得多。另外，在模型重建的过程中，不可避免地会花费很多时间来重新考虑变量，从中发现有用的变量。

2. 分类变量处理

大多数不好的模型的问题根源来自没有很好地处理分类型变量。对分类变量处理的方法不当主要有如下三种类型。

（1）包含太多的分类值

分类变量包含过多的分类值往往会导致性能问题，最好的办法就是先对分类变量进行评估分析。一般来说，一个 k 层的分类变量在模型中需要 $k-1$ 个参数来表示，而一个连续性变量只需要一个参数来表示，所以一个 k 层分类变量需要 $k-1$ 个连续性变量对应，参数越多需要的数据量也越大，对性能的影响也越来越大。

为了解决这个问题，我们需要考虑：

- 能否用一组具有少量值的变量来代替这个变量。
- 用多层的变量进行建模是否合适。

比如我们在模型中使用邮政编码这个变量，因为邮政编码是一个包含多层次的结构，表示地区编码，考虑到邮政编码的含义，我们可以使用客户的地域来代替邮政编码，或者使用省份把邮政编码分成组，从而降低邮政编码的粒度，用更少的取值进行建模分析，从而避免在建模的时候在一个类别数据中用多层次结构来表示。

（2）部分分类层次样本较少

在一个分类变量中，如果少部分分类层次对应了大量的样本，而其他绝大部分层次却对应了很少的数据，在这部分层次上只有很少的观测值，则对模型几乎没有什么实际意义。

为了解决这个问题，可以考虑合并一些分类层次，可以通过合并那些对应数据少的类别数据，组成一个新类别；还可以把那些对应数据少的层次与对应数据多的层次进行合并。这样就组成了粒度较粗的结构，这样的好处是模型比较稳定且易于管理。

（3）包含几乎所有数据的层次

在这种情况下，所有的数据都包含在一个层次中，这种情况和前面所述的情况类似，这种变量对模型分析没有任何作用。模型的作用是否成功在于模型能否发现数据之间的差别，正如前面说的那样，太少的数据对于预测模型没有影响。如果所有的数据都属于一个层次的话，那么就和没有变量一样，不能为发现不同结果之间的差异性提供任何信息。

为了解决这个问题，需要把这种变量设计成为非单一层次。如果只有一层，那么对于任何模型它都是无用的，因为无法用它来发现大量数据之间存在的差异，可以直接删除此变量。

3．连续变量处理

由于连续型变量的转换能力过于强大，从而导致对连续型变量的处理也较为复杂。有四种连续型变量的处理方法需要注意：极度偏斜，其中层次有峰值，个别层次经常出现，或者时间元素被忽视，这些类型的连续型变量的处理问题在几乎所有的数据挖掘项目中都会出现。

（1）偏度较大的变量

偏度较大的预测变量，尤其是变量分布在两端的记录可能会对拟合模型产生严重的影响，由于大多数预测不是基于这些极端值的，对于很多重要的预测变量来说，模型拟合对外结果就可能不是太理想。这类问题同时也可能导致预测变量远比实际上重要（也可能不重要）得多，为解决该问题，我们一般选择对变量进行合适的分箱转化，从而避免生成过多（或过少）的箱，为预测变量在每个比例范围内赋予适当的权重。

还需要注意的是一些变量的非线性转化（比如 Log 转化、平方根转化、多次方转化等），这些转化会使结果理解比较困难，因为相对于原变量，转化后的变量不是很直观。

（2）单个类别频繁出现

这类问题是峰值和分布问题的极端情况，当其余值的峰值出现在最左或最右端时，这种情况就会频繁出现。因为这么多样本点出现峰值处，对变量的拟合结果具有很大的杠杆作用，当预测变量具有有限的取值时，它就可能会出现与目标变量强相关的情形。

为解决这种问题，可以通过对原始连续变量做分箱处理来生成一个新变量，很多情况下，因为只有小部分取值散布在峰值外，你可能会只生成一个二值预测变量。

（3）遇到时间相关的信息

这类通常发生在有时间戳的或按规律发生的（如每月）数据出现时，在预测模型中融入历史信息会有显著效果，但是必须使用恰当。时间类型变量是不能直接用来建模的，可以将它们处理为能保留这些事务或时期信息的形式，同时这些信息对建模也很有用处。

比如，我们可以把日期变量转换为用来衡量自从某件事情发生至今的时间（如账户开通时间的长短）或某事发生之前的时间（如合同结束之前时间的长短）。当有周期型概要统计时，通常使用滑动窗口比较好，因为滑动窗口考虑了相对于现阶段的行为。

1.3.2 定义变量及数据抽样

在可使用的数据被评估，并且已经确定如何准备数据后，接下来应该考虑用其中的多少数据用于建模分析。以往因为数据量是十分有限，则需要分析每个观察所得数据。但是数据挖掘主要应用于大规模数据集，所以我们面临的挑战就是如何确定一个合适的样本，以便用它来分析总体数据集的情况，一般我们使用随机抽样来进行建模数据集的建立。但是需要注意的是，任何抽样策略都需要考虑到目标变量的性质和预测变量的数量以及特征。在选择变量并确定样本之后，必须先评估目标变量以保证建模的策略是适当的。

1. 不适当的元数据

建立正确的元数据对建模过程至关重要，元数据决定每个变量如何使用。不幸的是，很多企业的数据存储都是杂乱无章的，需要我们避免不适当的变量，比如，数字形式的 ID 变量被看作连续型输入变量、证件信息、日期信息和许多分类变量经常以数字形式出现且以数值变量形式存储，在数据分析过程中，不恰当地使用这些变量，很容易产生不可预知的结果。

为了解决这个问题，在这些数据提交到建模节点时要考察每个变量的情况。这可能极其费时，因为数据挖掘经常涉及上百甚至数以万计的变量。

2. 不充足或过多的数据

一些分析师认为对数据抽样会导致低劣的结果，因此他们宁愿分析整个数据集。虽然在一些情况下这也许是事实，并非总是如此，在对选择样本建立候选模型后，剩余的其他数据可用来对比竞争模型和评估最后的模型。

数据量大可以为试验验证适合的模型提供机会，由一部分数据建立模型，再由备用样本来比较结果模型，这些备用样本能被用来评估模型的效果。

观测样本很少所产生的后果很容易理解，但样本过多也许会增加计算时间，且对预测结果也没有很大影响。使用过多的数据作为模型训练数据集会导致只有少量数据用来进行模型测试。

在变量个数特别多的情况下，使用一个较小的初步样本来确定哪些变量对预测结果作用不大，这对样本的选择是很有用的。此外其他的方法包括去除不重要的类别变量，通过数据降维技术比如主成分分析简化数据。

3. 目标变量的分类层次不平衡

一个事件发生的频率比另外一个事件低，在预测模型中稀疏事件很平常，大多数分类数据集在每个类中并没有完全相同的实例数量。在一些问题中，类别失衡不仅是普遍存在的，而且是意料之中的，例如在描述欺诈交易的数据集中是不平衡的，绝大多数交易将属于"非欺诈"类，只有极少数交易将属于"欺诈"类；例如客户流失数据集，其中绝大多数客户继续使用服务，少数客户取消订阅（"客户流失"类）。

如何解决数据不平衡的问题呢？一般有如下几种方法：

- 收集更多的数据：如果能够收集到更多关于业务问题的数据，可能会使得数据集的类别更加平衡。
- 改变模型性能评价指标：针对不平衡的数据，一般使用召回率、F1（准确率和召回率的调和平均值）或者 ROC 曲线来评估模型的性能。
- 重新对样本进行采样：我们同样可以更改用于构建预测模型的数据集，以获得更平衡的数据，即通过采样数据集以使得数据平衡，有两种方法，一种是上采样，即从表示不足的类中添加实例副本；另一种是下采样，即从过度表示的类中删除实例。

1.3.3　变量选择

变量选择就是从大量的候选变量中识别出对模型比较重要的变量子集，回归模型（线性和非线性回归模型，如 Logistic 回归模型和神经网络模型）是基于变量完整的记录，无论是依赖变量还是独立变量，都必须是完整的，不能存在缺失值，所以替换样本中的缺失值十分重要。而决策树可以自动处理含有缺失的记录，缺失对于这类模型不是必须考虑的问题。

在很多情况下，数据补缺需要在变量选择前做，通过比较数据补缺后的变量和原始数据的变量，可以得到一些启发。缺失的出现可以归咎于两个原因，一是标准的设定，即只有不符合特定标准的值或标志才被认为是缺失的；二是数据的不完整性，前者是数据准备问题而不是数据补缺问题，后者中的数据补缺可能会影响到选择的变量。

1. 变量选择前缺乏变量评估

数据挖掘分析通常要考虑大量的变量，在数据准备前通过变量选择方法筛选这些潜在的输入变量，可能会选出一些看似重要的变量，但这些变量却不能很好地概括总体。在很多情况下，由于一些变量的缺失值比例、峰值比例（如果存在一个峰值）和过多类别的原因，排除这些变量可能要比包含它们更合适。一些方法可以合并其中的一些类别，也可以解决偏度较大的预测变量（如分箱转换），转换或者剔除这些存在问题的变量通常远比把它们不做处理就包含在模型中要好。

基于上述这些原因，不管数据集包含多少变量，都需要预先评估这些变量，如果分析员只关注模型的拟合度，而不分析研究输入变量的值，那么就会造成模型在实际应用中的性能表现不佳。

研究分析整个变量集合以及识别出使用这些变量所蕴含信息的方式，不仅对现在的模型有价值，对将来的模型也同样有价值。在某些情况下，这种探索分析可以识别出未来模型会使用到的变量子集，这样就可以缩短模型的建模时间。

2. 仅使用一种变量选择方法

解决同一个问题，可以使用不同的变量筛选方法，如果变量选择过程仅仅局限于一种方法，则可能会遗漏一些对改进模型整体性能比较重要的预测变量，限定的选择方法还可能会使一些不应该进入最终模型的预测变量而进入了模型。在有限变量的情况下，运用多种变量选择方式可能不那么重要。但是随着变量的数量和变量之间的关系复杂性增加，多种选择方法的优势就会增加。因为一定的情形下很难事先知道哪种方法是最好的，这时考虑各种变量选择方式将非常有用。

当涉及大量变量的时候，可以考虑使用各种不同的变量选择方法，利用这些方法选出的变量来建一个预测变量池。虽然有些烦琐，但是这种方法是最安全的，可以确保每个变量被公平地考虑。经过最初的变量选择后，你可以执行第二次的变量选择，确保使用的方法可以避免模型的过度拟合。

1.3.4 缺失值处理

一般情况下，我们会使用变量的平均值填充连续变量的缺失值，使用抽样模式填充类别变量的缺失值。不幸的是，这些方法在一些情形下可能不是很理想，这个问题的严重程度跟缺失值占的比例以及模型目标变量有关。缺失值对模型的影响可能会很惊人，因为完整记录所占的比例通常比较小，随着变量的增加，记录含有缺失的概率就会增加。在不考虑选择的补缺方法的情况下，评估和目标变量有一定关系且有缺失的记录是非常重要的，补缺时经常会因为没有评估补缺方法或忽略了缺失指示变量而出现错误。

对于连续变量，缺失值一般暗示着变量的值为特定值（一般是0）。在事先理解业务的情况下，使用实际值来补缺要远比使用补缺方法来猜测值更有意义。使用平均值补缺会使记录看起来很特别，当缺失比例比相对比较高时，会在分布中出现一个峰值，这可能会导致先前提及的数据分布问题。

变量是分类型的时候，缺失可以作为单独的类别来处理。在含缺失的记录所占的比例比较小的情况时，这种方法可能会出错，因为它为了少量的记录而为模型增加了一个参数，这时比较合适的做法就是默认的模式。如果整个变量对预测响应比较重要，还可以使用决策树。

1.3.5 模型比较

要想正确地评估各备选模型，既需要理解如何应用分割数据集，也需要相关业务知识，以便知道模型结果是如何被应用于实际的。一些评估标准重点考察模型的整体效果，也有些只着重考虑模型在数据某一个方面上的效果。连续目标变量的模型评估相对容易理解，但是分类目标变量的评估有时会比较困难。

1. 曲解 LIFT

LIFT 是组内比率与整体比率的比值，LIFT 等于组内发生的百分比除以整体发生的百分比。对于二元目标变量的预测来说经常会参考 LIFT 值，但是如果没有考虑环境变量的话，这个值有时候会大（或者小）得出奇。

举个例子，目标整体发生概率是 50%，通过模型筛选可以找到概率 75% 的群体，那么 LIFT 值可以这样来计算，用 75% 比整体概率 50%，得到 LIFT 值为 1.5；然而我们再考虑另外一个场景：目标整体发生概率为 1%，模型提升后为 8%，这时 LIFT 值为 8，LIFT 值为 8 远比 LIFT 值为 1.5 要好得多；然而 LIFT 值为 1.5 对应了预测可能的 25% 的提高，LIFT 8 仅仅对应了 7% 的提高，而且结果的可信度是其 9 倍（75% VS 8%）。

当整体概率为 50% 时，LIFT 值最大（提升至 100% 时）是 2，然而当整体概率为 2% 时，LIFT 值最大（提升至 100% 时）可以达到 50。这个例子说明没有考虑整体环境，单纯的 LIFT 值是没有意义的。为了避免这个问题，要通盘考虑实际提升值和模型最终的概率（命中率）。

2. 错误的评估变量

模型建立完成后，通常会对小部分高可能性客户给出模型评估统计值，从利于业务实施的角度考虑，企业通常把业务目标定位于只对前 10% 的高可能性客户，这可能会比定位于更多部分客户更有效果。如果将评估关注在模型整体拟合效果或者某一部分会被忽略的人群，模型实施效果可能会很差。本质上讲，模型的效果和预测能力密切相关，而预测能力又和前面讨论的目标特征紧密相关，要想得到实施效果好的模型，必须确保在目标特征下暗含的决策规则和客户的商业决策保持利益一致。

1.4　SAS STAT 介绍

SAS STAT 模块覆盖了所有的实用数理统计分析方法，是国际统计分析领域的标准软件。SAS STAT 提供十多个过程，可进行各种不同模型或不同特点数据的回归分析，如正交回归、响应面回归、Logistic 回归、非线性回归等，且具有多种模型选择方法。可处理的数据有实型数据、有序数据和属性数据，并能产生各种有用的统计量和诊断信息。在多变量统计分析方面，SAS STAT 为回归分析、主成分分析、相关分析、判别分析和因子分析提供了许多专用过程。另外，SAS STAT 还包含多种聚类准则的聚类分析方法。

总之，SAS STAT 统计模块对应的分析过程很多，在后续的章节中，我们会详细介绍在数据挖掘实践过程中常用的一些 SAS STAT 过程。表 1-5 给出了常用的部分 STAT 统计过程，供读者参考。

表 1-5　SAS STAT 统计分析过程汇总（部分）

统计过程	功能说明	统计过程	功能说明
PROC ACECLUS	共变异数估计值的聚类分析过程	PROC MDS	多维尺度分析过程
		PROC MIXED	混合模型过程
PROC ANOVA	方差分析过程	PROC MODECLUS	非参数聚类过程
PROC CALIS	箱图绘制过程	PROC MULTTEST	多重检验过程
PROC CANCORR	典型相关分析过程	PROC NLIN	非线性过程
PROC CANDISC	判别分析过程	PROC NPAR1WAY	非参数检验过程
PROC CATMOD	属性数据的线性模型过程	PROC ORTHOREG	一般线性模型过程（最小二乘法）
PROC CLUSTER	谱系聚类过程		
PROC CORRESP	对应分析过程	PROC PHREG	比例风险回归分析过程
PROC DISCRIM	判别分析过程	PROC PLAN	试验设计过程
PROC FACTOR	因子分析过程	PROC PLS	偏最小二乘法过程
PROC FASTCLUS	快速聚类过程，K-Means 算法	PROC PRINCOMP	主成分分析过程
PROC FREQ	均值过程	PROC PRINQUAL	定量资料与定性资料混合的主成分分析
PROC GENMOD	一般线性模型过程（Nelder 和 Wedderburn 定义）	PROC PROBIT	PROBIT 分析过程
		PROC REG	线性回归分析过程
PROC GLM	广义线性模型过程（最小二乘法拟合）	PROC RSREG	多项式回归及响应面分析过程
PROC GLMMOD	构造一般线性模型的设计阵过程	PROC STDIZE	变量标准化过程
		PROC STEPDISC	逐步判别分析过程
PROC LATTICE	拉丁设计过程	PROC TRANSREG	变换回归过程
PROC LIFEREG	生存时间分析过程	PROC TREE	树过程
PROC LIFETEST	单变量生存分析过程	PROC TTEST	T 检验过程
PROC LOGISTIC	逻辑回归过程	PROC VARCLUS	变量聚类过程

第 2 章

Kaggle 数据科学社区调查分析

统计分析往往是从了解数据的基本特征开始的，描述数据分布特征的统计量可分为两类：一类表示数量的中心位置，另一类表示数量的变异程度（或称离散程度），两者相互补充，共同反映数据的全貌。Kaggle 是众所周知的数据科学竞赛平台，2017 年 Kaggle 为社区用户举办了一次问卷调查，调查内容涉及人工智能领域的不同维度，共收集到一万多份关于从业者的人员属性、工作背景、学习特征和技能特征等方面的信息。本章将利用描述性统计分析技术分析调查用户的各种特征，为读者展示 Kaggle 社区用户的基本画像。

2.1 描述性统计分析的主要内容

2.1.1 数据的频数分析

频数也称"次数"，频数分析是对总体数据按某种标准进行分组，统计出各个组内含个体的个数。而频率则每个小组的频数与数据总数的比值。频数分析也可以发现一些统计规律，比如说，收入低的被调查者用户满意度比收入高的被调查者高，或者女性的用户满意度比男性低等。不过这些规律只是表面的特征，在后面的分析中还要经过检验。

2.1.2 数据的集中趋势分析

数据的集中趋势分析是用来反映数据的一般水平，常用的指标有平均值、中位数和众数等，各指标的具体意义如下：

- 平均值：是衡量数据的中心位置的重要指标，反映了一些数据必然性的特点，包括算术平均值、加权算术平均值、调和平均值和几何平均值。
- 中位数：是另外一种反映数据的中心位置的指标，其确定方法是将所有数据以由小到大的顺序排列，位于中央的数据值就是中位数。
- 众数：是指在数据中发生频率最高的数据值。

如果各个数据之间的差异程度较小，用平均值就有较好的代表性；而如果数据之间的差异程度较大，特别是有个别的极端值的情况，用中位数或众数有较好的代表性。

2.1.3　数据的离散程度分析

数据的离散程度分析主要是用来反映数据之间的差异程度，常用的指标有方差、标准差、极差、最大值、最小值，其中，方差是标准差的平方，根据不同的数据类型有不同的计算方法。

2.1.4　数据的分布

在统计分析中，通常要假设样本的分布属于正态分布，因此需要用偏度和峰度两个指标来检查样本是否符合正态分布。偏度衡量的是样本分布的偏斜方向和程度，0 为正态分布，大于 0 为正偏或右偏，长尾在右边；小于 0 为负偏或左偏，长尾在左边。而峰度衡量的是样本分布曲线的尖峰程度，0 为正态分布，大于 0 为陡峭，小于 0 为平坦。一般情况下，如果样本的偏度接近于 0，而峰度接近于 3，就可以判断总体的分布接近于正态分布。

2.1.5　绘制统计图

用图形的形式来表达数据，比用文字表达更清晰、更简明。在 SAS 软件里，可以很容易地绘制各个变量的统计图形，包括条形图、饼图和折线图等。

2.2　SAS 描述性分析过程介绍

SAS 系统中实现描述性统计分析的主要有 PROC MEANS 过程、PROC FREQ 过程、PROC UNIVARIATE 过程、PROC SUMMARY 过程。

2.2.1　PROC FREQ 过程

FREQ 过程可以用于两个目的：一是描述分析，产生频数表和列联表，可简洁地描述数据；二是统计推断，产生各种统计量，可以分析变量间的关系。

1. 语句选项

proc freq 过程一般由下列语句控制，代码如下：

```
proc freq  data=数据集 <选项>；
by   变量列表；
tables  交叉表的表达式 </选项>；
weight  变量；
output  <out=输出数据集> <输出统计量列表>；
run；
```

该过程 proc freq 语句是必须的，其余语句是供选择的，另外该过程只能使用一个 output 语句。

（1）freq 语句选项说明

- order = freq/data/internal/formatted：规定变量水平的排列次序。freq 表示按频数下降的次序，data 表示按输入数据集中出现的次序，internal 表示按非格式化值的次序（缺省值），formatted 表示按格式化值的次序。
- formachar(1,2,7) = '三个字符'：规定用来构造列联表的轮廓线和分隔线的字符。缺省值为 formachar(1,2,7) = ' | – + '，第一个字符用来表示垂直线，第二个字符用来表示水平线，第三个字符用来表示水平与垂直的交叉线。
- page：要求 freq 每页只输出一张表。否则按每页行数允许的空间输出几张表。
- noprint：禁止 freq 过程产生所有输出。

（2）by 语句说明

by 语句能够对由 by 变量定义的分组观察分别进行分析，但是过程要求输入的数据集已按 by 变量排序。

（3）tables 语句说明

过程中可以包括多个 tables 语句，如果没有 tables 语句，对数据集中的每个变量都生成一个单向频数表。如果 tables 语句没有选项，则计算 tables 语句中规定变量每个水平的频数、累计频数、占总频数的百分比及累计百分比。

Tables 语句中的主要选项如下：

- all：要求计算所有选项的检验和度量，包括 chisq、measures 和 cmh。
- chisq：要求对每层是否齐性或独立性进行卡方检验，包括 pearson 卡方、似然比卡方和 Mantel-Haenszel 卡方，并计算依赖于卡方统计量的关联度，包括 phi 系数、列联系数和 Cramer V，对于 2×2 联列表还自动计算 Fisher 的精确检验。
- cmh：要求 Cochran-Mantel-Haenszel 卡方统计量，用于 2 维以上表时，检验行变量和列变量是否有线性相关。
- exact：要求对大于 2×2 表计算 Fisher 的精确检验。Fisher 的精确检验是假设行与列的边缘频数固定，并且零假设为真时，各种可能的表的超几何概率之和。
- measures：要求计算若干个有关相关的统计量几它们的渐近标准误差。
- alpha = p：设定 $100(1-p)\%$ 置信区间，缺省值为 alpha = 0.05。
- scores = rank/table/ridit/modridit：定义行/列得分的类型以便用于 cmh 统计量和 pearson 相关中。在非参数检验中，一般常用 scores = rank，用于指定非参数分析的秩得分。
- cellchi2：要求输出每个单元对总卡方统计量的贡献。
- cumcol：要求在单元中输出累计列百分数。
- expected：在独立性（或齐性）假设下，要求输出单元频数的期望值。

- deviation：要求输出单元频数和期望值的偏差。
- missprint：要求所有频数表输出缺失值的频数。
- missing：要求把缺失值当作非缺失值看待，在计算百分数及其他统计量时包括它们。
- out=输出数据集：建立一个包括变量值和频数的输出数据集。
- sparse：要求输出在制表要求中变量水平的所有可能组合的信息。
- list：以表格形式打印二维表。
- nocum/norow/nocol/nofreq/noprint：分别不输出累计频率数、行百分率、列百分率、单元频数、频数表。

（4）weight 语句

通常每个观察对频数计数的贡献都是 1，然而当使用 weight 语句时，每个观察对频数计数的贡献为这个观察对应的权数变量的值。

（5）output 语句

该语句用于创建一个包含由 proc freq 过程计算的统计量的 SAS 数据集，由 output 语句创建的数据集可以包括在 tables 语句中要求的任意统计量，当有多个 tables 语句时，output 语句创建的数据集的内容相应于最后要求的那个表。

2．FREQ 实例分析

案例 1：对销售唱片的种类进行统计分析，首先通过数据步输入数据，然后调用 FREQ 过程进行数据统计，运行如下程序，代码如下。

```
*********************************************************
*   PROC FREQ WITH SUMMARIZED DATA EXAMPLE          *
*********************************************************;
/* 利用数据步读取数据* /
DATA CDS;
     INPUT @ 1 CATEGORY $9. @ 10 NUMBER 3.;
DATALINES;
JAZZ      252
POP        49
CLASSICAL 59
RAP        21
GOSPEL     44
JAZZ       21
;
/* 调用 ODS,把统计结果输出至 WORD 文档中* /
ODS RTF;
PROC FREQ DATA = CDS ORDER = FREQ; WEIGHT NUMBER;
  TITLE3 'READ IN SUMMARIZED DATA';
```

```
  TABLES CATEGORY;
RUN;
ODS RTF CLOSE;
```

运行程序后，程序结果如图 2-1 所示。

FREQ 过程

CATEGORY	频数	百分比	累积频数	累积百分比
JAZZ	254	62.25	254	62.25
CLASSICAL	59	14.46	313	76.72
POP	49	12.01	362	88.73
GOSPEL	44	10.78	406	99.51
RAP	2	0.49	408	100.00

图 2-1　CD 的分类结果

2.2.2　PROC MEANS 过程

SAS 系统的 BASE 软件提供了一些计算基础统计量的过程，如 means 过程、summary 过程、univariate 过程、corr 过程、freq 过程和 tabulate 过程，这些过程可完成单变量或多变量的描述统计量计算。means 过程用来对数据集中的数值变量计算简单的描述统计量，下面对其作具体介绍。

1. 语句选项

means 过程的主要控制语句，代码如下：

```
proc means 输入数据集名 <选项列表> ;
var     变量列表  ;
class   变量列表  ;
by      变量列表  ;
freq    变量 ;
weight  变量 ;
id      变量列表  ;
   output  <out =输出数据集名>  <统计量关键字 =变量名 列表>  ;
run ;
```

（1） means 语句选项

- vardef = df/weight/wgt/n/wdf：在方差计算中规定除数 d。
  - ➢ vardef = df：则 $d = n - 1$ 缺省值
  - ➢ vardef = n：则 $d = n$
  - ➢ vardef = weight/wgt：则 $d=\sum W_i$
  - ➢ vardef = wdf：则 $d=\sum W_i - 1$
- noprint：不输出任何描述统计量，仅为了创建新的数据集。

- maxdec＝数字：输出结果中小数部分的最大位数（0～8），缺省值为2。
- fw＝数字：规定打印时每个统计量的域宽，缺省值为2。
- descending：规定输出数据集按_type_值下降的次序（缺省时为上升）。
- order＝freq/data/internal/formatted/：规定输出时 class 变量按所指定方式排序。
- alpha＝数字：设置计算置信区间的置信水平 α，α 值在0与1之间。
- 统计量：可使用的关键字见表2-1。

表2-1　proc means 语句中可用的统计量关键字

统计量名称	含义	统计量名称	含义
n	未丢失的观测个数	mode	众数，出现频数最高的数
nmiss	丢失的观测个数	sumwgt	权数和
mean	算术平均	max	最大值
stderr	均值的标准误差	min	最小值
sum	加权和	range	极差，max－min
std	标准偏差	median	中间值
var	方差	t	总体均值等于0的 t 统计量
cv	变异系数的百分数	prt	t 分布的双尾 p 值
uss	加权平方和	clm	置信度上限和下限
css	关于均值偏差的加权平方和	lclm	置信度下限
skewness	对称性的度量：偏度	uclm	置信度上限
kurtosis	对尾部陡平的度量：峰度		

（2）output 语句选项
- ＜out＝输出数据集名＞：输出数据集名。
- 统计量关键字＝变量名列表：规定在输出数据集中要包含的统计量并规定这些统计量在新数据集中的变量名。

means 过程对 output 语句的次数没有限制，可以使用几个 output 语句来创建内容不同的多个数据集。

（3）其他语句
- var 语句：规定要求计算简单描述性统计量的数值变量的次序。
- by 语句：按 by 语句定义的变量进行分组计算其相应的简单统计量，要求输入数据集已按 by 变量排序。
- class 语句：与 by 语句一样，可用 class 变量定义观测组，分别计算各组观测的描述统计量，输出格式与 by 不同且事先不需要按 class 变量排序。
- freq 语句：指定一个数值型的 freq 变量，它的值表示输入数据集中相应观测出现的频数。
- weight 语句：规定一个 weight 变量，它的值表示相应观测的权数。

- id 语句：在输出数据集中增加一个或几个附加变量，目的在于识别输出数据集里的观测，其值为生成这个观测的输入数据集中相应观测组里 id 变量具有的最大值。

2. 实例分析

案例 2：计算员工的工资均值、标准差、最大值和最小值，利用 VAR 语句来指定所要分析的变量，程序如下所示；所使用的数据集为 crew，如图 2-2 所示。

```
/* 建立逻辑库* /
libname SASDATA   "D:\SASDATA";
PROC PRINT DATA = sasdata. CREW(OBS =10);
RUN;
```

```
Obs    HireDate    LastName      FirstName     Location    Phone    EmpID     Job
                                                                               Code     Salary
  1    07NOV1992   BEAUMONT      SALLY T.      LONDON      1132     E00525    PILOT1    72000
  2    12MAY1985   BERGAMASCO    CHRISTOPHER   CARY        1151     E02466    FLTAT3    41000
  3    04AUG1988   BETHEA        BARBARA ANN   FRANKFURT   1163     E00802    PILOT2    81000
  4    22APR1987   BJURSTROM     ROBERT M.     FRANKFURT   1175     E00565    PILOT2    83000
  5    23SEP1982   BONDS         SUSAN B.      LONDON      1195     E01457    FLTAT2    36000
  6    03APR1994   CHANG         TERESA L.     LONDON      1348     E04296    PILOT1    65000
  7    31MAR1993   CHOPRA        JOANN H.      FRANKFURT   1367     E03631    FLTAT2    35000
  8    12MAY1983   CHRISTENSEN   ANNETTE M.    FRANKFURT   1368     E04219    FLTAT2    38000
  9    15JAN1982   CHRISTIAN     JOHN G.       LONDON      1369     E01146    FLTAT1    28000
 10    13JAN1984   CIAMPA        DOUGLAS G.    LONDON      1374     E02158    FLTAT3    44000
```

图 2-2　数据集前 10 个观察样本

然后调用 MEANS 过程对变量 salary 进行分析，使用关键字 VAR 即可，程序如下所示。

```
PROC MEANS DATA = SASDATA. CREW;
/* 利用关键字 VAR 指定要分析的变量* /
VAR SALARY;
TITLE 'Salary Analusis';
RUN;
```

运行上述程序，结果如图 2-3 所示。

图 2-3　变量 SALARY 的分析结果

案例 3：分组统计工资的均值、方差、最大值、最小值等，CLASS 选项指定要分组的变量，MAXDEC = 语句指定小数点后面的位数，调用 MEANS 过程对变量 JobCode 进行分析，使用关键字 CLASS 即可，程序如下所示。

```
/* 建立逻辑库* /
libname SASDATA   "D:\SASDATA";
PROC MEANS DATA = STAT. CREW MAXDEC =2;
```

```
VAR SALARY;
CLASS JobCode;
TITLE 'Salary Analusis BY Job Code';
RUN;
```

运行上述程序,则输出结果如图 2-4 所示。

Job Code	观测的个数	N	均值	标准差	最小值	最大值
			分析变里:Salary			
FLTAT1	14	14	25642.86	2951.07	21000.00	30000.00
FLTAT2	18	18	35111.11	1906.30	32000.00	38000.00
FLTAT3	12	12	44250.00	2301.19	41000.00	48000.00
PILOT1	8	8	69500.00	2976.10	65000.00	73000.00
PILOT2	9	9	80111.11	3756.48	75000.00	86000.00
PILOT3	8	8	99875.00	7623.98	92000.00	112000.00

图 2-4 不同 JobCode 类型的均值方差信息

案例 4:用 output 语句创建一个新的数据集

对原数据集 Fitness,用 means 过程的 output 语句创建一个新的数据集 meansout,程序如下:

```
proc means data = sasdata. Fitness;
class   group ;
var    age weight;
/* 把统计结果输出至指定的数据集 meansout 中* /
output   out = meansout mean = mage mincome sum = total range =   ;
run ;
proc print data = meansout ;
run;
```

运行程序后,输出的统计量如图 2-5 所示,输出的数据集视图如图 2-6 所示。

Experimental group	观测的个数	变量	标签	N	均值	标准差	最小值	最大值
				MEANS PROCEDURE				
0	10	age weight	Age in years Weight in kg	10 10	42.0000000 80.5460000	2.9439203 6.6373140	38.0000000 68.1500000	47.0000000 89.4700000
1	10	age weight	Age in years Weight in kg	10 10	48.3000000 78.3370000	3.1640340 7.9358218	44.0000000 66.4500000	54.0000000 91.6300000
2	11	age weight	Age in years Weight in kg	11 11	52.2727273 73.8136364	2.9695424 9.3193179	48.0000000 59.0800000	57.0000000 91.6300000

图 2-5 输出的统计量

	group	_TYPE_	_FREQ_	mage	mincome	total	age	weight
1	.	0	31	47.677419355	77.444516129	1478	19	32.55
2	0	1	10	42	80.546	420	9	21.32
3	1	1	10	48.3	78.337	483	10	25.18
4	2	1	11	52.272727273	73.813636364	575	9	32.55

图 2-6　创建输出 SAS 数据集

案例 5：分类和分组的算术平均

数据集 SASUSER. CLASS 记录学生的性别（sex）、年龄（age）、体重（weight）、身高（height）、按班级和性别分组计算平均值，程序如下：

```
proc print data = sashelp. class;
run;
proc means data = sashelp. class;
var   age weight height;
run;
proc means data = sashelp. class;
var   weight height;
class   sex;
output out = class_stat mean = mean_weight mean_height ;
run;
proc print data = class_stat;
title 'class_stat';
run;
```

提交后，主要的运行结果如图 2-7 所示，按照性别（sex）分类统计的结果保存在 SAS 数据集 class_stat 中。

	MEANS PROCEDURE					
变量	标签	N	均值	标准差	最小值	最大值
Age	年龄	19	13.3157895	1.4928722	11.0000000	16.0000000
Weight	体重（磅）	19	100.0263158	22.7739335	50.5000000	150.0000000
Height	身高（英寸）	19	62.3368421	5.1270752	51.3000000	72.0000000

图 2-7　Age、Weight、Height 变量的相关统计结果

案例 6：means 过程中关键字选项的用法（程序如下）

```
DATA CHILDREN;
INPUT WEIGHT HEIGHT AGE;
DATALINES;
64  57  8
71  59  10
53  49  6
67  62  11
```

```
55    51    8

58    50    8

77    55    10

57    48    9

56    42    10

51    42    6

76    61    12

68    57    9

;

ODS RTF;

proc means;

Title 'Example 1a - PROC MEANS, simplest use';

run;

proc means maxdec = 2;

var WEIGHT HEIGHT;

Title 'Example 1b - PROC MEANS, limit decimals, specify variables';

run;

proc means maxdec = 2 n mean stderr median;

var WEIGHT HEIGHT;

Title 'Example 1c - specify statistics to report';

run;

ODS RTF CLOSE;
```

运行后结果如图 2-8 ~ 图 2-10 所示，总计调用了 3 次 means 过程。

			MEANS PROCEDURE		
变量	N	均值	标准差	最小值	最大值
WEIGHT	12	62.7500000	8.9861004	51.0000000	77.0000000
HEIGHT	12	52.7500000	6.8240884	42.0000000	62.0000000
AGE	12	8.9166667	1.8319554	6.0000000	12.0000000

图 2-8　means 过程中关键字选项输出 1

			MEANS PROCEDURE		
变量	N	均值	标准差	最小值	最大值
WEIGHT	12	62.75	8.99	51.00	77.00
HEIGHT	12	52.75	6.82	42.00	62.00

图 2-9　means 过程中关键字选项输出 2

		MEANS PROCEDURE		
变量	N	均值	标准误差	中位数
WEIGHT	12	62.75	2.59	61.00
HEIGHT	12	52.75	1.97	53.00

图 2-10　means 过程中关键字选项输出 3

2.2.3　PROC UNIVARIATE 过程

SAS 的 univariate 过程主要用于对指定随机变量进行详细的描述性统计，该过程除了可以完成 means 过程的基本统计量的计算外，它还可以生成统计图和计算其他的一些统计量。

1. 语句格式

univariate 过程的主要控制语句如下：

```
proc univariate 输入数据集名 <选项列表>；
var      变量列表 ；
by       变量列表 ；
freq     变量；
weight   变量；
id       变量列表 ；
output   <out＝输出数据集名> <统计量关键字＝变量名列表> <pctlpts＝百分位数 pctlpre
＝变量前缀名 pctlname＝变量后缀名>；
run；
```

（1）univariate 语句选项

- vardef＝df/weight/wgt/n/wdf：在方差计算中规定除数 d，同上面的 proc univariate 语句中的选项 vardef 意义相同。
- freq：要求生成包括变量值、频数、百分数和累计频数的频率表。
- normal：要求计算关于输入数据服从正态分布的假设的检验统计量。
- plot：要求生成一个茎叶图、一个盒型图和一个正态概率图。
- round＝舍入单位列表：规定 var 语句中变量的四舍五入的单位。
- pctldef＝1/2/3/4/5：规定计算百分位的五种方法，缺省值为 5。

（2）output 语句选项

- <pctlpts＝百分位数 pctlpre＝变量前缀名 pctlname＝变量后缀名>：提供用户自己想计算的百分位数和规定在输出数据集中合成的变量名。
- 统计量关键字＝变量名列表：规定在输出数据集中要包含的统计量并规定这些统计量在新数据集中的变量名。

在这里可以使用的统计量的关键字名称见表 2-2。

表 2-2　univeriate 过程中的统计量关键字

统计量名称	含义	统计量名称	含义
n	未丢失的观测个数	mode	众数，出现频数最高的数
nmiss	丢失的观测个数	t	总体均值等于 0 的 t 统计量
nobs	观测个数	prt	t 分布的双尾 p 值

统计量名称	含义	统计量名称	含义
mean	算术平均	q_3	上四分位数（75%）
stderr	均值的标准误差	q_1	下四分位数（75%）
sum	加权和	qrange	上下四分位数差（$q_3 - q_1$）
std	标准偏差	p_1	1% 分位数
var	方差	p_5	5% 分位数
cv	变异系数的百分数	p_{10}	10% 分位数
uss	加权平方和	p_{90}	90% 分位数
css	关于均值偏差的加权平方和	p_{95}	95% 分位数
skewness	对称性的度量：偏度	p_{99}	99% 分位数
kurtosis	对尾部陡平的度量：峰度	msign	符号统计量
sumwgt	权数和	probm	大于符号秩统计量的绝对值概率
max	最大值	signrank	符号秩统计量
min	最小值	probs	大于中心符号秩统计量的绝对值 p
range	极差，max − min	normal	检验正态性的统计量
median	中间值	probn	检验正态分布假设的概率值

（3）其他语句

- var 语句：规定要求计算简单描述性统计量的数值变量的次序。
- by 语句：按 by 语句定义的变量进行分组计算其相应的简单统计量，要求输入数据集已按 by 变量排序。
- freq 语句：指定一个数值型的 freq 变量，它的值表示输入数据集中相应观测出现的频数。
- weight 语句：规定一个 weight 变量，它的值表示相应观测的权数。
- id 语句：在输出数据集中增加一个或几个附加变量，目的在于识别输出数据集里的观测，其值为生成这个观测的输入数据集中相应观测组里 id 变量具有的最大值。

2. 实例分析

案例 7：计算描述性统计量

数据集表示人的血压值，分别有 3 个变量，用户（ID）、高血压值（Systolic）、低血压值（Diastolic），共有 22 个观察对象，首先读入数据。程序如下所示。

```
data BPressure;
length PatientID $2;
input PatientID $ Systolic Diastolic @ @ ;
datalines;
CK 120 50  SS 96 60  FR 100 70
CP 120 75  BL 140 90  ES 120 70
CP 165 110  JI 110 40  MC 119 66
FC 125 76  RW 133 60  KD 108 54
DS 110 50  JW 130 80  BH 120 65
JW 134 80  SB 118 76  NS 122 78
GS 122 70  AB 122 78  EC 112 62
HH 122 82
;
```

然后计算变量的统计量，程序如下。

```
title 'Systolic and Diastolic Blood Pressure';
ods select Basic Measures Quantiles;
proc univariate data = BPressure;
var Systolic Diastolic;
run;
```

运行上述程序，结果如图 2-11、图 2-12 所示。

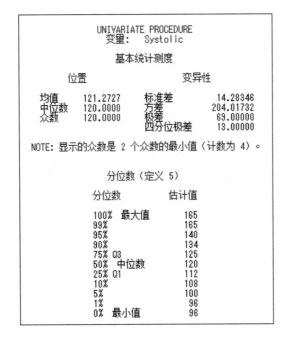

图 2-11　变量高血压值（Systolic）的相关统计量

```
              UNIVARIATE PROCEDURE
                 变量: Diastolic

                  基本统计测度

         位置                    变异性

均值      70.09091    标准差         15.16547
中位数    70.00000    方差          229.99134
众数      70.00000    极差           70.00000
                      四分位极差      18.00000


                   分位数（定义 5）

                 分位数        估计值

               100%  最大值      110
               99%               110
               95%                90
               90%                82
               75%  Q3            78
               50%  中位数        70
               25%  Q1            60
               10%                50
               5%                 50
               1%                 40
               0%  最小值         40
```

图 2-12 变量低血压值（Diastolic）的相关统计量

案例 8：计算众数

此案例数据包含一次考试的学生的分数，总计 30 个观察样本，首先读入数据，程序代码如下。

```
data Exam;
label Score = 'Exam Score';
input Score @ @ ;
datalines;
81  97  78  99  77  81  84  86  86  97
85  86  94  76  75  42  91  90  88  86
97  97  89  69  72  82  83  81  80  81
;
```

然后计算众数，其中 "ods select modes" 语句来确定结果输出到 "众数" 表中，"ods select basicmeasures" 语句来确定结果输出到 "基础统计" 表中，程序代码如下。

```
title 'Table of Modes for Exam Scores';
ods select Modes;
proc univariate data = Exam modes;
var Score;
run;
title 'Default Output';
ods select BasicMeasures;
proc univariate data = Exam;
var Score;
run;
```

运行上述程序，结果如下图 2-13 和图 2-14 所示结果。

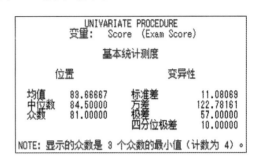

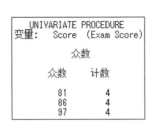

图 2-13　众数结果表　　　　　　　　图 2-14　基本统计量

案例 9：创建频数表

数据集包含了每个学生在相同实验上的前后 2 次得分情况，首先，把数据读入 SAS 数据集中，程序同时计算了前后分值之差，变量名为 ScoreChange。程序如下所示。

```
data Score;
input Student $ PreTest PostTest @ @ ;
label ScoreChange = 'Change in Test Scores';
ScoreChange = PostTest - PreTest;
datalines;
Capalleti 94 91 Dubose 51 65
Engles 95 97 Grant 63 75
Krupski 80 75 Lundsford 92 55
Mcbane 75 78 Mullen 89 82
Nguyen 79 76 Patel 71 77
Si 75 70 Tanaka 87 73
;
```

然后调用 univariate 过程计算相关描述性统计量，"ods select Frequencies" 语句来确定结果输出到"频数"表中。程序如下所示。

```
title 'Analysis of Score Changes';
ods select Frequencies;
proc univariate data = Score freq;
var ScoreChange;
run;
```

运行上述程序，结果如图 2-15 所示。

案例 10：把生成的统计量输出到 SAS 数据集中

数据集包含了 50 个观察数据，以及 2 个变量，即汽车安全带的长度和宽度，首先读取数据到 SAS 数据集中。程序如下所示。

```
                          UNIVARIATE PROCEDURE
              变量:  ScoreChange  (Change in Test Scores)

                              频数统计
```

值	计数	百分比 单元格	累积	值	计数	百分比 单元格	累积	值	计数	百分比 单元格	累积	值	计数	百分比 单元格	累积
-37	1	8.3	8.3	-5	2	16.7	41.7	3	1	8.3	75.0	12	1	8.3	91.7
-14	1	8.3	18.7	-3	2	16.7	58.3	6	1	8.3	83.3	14	1	8.3	100.0
-7	1	8.3	25.0	2	1	8.3	66.7								

图 2-15　频数结果表中

```
data Belts;
label Strength = 'Breaking Strength (lb/in)'
Width = 'Width in Inches';
input Strength Width @ @ ;
datalines;
1243.51  3.036  1221.95  2.995  1131.67  2.983  1129.70  3.019
1198.08  3.106  1273.31  2.947  1250.24  3.018  1225.47  2.980
1126.78  2.965  1174.62  3.033  1250.79  2.941  1216.75  3.037
1285.30  2.893  1214.14  3.035  1270.24  2.957  1249.55  2.958
1166.02  3.067  1278.85  3.037  1280.74  2.984  1201.96  3.002
1101.73  2.961  1165.79  3.075  1186.19  3.058  1124.46  2.929
1213.62  2.984  1213.93  3.029  1289.59  2.956  1208.27  3.029
1247.48  3.027  1284.34  3.073  1209.09  3.004  1146.78  3.061
1224.03  2.915  1200.43  2.974  1183.42  3.033  1195.66  2.995
1258.31  2.958  1136.05  3.022  1177.44  3.090  1246.13  3.022
1183.67  3.045  1206.50  3.024  1195.69  3.005  1223.49  2.971
1147.47  2.944  1171.76  3.005  1207.28  3.065  1131.33  2.984
1215.92  3.003  1202.17  3.058
;
run;
```

计算数据集的一些统计量，此例中统计量输出到两个数据集中，即 Means、Strength-Stats 数据集。程序如下所示。

```
proc univariate data = Belts noprint;
var Strength Width;
output out = Means mean = StrengthMean WidthMean;
output out = StrengthStats mean = StrengthMean std = StrengthSD
min = StrengthMin max = StrengthMax;
run;
```

案例 11：把分位数输出到 SAS 数据集中

数据集和上面一样，数据集包含了 50 个观察数据，以及 2 个变量，即汽车安全带的长

度和宽度，只需在 output 选项语句后面加入需要统计的关键字即可，比如我们计算 20 和 40
分位数，则"pctlpts ＝ 20 40"即可，结果输出到数据集 Pctls 中。程序如下所示。

```
proc univariate data =Belts noprint;
var Strength Width;
output out =PctlStrength p5 =p5str p95 =p95str;
run;
proc univariate data =Belts noprint;
var Strength Width;
output out =Pctls pctlpts = 20 40
pctlpre = Strength Width
pctlname = pct20 pct40;
run;
```

案例 12：计算均值、方差、标准差的置信区间

数据集包含 70 个女性的身高数据，首先读取数据到 SAS 系统中，程序如下所示。

```
data Heights;
label Height = 'Height (in)';
input Height @ @ ;
datalines;
64.1  60.9  64.1  64.7  66.7  65.0  63.7  67.4  64.9  63.7
64.0  67.5  62.8  63.9  65.9  62.3  64.1  60.6  68.6  68.6
63.7  63.0  64.7  68.2  66.7  62.8  64.0  64.1  62.1  62.9
62.7  60.9  61.6  64.6  65.7  66.6  66.7  66.0  68.5  64.4
60.5  63.0  60.0  61.6  64.3  60.2  63.5  64.7  66.0  65.1
63.6  62.0  63.6  65.8  66.0  65.4  63.5  66.3  66.2  67.5
65.8  63.1  65.8  64.4  64.0  64.9  65.7  61.0  64.1  65.5
68.6  66.6  65.7  65.1  70.0
;
```

下面的程序可以计算均值、标准差、方差的置信区间，CIBASIC 选项即可计算置信区
间，也可以用 ALPHA ＝选项来确定置信度。运行程序，结果如图 2-16、图 2-17 所示。

```
title 'Analysis of Female Heights';
ods select BasicIntervals;
proc univariate data =Heights cibasic;
var Height;
run;
title 'Analysis of Female Heights';
ods select BasicIntervals;
```

```
/* 指定置信度 alpha * /
proc univariate data = Heights cibasic(alpha = .1);
var Height;
run;
```

```
              UNIVARIATE PROCEDURE                          UNIVARIATE PROCEDURE
          变量:  Height  (Height (in))                   变量:  Height  (Height (in))

             基本置信限正态假设                              基本置信限正态假设

参数        估计值         95% 置信限          参数        估计值         90% 置信限

均值       64.56667   64.06302   65.07031     均值       64.56667   64.14564   64.98770
标准差      2.18900    1.88608    2.60874      标准差      2.18900    1.93114    2.53474
方差       4.79171    3.55731    6.80552       方差       4.79171    3.72929    6.42492
```

图 2-16　95% 置信区间输出结果　　　　　　　图 2-17　90% 置信区间输出结果

案例 13：绘制柱状图

此数据集为某一产品的长度数值，首先读入数据集，程序如下所示。

```
data Trans;
input Thick @ @ ;
label Thick = 'Plating Thickness (mils)';
datalines;
3.468  3.428  3.509  3.516  3.461  3.492  3.478  3.556  3.482  3.512
3.490  3.467  3.498  3.519  3.504  3.469  3.497  3.495  3.518  3.523
3.458  3.478  3.443  3.500  3.449  3.525  3.461  3.489  3.514  3.470
3.561  3.506  3.444  3.479  3.524  3.531  3.501  3.495  3.443  3.458
3.481  3.497  3.461  3.513  3.528  3.496  3.533  3.450  3.516  3.476
3.512  3.550  3.441  3.541  3.569  3.531  3.468  3.564  3.522  3.520
3.505  3.523  3.475  3.470  3.457  3.536  3.528  3.477  3.536  3.491
3.510  3.461  3.431  3.502  3.491  3.506  3.439  3.513  3.496  3.539
3.469  3.481  3.515  3.535  3.460  3.575  3.488  3.515  3.484  3.482
3.517  3.483  3.467  3.467  3.502  3.471  3.516  3.474  3.500  3.466
;
Run;
```

下面我们想要了解长度数据的分布情况，故需要绘制分布图形，绘制柱状图的 SAS 程序如下，其中 noprint 选项表示不输出其他的统计量，只绘制柱状图，结果如图 2-18 所示（横坐标为 Plating Thickness(mils)，纵坐标为百分比）。

```
title 'Analysis of Plating Thickness';
ods graphics off;
proc univariate data = Trans noprint;
histogram Thick;
run;
```

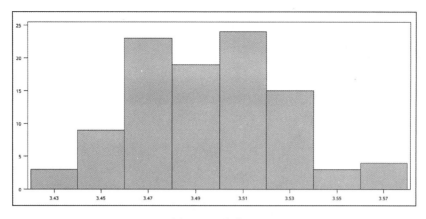

图 2-18　柱状图

案例 14：给柱状图上绘制正态分布曲线

数据和上例中的一致，下面利用关键字选项来给柱状图绘制正态分布曲线，程序如下，其中 MU = 和 SIGMA = 选项确定分布的均值和方差。

```
proc univariate data = Trans ;
histogram Thick / normal(MU = EST
                         SIGMA = EST
                         percents = 20 40 60 80
                         midpercents);
inset n normal(ksdpval) / pos = ne format = 6.3;
run;
```

运行上述程序，结果如图 2-19 所示（横坐标为 Plating Thickness(mils)，纵坐标为 Percent）：

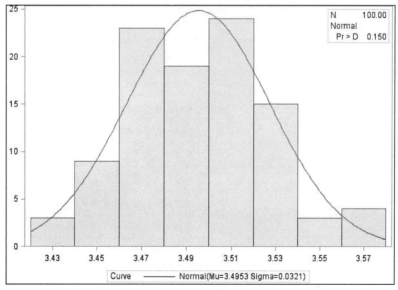

图 2-19　正态分布曲线

2.3 调查数据说明

Kaggle 是众所周知的数据竞赛平台，曾经为社区用户举办了一次问卷调查，调查内容涉及人工智能领域的不同维度，收集到 16 716 份问卷，调查数据中包含 228 个变量，涉及从业者的人员属性、工作背景、学习特征和技能特征等方面的信息，我们提取了其中的一些较有价值的变量进行描述性分析。由于数据集的变量较多，仅展现部分变量的说明见表 2-3。

```
libname SASDATA  "D:\SASDATA";
proc  contents data = sasdata.multiplechoiceresponses;
run;
```

表 2-3　部分变量说明

变量名	长度	变量说明
Age	3	年龄
AlgorithmUnderstandingLevel	84	算法水平
Country	27	国籍
CoursePlatformSelect	35	课程平台
CurrentJobTitleSelect	36	当前职称
EmploymentStatus	52	就业状态
FirstTrainingSelect	43	何时开始训练
FormalEducation	65	教育背景
JobSatisfaction	23	现在工作的满意度
JobSkillImportanceBigData	12	大数据在工作技能中的重要性
JobSkillImportanceDegree	12	学历在工作技能中的重要性
JobSkillImportanceEnterpriseTool	12	企业工具在工作技能中的重要性
JobSkillImportanceKaggleRanking	12	Kaggle 排名在工作技能中的重要性
JobSkillImportancePython	12	Python 在工作技能中的重要性
JobSkillImportanceR	12	R 在工作技能中的重要性
JobSkillImportanceSQL	12	SQL 在工作技能中的重要性
JobSkillImportanceStats	12	统计在工作技能中的重要性
JobSkillImportanceVisualizations	12	可视化在工作技能中的重要性
LanguageRecommendationSelect	8	推荐使用的编程语言
MLMethodNextYearSelect	43	明年将学习的机器学习方法
MLSkillsSelect	332	选择的机器学习技能

变量名	长度	变量说明
MLTechniquesSelect	368	选择的机器学习技术
MLToolNextYearSelect	50	明年将学习的机器学习工具
Tenure	34	从事数据分析的年限

2.4　数据探索

数据探索是在获取样本后，对样本数据进行解释性的分析工作。它是数据挖掘较为前期的部分。数据探索并不需要应用过多的模型算法，相反，它更偏重于定义数据的本质、描述数据的形态特征并解释数据的相关性。通过数据探索的结果，我们能够更好地开展后续的数据挖掘与数据建模工作。

数据探索一般需要查看数据的分布情况，比如查看变量的缺失值数量、极端值分布情况、等于 0 的数量等。如下程序给出了计算数值型变量和字符型变量的数据分布情况，指定所需分析的数据集之后，即可自动计算变量的分布数据。

由于年龄是数值型，所以需要进行转换，代码如下。

```
data sasdata.multiplechoiceresponses_02;
set sasdata.multiplechoiceresponses;
age_new = input(age,8.);
run;
```

接着，我们对各个变量的缺失值进行计算，代码如下。

```
% LET ANALYSIS_TABLE = sasdata.MULTIPLECHOICERESPONSES_02;
% let step = 1;
PROC CONTENTS DATA = &ANALYSIS_TABLE. OUT = CONTENTS(KEEP = NAME TYPE LABEL VAR-
NUM) NOPRINT;RUN;
% MACRO GETOBS(TNAME);
    % IF % SYMEXIST(NOBS) % THEN % SYMDEL NOBS;
    % GLOBAL NOBS;
    % LET NOBS = 0;
    % IF "&TNAME" = "" OR NOT % SYSFUNC(EXIST(&TNAME)) % THEN % RETURN;
    % LET DSID = % SYSFUNC(OPEN(&TNAME));
    % LET NOBS = % SYSFUNC(ATTRN(&DSID,NOBS));
    % LET DISD = % SYSFUNC(CLOSE(&DSID));
% MEND;
```

```
% MACRO VAR_OBS;


/* TYPE = 1 * /


PROC SQL NOPRINT;

SELECT UPCASE(NAME) INTO : VARSTR_ID SEPARATED BY '|'

FROM CONTENTS

WHERE TYPE = 1

;

QUIT;

% GETOBS(&ANALYSIS_TABLE. );

DATA TMP;

SET CONTENTS;

LENGTH TOTAL_OBS POSITIVE_OBS NEGATIVE_OBS ZERO_OBS MISSING_OBS DEFAULT_OBS NO_
DEFAULT_OBS 8;

TOTAL_OBS = &NOBS. ;

RUN;

% LET NCOUNT = % EVAL ( % LENGTH (&VARSTR_ID) - % LENGTH (% SYSFUNC (COMPRESS
(&VARSTR_ID, |))) );

% PUT &NCOUNT. ;

% DO I = 1 % TO % EVAL(&NCOUNT. +1);

    % LET STR = % SCAN(&VARSTR_ID. , &I, |);

    PROC SQL NOPRINT;

        SELECT COUNT(1) INTO : MISSING_OBS

        FROM &ANALYSIS_TABLE.

        WHERE &STR. = . ;

        SELECT COUNT(1) INTO : POSITIVE_OBS

        FROM &ANALYSIS_TABLE.

        WHERE &STR. > 0;

        SELECT COUNT(1) INTO : NEGATIVE_OBS

        FROM &ANALYSIS_TABLE.

        WHERE &STR. < 0 AND &STR. ^ = . ;

        SELECT COUNT(1) INTO : ZERO_OBS

        FROM &ANALYSIS_TABLE.

        WHERE &STR. = 0;

    QUIT;

    PROC SQL NOPRINT;

        UPDATE TMP SET
```

```
            MISSING_OBS = &MISSING_OBS. ,
            POSITIVE_OBS = &POSITIVE_OBS. ,
            NEGATIVE_OBS = &NEGATIVE_OBS. ,
            ZERO_OBS = &ZERO_OBS.
            WHERE UPCASE (NAME) = "&STR. ";
            QUIT;
% END;
/* TYPE =2* /
PROC SQL NOPRINT;
SELECT UPCASE (NAME) INTO : VARSTR_ID SEPARATED BY ' |'
FROM CONTENTS
WHERE TYPE = 2;
QUIT;
% GETOBS (&ANALYSIS_TABLE. );
% LET NCOUNT = % EVAL ( % LENGTH (&VARSTR_ID) - % LENGTH (% SYSFUNC (COMPRESS
(&VARSTR_ID, |))) );
% PUT &NCOUNT. ;
% DO I = 1 % TO % EVAL (&NCOUNT. +1);
    % LET STR = % SCAN (&VARSTR_ID. ,&I, |);
    PROC SQL NOPRINT;
        SELECT COUNT (1) INTO : DEFAULT_OBS
        FROM &ANALYSIS_TABLE.
        WHERE &STR. = "";
        SELECT COUNT (1) INTO : NO_DEFAULT_OBS
        FROM &ANALYSIS_TABLE.
        WHERE &STR. ^ = "";
    QUIT;
    PROC SQL NOPRINT;
        UPDATE TMP SET
        DEFAULT_OBS = &DEFAULT_OBS. ,
        NO_DEFAULT_OBS = &NO_DEFAULT_OBS.
        WHERE UPCASE (NAME) = "&STR. ";
    QUIT;
% END;
DATA CONTENTS2;
SET TMP;
NAME = UPCASE (NAME);
RUN;
```

```
PROC SORT DATA = CONTENTS2;BY TYPE NAME;RUN;
% MEND;
% VAR_OBS;
```

运行上述程序,结果见表2-4,从表中可以获知,大部分的变量存在缺失值,而且有些缺失值的数量较大。

表 2-4 部分变量的缺失值分布情况

变量	类型	长度	变量说明	缺失值个数	非缺失值个数
Age	字符	3	年龄	0	16 716
AlgorithmUnderstandingLevel	字符	84	算法水平	9 306	7 410
Country	字符	27	国籍	121	16 595
CoursePlatformSelect	字符	35	课程平台	14 420	2 296
CurrentJobTitleSelect	字符	36	当前职称	4 886	11 830
EmploymentStatus	字符	52	就业状态	0	16 716
FirstTrainingSelect	字符	43	何时开始训练	2 004	14 712
FormalEducation	字符	65	教育背景	1 701	15 015
JobSatisfaction	字符	23	现在工作的满意度	10 039	6 677
JobSkillImportanceBigData	字符	12	大数据在工作技能中的重要性	12 760	3 956
JobSkillImportanceDegree	字符	12	学历在工作技能中的重要性	12 807	3 909
JobSkillImportanceEnterpriseTool	字符	12	企业工具在工作技能中的重要性	13 022	3 694
JobSkillImportanceKaggleRanking	字符	12	Kaggle 排名在工作技能中的重要性	12 846	3 870
JobSkillImportancePython	字符	12	Python 在工作技能中的重要性	12 685	4 031
JobSkillImportanceR	字符	12	R 在工作技能中的重要性	12 772	3 944
JobSkillImportanceSQL	字符	12	SQL 在工作技能中的重要性	12 824	3 892
JobSkillImportanceStats	字符	12	统计在工作技能中的重要性	12 756	3 960
JobSkillImportanceVisualizations	字符	12	可视化在工作技能中的重要性	12 849	3 867
LanguageRecommendationSelect	字符	8	推荐使用的编程语言	5 718	10 998
MLMethodNextYearSelect	字符	43	明年将学习的机器学习方法	5 883	10 833
MLSkillsSelect	字符	332	选择的机器学习技能	3 963	12 753
MLTechniquesSelect	字符	368	选择的机器学习技术	4 132	12 584
MLToolNextYearSelect	字符	50	明年将学习的机器学习工具	5 718	10 998
Tenure	字符	34	从事数据分析的年限	3 184	13 532

2.5　Kaggle 社区用户画像分析

2.5.1　人员属性

根据如下程序计算获得表 2-5 的性别分布结果，Kaggle 社区的用户中，绝大部分都是男性用户，女性占比只有 16.71%。

```
/* 性别分布 */
PROC FREQ DATA = sasdata. multiplechoiceresponses
ORDER = INTERNAL;
TABLES GenderSelect /  SCORES = TABLE;
RUN;
```

表 2-5　人员性别分布

GenderSelect	频数	百分比/%	累积频数	累积百分比/%
A different identity	159	0. 96	159	0. 96
Female	2 778	16. 71	2 937	17. 67
Male	13 610	81. 88	16 547	99. 55
Non-binary, genderqueer, or gender non-conforming	74	0. 45	16 621	100
频数缺失 = 95				

接着，我们统计年龄的分布，代码如下，运行结果见图 2-20 所示（其中横坐标为频数，纵坐标为 age_new）。从年龄分布上来看，很多都是 25 岁左右的从业者，中位数为 30 岁，人员年轻化，也印证了人工智能领域在最近几年的火热程度，有越来越多的年轻人涌入人工智能领域施展才能。

```
/* 年龄分布图 */
proc sort data = sasdata. multiplechoiceresponses_02;
by age_new;
run;
PROC GCHART DATA = sasdata. multiplechoiceresponses_02
;
VBAR
age_new
/
CLIPREF
```

```
FRAME   TYPE = FREQ
COUTLINE = BLACK
RAXIS = AXIS1
MAXIS = AXIS2
;
/*    任务代码的结尾。    * /
RUN;
QUIT;
```

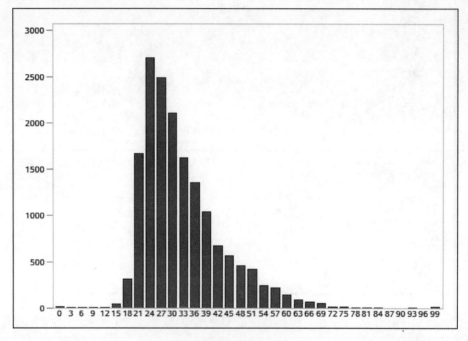

图 2-20   人员年龄分布

如下程序计算了每个国家受访者的年龄中位数，见表 2-6 所示。从数据上看，新西兰的受访者年龄中位数最大，达到 39 岁，一定程度上可以反映新西兰的受访者年龄偏大；印度尼西亚的受访者年龄中位数最小，只有 24 岁，同样一定程度上反映出印度尼西亚受访者年龄偏小；中国的受访者年龄中位数为 26 岁，同样偏小。运行程序如下所示，具体数据见表 2-6 所示。

```
PROC SQL;
CREATE VIEW WORK. SORTTempTableSorted AS
    SELECT T. age_new, T. Country_new
FROM SASDATA. MULTIPLECHOICERESPONSES_02 as T
QUIT;
;
```

```
/*    运行均值过程  * /
TITLE;
TITLE1 "汇总统计量";
TITLE2 "结果";
FOOTNOTE;
FOOTNOTE1 "由 SAS 系统 (&_SASSERVERNAME, &SYSSCPL) 于 % TRIM (% QSYSFUNC (DATE (), NL-
DATE20.)) % TRIM (% SYSFUNC (TIME (), NLTIMAP16.)) 生成";
PROC MEANS DATA = WORK. SORTTempTableSorted
FW = 12
PRINTALLTYPES
CHARTYPE
QMETHOD = OS
NWAY
N
MEDIAN;
VAR age_new;
CLASS Country_new /ORDER = UNFORMATTED ASCENDING;
RUN;
/*    任务代码的结尾。  * /
RUN;
QUIT;
```

表 2-6　各个国家和地区参与调研活动的人群的年龄中位数

Country	观测个数	年龄中位数	Country	观测个数	年龄中位数
United States	4 197	32	Netherlands	205	34
India	2 704	25	Ukraine	196	27
China	857	26	Republic of Korea	194	29
Russia	578	28	Poland	184	29
United Kingdom	535	33	Singapore	184	30
Brazil	465	30	Pakistan	161	25
Germany	460	31	Turkey	144	28
France	442	30	Indonesia	131	24
Canada	440	34	Switzerland	129	33
Australia	421	34	South Africa	127	31
Spain	320	37	Mexico	126	30
Japan	277	33	Colombia	113	30
Italy	238	34	Iran	112	28

Country	观测个数	年龄中位数	Country	观测个数	年龄中位数
Israel	105	34	Vietnam	71	24
Ireland	94	35	Finland	67	31
Portugal	93	32	Egypt	66	28.5
Argentina	92	33.5	Hungary	66	31
Belgium	91	33	Kenya	59	26
Sweden	89	34	Romania	59	32
Philippines	84	26.5	Belarus	54	26
Greece	81	31	Czech Republic	53	29
Malaysia	79	27	Norway	53	34
Denmark	78	34	Chile	51	30
New Zealand	74	39	Other	1023	29
Nigeria	73	29	—	—	—

从业人员的国籍分布可以通过如下程序统计，运行程序，运行结果见表 2-7。表中数据的分布可知，中国、美国和印度应该是人工智能领域走在世界前列的国家，在优越的经济和技术条件的保障下，从业者能更高效地实现技术落地，研发新技术。

```
/* 国籍分布数据频数统计* /
    PROC FREQ DATA = sasdata.multiplechoiceresponses_02
    ORDER = INTERNAL
    ;
    TABLES Country / SCORES = TABLE;
    RUN;
    QUIT;
```

表 2-7 人员的国籍分布

Country	频数	百分比	累积频数	累积百分比
United States	4 197	25.29%	4 197	25.29%
India	2 704	16.29%	6 901	41.58%
China	857	5.16%	8 781	52.91%
Russia	578	3.48%	9 359	56.40%
United Kingdom	629	3.79%	9 988	60.19%
Brazil	465	2.80%	10 453	62.99%
Germany	460	2.77%	10 913	65.76%
France	442	2.66%	11 355	68.42%
Canada	440	2.65%	11 795	71.08%
Australia	421	2.54%	12 216	73.61%

续表

Country	频数	百分比	累积频数	累积百分比
Spain	320	1.93%	12 536	75.54%
Japan	277	1.67%	12 813	77.21%
Italy	238	1.43%	13 051	78.64%
Netherlands	205	1.24%	13 256	79.88%
Ukraine	196	1.18%	13 452	81.06%
Poland	184	1.11%	13 830	83.34%
Singapore	184	1.11%	14 014	84.45%
Pakistan	161	0.97%	14 175	85.42%
Turkey	144	0.87%	14 319	86.29%
Indonesia	131	0.79%	14 450	87.07%
Switzerland	129	0.78%	14 579	87.85%
South Africa	127	0.77%	14 706	88.62%
Mexico	126	0.76%	14 832	89.38%
Colombia	113	0.68%	14 945	90.06%
Iran	112	0.67%	15 057	90.73%
Israel	105	0.63%	15 162	91.36%
Portugal	93	0.56%	15 255	91.93%
Argentina	92	0.55%	15 347	92.48%
Belgium	91	0.55%	15 438	93.03%
Sweden	89	0.54%	15 527	93.56%
Philippines	84	0.51%	15 611	94.07%
Greece	81	0.49%	15 692	94.56%
Malaysia	79	0.48%	15 771	95.03%
Denmark	78	0.47%	15 849	95.50%
New Zealand	74	0.45%	15 923	95.95%
Nigeria	73	0.44%	15 996	96.39%
Vietnam	71	0.43%	16 067	96.82%
Finland	67	0.40%	16 134	97.22%
Egypt	66	0.40%	16 200	97.62%
Hungary	66	0.40%	16 266	98.02%
Kenya	59	0.36%	16 325	98.37%
Romania	59	0.36%	16 384	98.73%
Belarus	54	0.33%	16 438	99.05%
Czech Republic	53	0.32%	16 491	99.37%
Norway	53	0.32%	16 544	99.69%
Chile	51	0.31%	16 595	100.00%
Other	1023	6.16%	7 924	47.75%

频数缺失 = 121

当然，人工智能也是有一定门槛的，下面的程序计算了从业人员的学历分布和专业分布，结果见表 2-8 和表 2-9。表 2-8 说明在从业者中，41.78% 的人获得了硕士学位，32.04% 的人获得了学士学位，更有 15.63% 的人获得了博士学位，学士及以上的学位拥有者接近九成，表 2-9 说明，由于大学还没有开设专注人工智能的专业，所以从业者们都来自使用相关技能的专业，最多的是计算机，其次是数学统计学、非计算机类的工科和电气工程等等，但也包括人文、社科和管理类偏文科方向的同学。

```
PROC SQL;
CREATE VIEW WORK. SORT AS
    SELECT T. FormalEducation, T. MajorSelect
FROM SASDATA. MULTIPLECHOICERESPONSES_02 as T
;
QUIT;
TITLE;
TITLE1 "单因子频数";
TITLE2 "结果";
PROC FREQ DATA = WORK. SORT
ORDER = INTERNAL
;
TABLES FormalEducation /  SCORES = TABLE;
TABLES MajorSelect /  SCORES = TABLE;
RUN;
```

表 2-8　受访者学历情况

FormalEducation	频数	百分比	累积频数	累积百分比
Master's degree	6 273	41.78%	6 273	41.78%
Bachelor's degree	4 811	32.04%	11 084	73.82%
Doctoral degree	2 347	15.63%	13 431	89.45%
Some college/university study without earning a bachelor's degree	786	5.23%	14 217	94.69%
Professional degree	451	3.00%	14 668	97.69%
I did not complete any formal education past high school	257	1.71%	14 925	99.40%
I prefer not to answer	90	0.60%	15 015	100.00%
频数缺失 = 1 701				

如下程序计算了受访者的学历分布饼图，结果如图 2-21 可知，超过 15.63% 的受访者为博士学位，有 41.78 的受访者为硕士学历，32.04% 的受访者为本科学历，从事数据科学的工作对人员学历的要求很高，从而也验证了数据科学领域，需要较为复杂的专业知识才能胜任。

表 2-9　受访者专业分布情况

MajorSelect	频数	百分比	累积频数	累积百分比
Computer Science	4 397	33. 11%	4 397	33. 11%
Mathematics or statistics	2 220	16. 72%	6 617	49. 82%
Engineering（non-computer focused）	1 339	10. 08%	7 956	59. 91%
Electrical Engineering	1 303	9. 81%	9 259	69. 72%
Physics	830	6. 25%	10 937	82. 35%
Information technology, networking, or system administration	693	5. 22%	11 630	87. 57%
A social science	531	4. 00%	12 161	91. 57%
Biology	274	2. 06%	12 435	93. 63%
Management information systems	237	1. 78%	12 672	95. 41%
A humanities discipline	198	1. 49%	12 870	96. 91%
A health science	152	1. 14%	13 022	98. 05%
Psychology	137	1. 03%	13 159	99. 08%
I never declared a major	65	0. 49%	13 224	99. 57%
Fine arts or performing arts	57	0. 43%	13 281	100. 00%
Other	848	6. 39%	10 107	76. 10%

频数缺失 = 3 435

```
/* 计算 FormalEducation 的频数* /
/* 特殊字符串处理* /
% let var1 =% str(Some college/university study without earning a bachelor% 's degree);
% let var2 =% str(Bachelor% 's degree);
% let var3 =% str(Master% 's degree);
% let var4 =% str(Doctoral degree);
% put &var1. ;
% put &var2. ;
% put &var3. ;
% put &var4. ;
PROC SQL;
CREATE VIEW WORK. SORTTempTableSorted AS
    SELECT T. FormalEducation_new
FROM (select a. * ,
        case when a. FormalEducation = "&var1. " then "大学肄业"
            when a. FormalEducation = "&var2. " then "本科"
            when a. FormalEducation = "&var3. " then "硕士"
            when a. FormalEducation = "&var4. " then "博士"
            else "其他" end as FormalEducation_new
        from SASDATA. MULTIPLECHOICERESPONSES_02 a
        where a.FormalEducation is not missing
    ) as T
```

```
;
QUIT;
TITLE;
TITLE1 "饼图";
PROC GCHART DATA = WORK.SORTTempTableSorted
;
PIE FormalEducation_new /
    TYPE = PCT
NOLEGEND
SLICE = OUTSIDE
PERCENT = INSIDE
VALUE = NONE
OTHER = 4
OTHERLABEL = "其他"
COUTLINE = BLACK
NOHEADING
;
/* 任务代码的结尾。*/
RUN;
QUIT;
```

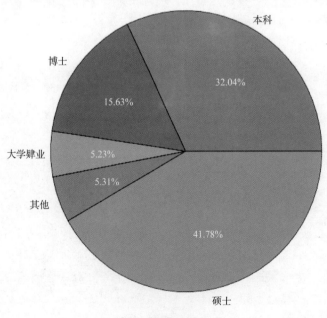

图 2-21   受访者学历分布

2.5.2　工作属性

如下程序计算出了从业者的职业分布和职业年限分布，结果见表 2-10、表 2-11。从表 2-10 所示的数据分布可知，数据科学家从业者最多，其次是软件工程师和数据分析师，有将近七成的人是全职工作者，将近一成的人是独立工作者，其他的人是没有稳定工作的从业人员。

```
/* 获取分析字段 * /
PROC SQL;
CREATE VIEW WORK. SORT AS
    SELECT T. CurrentJobTitleSelect, T. Tenure
FROM SASDATA. MULTIPLECHOICERESPONSES_02 as T
;
QUIT;
TITLE1 "单因子频数";
TITLE2 "结果";
PROC FREQ DATA = WORK. SORT
ORDER = INTERNAL
;
TABLES CurrentJobTitleSelect /  SCORES = TABLE;
TABLES Tenure /  SCORES = TABLE;
RUN;
/*    任务代码的结尾。   * /
RUN; QUIT;
```

表 2-10　受访者职业分布

CurrentJobTitleSelect	频数	百分比	累积频数	累积百分比
Data Scientist	2 433	20. 57%	2 433	20. 57%
Software Developer/Software Engineer	1 759	14. 87%	4 192	35. 44%
Data Analyst	1 213	10. 25%	6 638	56. 11%
Scientist/Researcher	978	8. 27%	7 616	64. 38%
Business Analyst	796	6. 73%	8 412	71. 11%
Researcher	619	5. 23%	9 031	76. 34%
Machine Learning Engineer	617	5. 22%	9 648	81. 56%
Engineer	552	4. 67%	10 200	86. 22%
Programmer	462	3. 91%	10 662	90. 13%
Computer Scientist	335	2. 83%	10 997	92. 96%
Statistician	289	2. 44%	11 286	95. 40%

CurrentJobTitleSelect	频数	百分比	累积频数	累积百分比
DBA/Database Engineer	187	1.58%	11 473	96.98%
Predictive Modeler	181	1.53%	11 654	98.51%
Data Miner	118	1.00%	11 772	99.51%
Operations Research Practitioner	58	0.49%	11 830	100.00%
Other	1 233	10.42%	5 425	45.86%

频数缺失 = 4 886

由从事数据工作年限分布的表 2-11 中可以看出，1~5 年的从业者占了较大比重。

表 2-11　受访者职业年限分布

Tenure	频数	百分比	累积频数	累积百分比
Less than a year	2 380	17.59%	9 159	67.68%
1 to 2 years	3 424	25.30%	3 424	25.30%
3 to 5 years	3 355	24.79%	6 779	50.10%
6 to 10 years	1 714	12.67%	12 901	95.34%
More than 10 years	2 028	14.99%	11 187	82.67%
I don't write code to analyze data	631	4.66%	13 532	100.00%

频数缺失 = 3 184

2.5.3　技能属性

下面程序计算出了从业者推荐掌握的编程语言的频数分布，结果如图 2-22 所示，从图中可以发现，大部分人选择了 Python 和 R，超过 87%。

```
/*   对数据集 Local:SASDATA.MULTIPLECHOICERESPONSES_03 排序  */
PROC SQL;
CREATE VIEW WORK.SORTTempTableSorted AS
    SELECT T.LanguageRecommendationSelect
FROM SASDATA.MULTIPLECHOICERESPONSES_02 as T
;
QUIT;
TITLE;
TITLE1 "饼图";
PROC GCHART DATA = WORK.SORTTempTableSorted
;
PIE LanguageRecommendationSelect /
    NOLEGEND
```

```
SLICE = OUTSIDE
PERCENT = INSIDE
VALUE = OUTSIDE
OTHER = 1
OTHERLABEL = "其他"
COUTLINE = BLACK
NOHEADING
;
/*     任务代码的结尾。 * /
RUN;
QUIT;
```

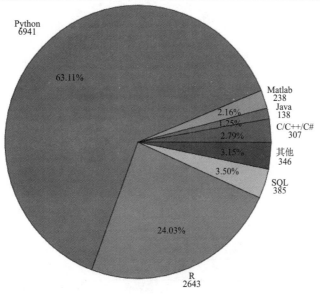

图 2-22　从业者推荐掌握的编程语言分布

2.5.4　学习属性

　　从业者们一般会通过以上几个平台学习人工智能领域相关知识，学习的方式一般有线上学习、大学学习和自学，表 2-12 给出了详细的数据分布，其中通过线上课程学习的从业者占比达 36.02%，通过大学课程学习的占比达 28.29%，有超过 1/4 的从业者是自学成才，仅有 6.73% 的从业者是在工作中学习。

```
/*   对数据集 Local:SASDATA. MULTIPLECHOICERESPONSES_03 排序* /
PROC SQL;
CREATE VIEW WORK. SORT AS
    SELECT T. FirstTrainingSelect
```

```
FROM SASDATA.MULTIPLECHOICERESPONSES_02 as T
;
QUIT;
TITLE;
TITLE1 "单因子频数";
TITLE2 "结果";
PROC FREQ DATA = WORK.SORT
ORDER = INTERNAL
;
TABLES FirstTrainingSelect /  SCORES = TABLE;
RUN;
/*   任务代码的结尾。* /
RUN;
QUIT;
```

表 2-12   从业者首次培训方式分布

FirstTrainingSelect	频数	百分比/%	累积频数	累积百分比
Kaggle competitions	257	1.75	257	1.75
Online courses (coursera, udemy, edx, etc.)	5 299	36.02	5 556	37.77
Self – taught	3 697	25.13	9 560	64.98
University courses	4 162	28.29	13 722	93.27
Work	990	6.73	14 712	100
Other	307	2.09	5 863	39.85
频数缺失 = 2 004				

    学无止境，从业者在掌握已有的数据科学方法和算法的基础上，还希望学习哪些内容呢？下列程序对此做了统计计算，结果见表 2-13 和表 2-14，从表 2-13 可知选择使用 Tensorflow 工具的受访者占比达到 23.8%，从表 2-14 可知选择学习深度学习技术的占到 40.27%，也从侧面反映出现阶段流行的机器学习工具和算法，具有较大优势，比较受欢迎。

```
/*   对数据集 Local:SASDATA.MULTIPLECHOICERESPONSES_02 排序 * /
PROC SQL;
CREATE VIEW WORK.SORT AS
    SELECT T.MLToolNextYearSelect, T.MLMethodNextYearSelect
FROM SASDATA.MULTIPLECHOICERESPONSES_02 as T
;
QUIT;
TITLE;
```

```
TITLE1 "单因子频数";
TITLE2 "结果";
PROC FREQ DATA = WORK. SORT
ORDER = INTERNAL
;
TABLES MLToolNextYearSelect /  SCORES = TABLE;
TABLES MLMethodNextYearSelect /  SCORES = TABLE;
RUN;
/* 任务代码的结尾。* /
RUN;
QUIT;
```

表 2-13　近几年从业者选择的机器学习工具分布

MLToolNextYearSelect	频数	百分比	累积频数	累积百分比
TensorFlow	2 621	23.8%	2 621	23.8%
Python	1 713	15.6%	4 334	39.4%
R	910	8.3%	5 244	47.7%
Spark/MLlib	755	6.9%	5 999	54.5%
Hadoop/Hive/Pig	417	3.8%	6 416	58.3%
Amazon Machine Learning	392	3.6%	7 215	65.6%
Jupyter notebooks	358	3.3%	7 573	68.9%
I dont plan on learning a new tool/technology	341	3.1%	7 914	72.0%
Google Cloud Compute	296	2.7%	8 210	74.6%
Amazon Web services	273	2.5%	8 483	77.1%
Julia	222	2.0%	8 705	79.2%
DataRobot	220	2.0%	8 925	81.2%
Microsoft Azure Machine Learning	220	2.0%	9 145	83.2%
IBM Watson/Waton Analytics	194	1.8%	9 339	84.9%
C/C + +	186	1.7%	9 525	86.6%
Tableau	150	1.4%	9 675	88.0%
SQL	138	1.3%	9 813	89.2%
Java	116	1.1%	9 929	90.3%
MATLAB/Octave	115	1.0%	10 044	91.3%
NoSQL	94	0.9%	10 138	92.2%
SAP BusinessObjects Predictive Analytics	81	0.7%	10 219	92.9%
Microsoft R Server（Formerly Revolution Analytics）	65	0.6%	10 284	93.5%
Mathematica	64	0.6%	10 348	94.1%
Stan	64	0.6%	10 412	94.7%

MLToolNextYearSelect	频数	百分比	累积频数	累积百分比
SAS Base	57	0.5%	10 469	95.2%
SAS Enterprise Miner	50	0.5%	10 519	95.6%
Microsoft Excel Data Mining	46	0.4%	10 565	96.1%
Cloudera	44	0.4%	10 609	96.5%
KNIME (free version)	38	0.3%	10 647	96.8%
RapidMiner (free version)	36	0.3%	10 683	97.1%
Microsoft SQL Server Data Mining	31	0.3%	10 714	97.4%
Weka	31	0.3%	10 745	97.7%
Oracle Data Mining/Oracle R Enterprise	25	0.2%	10 770	97.9%
UNIX shell/awk	25	0.2%	10 795	98.2%
IBM SPSS Statistics	24	0.2%	10 819	98.4%
QlikView	20	0.2%	10 839	98.6%
IBM SPSS Modeler	19	0.2%	10 858	98.7%
RapidMiner (commercial version)	18	0.2%	10 876	98.9%
Flume	16	0.1%	10 892	99.0%
Orange	15	0.1%	10 907	99.2%
Statistica (Quest/Dell – formerly Statsoft)	15	0.1%	10 922	99.3%
KNIME (commercial version)	14	0.1%	10 936	99.4%
Perl	13	0.1%	10 949	99.6%
Salfrod Systems CART/MARS/TreeNet/RF/SPM	11	0.1%	10 960	99.7%
Impala	9	0.1%	10 969	99.7%
Minitab	8	0.1%	10 977	99.8%
IBM Cognos	7	0.1%	10 984	99.9%
SAS JMP	7	0.1%	10 991	99.9%
TIBCO Spotfire	6	0.1%	10 997	100.0%
Angoss	1	0.0%	10 998	100.0%
Other	407	3.7%	6 823	62.0%

频数缺失 = 5718

表 2-14　近几年从业者选择的机器学习方法的分布情况

MLMethodNextYearSelect	频数	百分比	累积频数	累积百分比
Deep learning	4 362	40.27%	4 362	40.27%
Neural Nets	1 386	12.79%	5 748	53.06%
Time Series Analysis	680	6.28%	6 428	59.34%
Bayesian Methods	511	4.72%	6 939	64.05%
Text Mining	493	4.55%	7 432	68.61%

续表

MLMethodNextYearSelect	频数	百分比	累积频数	累积百分比
Genetic & Evolutionary Algorithms	425	3.92%	7 857	72.53%
Social Network Analysis	364	3.36%	8 221	75.89%
Anomaly Detection	307	2.83%	8 528	78.72%
Ensemble Methods (e.g. boosting, bagging)	269	2.48%	8 797	81.21%
Monte Carlo Methods	230	2.12%	9 285	85.71%
Regression	220	2.03%	9 505	87.74%
Cluster Analysis	216	1.99%	9 721	89.74%
I don't plan on learning a new ML/DS method	195	1.80%	9 916	91.54%
Decision Trees	156	1.44%	10 072	92.98%
Random Forests	154	1.42%	10 226	94.40%
Support Vector Machines (SVM)	147	1.36%	10 373	95.75%
Survival Analysis	104	0.96%	10 477	96.71%
Proprietary Algorithms	98	0.90%	10 575	97.62%
Factor Analysis	76	0.70%	10 651	98.32%
Link Analysis	55	0.51%	10 706	98.83%
Association Rules	46	0.42%	10 752	99.25%
Rule Induction	41	0.38%	10 793	99.63%
Uplift Modeling	29	0.27%	10 822	99.90%
MARS	11	0.10%	10 833	100.00%
Other	258	2.38%	9 055	83.59%

频数缺失 = 5 883

第 3 章

考察汽车耗油量与里程数的关系

本章将通过案例介绍非线性回归分析的相关技术知识，并阐述如何利用 SAS STAT 中的部分数据挖掘过程来实现非线性回归分析。

3.1 项目背景

随着汽车工业的持续高速发展和人民生活水平的逐年提高，我国已步入世界汽车生产和消费大国行列，数据显示，目前我国汽车保有量达到 2.17 亿辆，二手车市场潜力巨大，其中许多私人车辆进入换购高峰，为二手车市场提供了巨大的货源。

消费者在购买二手车的时候，都希望购买性价比较高的车型。尤其在高油价时代，汽车油耗直接影响汽车的日常运营成本。所以，本章内容将着重关注汽车行驶里程以及油耗的问题，通过实验数据了解车辆的油耗与行驶里程具体是什么样的关系，以便指导我们采购合适的车辆，降低使用成本。

3.2 非线性回归简介

有一类模型，其回归参数不是线性的，也不能通过转换的方法将其变为线性的参数，这类模型称为非线性回归模型。在许多实际问题中，回归函数往往是较复杂的非线性函数，非线性函数的求解一般可分为将非线性变换成线性和不能变换成线性两大类。

处理非线性回归的基本方法是，通过变量变换，将非线性回归化为线性回归，然后用线性回归方法处理。假定根据理论或经验，已获得输出变量与输入变量之间的非线性表达式，但表达式的系数是未知的，要根据输入输出的 n 次观察结果来确定系数的值，按最小二乘法原理来求出系数值。所得到的模型为非线性回归模型。

如果回归模型的因变量是自变量的一次以上函数形式，回归规律在图形上表现为形态各异的各种曲线，就称为非线性回归。

一般的非线性回归模型可以表示为：

$$Y = f(x,\beta) + \varepsilon$$

其中，x 是可以观察的独立随机变量，β 是待估的参数向量，Y 是独立的观察变量，其平均数依赖于 x 和 β，ε 是随机误差，函数形式 $f(*)$ 是已知的。

非线性回归模型的解法主要有两个，一个是最小二乘法，即求向量 Y 与集合 $f(x,\beta)$ 的最短距离：

$$\|Y - f(x,\beta)\| \xrightarrow{\beta} \min$$

另一种方法是极大似然法，即假设误差的分布密度函数 $g(x,\beta,\sigma^2)$ 已知，作为似然函数，再求其最大值：

$$L(\beta,\sigma^2) = \prod_{i=1}^{n} g(x,\beta,\sigma^2) \xrightarrow{\beta,\sigma^2} \max$$

3.3　非线性回归过程说明

非线性回归模型比线性回归模型更难于规定和估计，首先用户要写出非线性回归模型的表达式，给出参数的初值，有时还要写出该模型关于各个参数的一、二阶偏微商，而不是像线性回归模型只要简单列出回归变量就可以，所以可能有些非线性模型很难拟合。

当非线性回归分析没有现成的模型时，可通过刻画一个与数据分布特点相似的模型来表示。如果数据单调上升趋于某一渐近线，那么 Michaelis-Menten 模型、指数增长模型或者 Logistic 模型也许是合适的；如果数据有峰值但随后衰减于消失，那么双指数模型、分母含有二次项的 Michaelis-Menten 模型或者 Gamma 函数也许是合适的。

对非线非回归模型的拟合可采用先转化为线性回归，而后用 SAS 中的 PROC REG 或 PROC GLM 过程的方法，比如多项式回归、逻辑回归都是非线性回归。更通常的方法是用 PROC NLIN 过程进行直接拟合。

NLIN 过程的迭代法有如下几种：

- Gauss 法（高斯法）。
- Dud 法（错位法）。
- Gradient（梯度法）。
- Newton 法（牛顿法）。
- Marquardt 法。

在分析非线性模型时，分析师必须获取下列各项内容：

- 被估计的参数名和初始值。
- 模型。
- 模型关于每个参数的偏导数（DUD 法除外）。
- 模型关于每个参数的二阶偏导数（仅对 Newton 法）。

在很多应用场景下，可以对非线性模型进行线性化处理，尤其是关于变量非线性的模型，可以使用最小二乘法（OLS）进行推断，对线性化后的线性模型，可以应用 SAS 的 REG 过程进行计算。

多项式模型可以直接应用 GLM（广义线性模型）求解，对于不能线性化的非线性模型，其参数估计不能直接运用经典的最小二乘法，需要运用其他估计方法，比如直接搜索法、直接最优法与 Taylor 级数展开法进行线性逼近，可以直接利用 SAS/STAT 的 NLIN 过程实现相应的计算过程。

NLIN 过程的功能主要是计算非线性模型参数的最小二乘估计及加权最小二乘估计，与 REG 过程不同的是，模型的参数要命名、赋初值、求偏导数，model 语句与参数名、解释变量的表达式有关。

PROC NLIN 过程的程序格式如下。

```
PROC NLIN DATA = 数据集 <选择项>;
MODEL 因变量 = 自变量表达式;
PARAMETERS 或 PARMAS 参数名 = 数值...;
BY 变量;
BOUNDS 语句;(参数约束语句)
DER. 语句;(微商语句)
ID 变量;
OUTPUT OUT = SAS 数据集,KEYWORD = 变量名...;
RUN;
```

其中，parameters 语句和 model 语句是必需的，而其余语句供用户根据需要选择。

（1）proc nlin 语句选项

proc nlin 语句为调用非线性回归过程的语句，其中的"选项"部分常选 DATA = SAS 数据集，除此之外，还有如下选择项。

- outest = 数据集名：指定存放参数估计的每步迭代结果的数据集名。
- best = n：要求过程只输出网格点初始值可能组合中最好的 n 组残差平方和。
- method = gauss｜marquardt｜newton｜gradient｜dud｜：设定参数估计的迭代方法，缺省时为 gauss，除非没有 der. 语句。
- eformat：要求所有数值以科学记数法输出。
- nopoint：抑制打印输出。
- noinpoint：抑制迭代结果的输出。

（2）parameters 模型参数语句

用于对所有参数赋初值（关键字 parms 或者 parameters 均可），项目之间以空格分隔，比如如下 b_0 至 b_4 的参数赋值，其中，b_0 的初始值为 0，b_1 的初始值为 4、5、6、7、8，b_2 的初始值为 0.0、0.2、0.4、0.6，b_3 的初始值为 1、10、100，b_4 的初始值为 0、0.5、1、2、3、4。

```
parms b0 = 0
b1 = 4 to 8
b2 = 0 to .6 by .2
b3 = 1, 10, 100
b4 = 0, .5, 1 to 4;
```

（3） model 表达式语句

模型表达式可以是获得数值结果的任意有效 SAS 表达式，这个表达式包括参数名字、输入数据集中的变量名以及在 nlin 过程中用程序设计语句创建的新变量，如下表达式中，y 表示因变量，x 表示自变量，b_0 和 b_1 是模型参数。

```
model y = b0 * (1 - exp( - b1* x));
```

（4） bounds 约束条件语句

用于设定参数的约束，主要是不等式约束，约束间用逗号分隔，如下约束条件，表示 $b_0 \leqslant 20$，$b_1 > 30$，$b_2 \geqslant 1$ 且 $\leqslant 10$。

```
bounds  b0 < =20,b1 >30,1 < =b2 < =10;
```

（5） der. 偏导数语句

除非在 proc nlin 语句中指明所用的迭代法是 dud（错位法），使用选择项 method = dud，否则 der. 语句是必需的，der.语句用于计算模型关于各个参数的偏导数，相应的格式为：

- 一阶偏导数：der.参数名 = 表达式。
- 二阶偏导数：der.参数名.参数名 = 表达式。

例如，对于"model y = b0 * (1 - exp(- b1 * x)),der."语句的书写格式如下所示。

```
der.b0 =1 - exp( - b1* x);
der.b1 =b0* x* exp( - b1* x);
```

对于多数算法，都必须对每个被估计的参数给出一阶偏导数表达式，对于 newton 法，必须给出一、二阶偏导数表达式，例如对于"model y = b0 * (1 - exp(- b1 * x))"，二阶偏导数表达式如下所示。

```
der.b0.b0. =0;
der.b0.b1 =x* exp(-b1* x);
der.b1.b1 = - der.b1* x;
```

（6） output 输出语句

用于把一些计算结果输出到指定的数据集中，表示把预测结果输出至数据集 b 中，预测值用 yp 来表示，如下所示。

```
output out =b predicted =yp;
```

可以通过制定关键字来获取想要的计算结果，相关的关键字及其意义见表 3-1。

表 3-1　相关的关键字及其意义

关键字	意义	关键字	意义	关键字	意义
predicted｜p	预测值	Stdp	clm 的标准差	u95	95% cli 上限
residual｜r	残差	Stdr	残差的标准差	l95	95% cu 下限
parms	参数估计值	l95m	95% clm 下限	student	学生氏残差
sse｜ess	残差平方和	u95m	95% clm 上限	h	杠杆点统计量 hi

3.4　广义线性模型过程

GLM 过程即广义线形模型（General Liner Model）过程，它使用最小二乘法对数据拟合广义线形模型。GLM 过程中可以进行回归分析、方差分析、协方差分析、多元方差分析和偏相关分析等，GLM 过程的语法结构和 ANOVA 过程完全相同，只要在 Model 语句中将其写入即可。GLM 过程如下：

```
PROC GLM <选项>;
CLASS 变量;
MODEL 依变量=效应/选项;
MEANS 效应/选项;
RANDOM 效应/选项;
CONTRAST "对比说明"效应 对比向量;
OUTPUT OUT=输出数据集 PREDICTED｜P=变量名 RESIDUAL|R=变量名;
RUN;
```

程序说明：

- PROC GLM 语句：设定分析数据集和输出数据集。
- CLASS 语句：指明分类变量，此语句一定要设定，并且应出现在 MODEL 语句之前。
- MODEL 语句：定义分析所用的线性数学模型和结果输出项。
- MEANS 语句：计算平均数，并可选用多种多重比较方法。
- RANDOM 语句：指定模型中的随机效应，"选项"：Q 给出期望均方中主效应的所有二次型。
- CONTRAST 语句：用于对比检验。
- OUTPUT 语句：产生输出数据集，P = 定义 y 预测值变量名，R = 定义误差变量名。

模型定义仍是 GLM 过程使用的关键，通过设定模型（MODEL），即可对不同的试验设计资料进行分析。当处理效应为固定效应时，通过 MEANS 语句计算平均数，进行多重比较；当处理效应为随机效应时，可利用 RANDOM 语句或 VARCOMP 过程估计方差分量。

3.5　数据文件说明

本实例我们使用的数据集是 Mileage. sas7bdat，此数据集是关于某车型的油耗和行驶里程的实验数据。下面我们利用非线性回归分析来分析油耗和行驶里程之间的关系，表 3-2 给出了数据表 Mileage. sas7bdat 的变量说明。

表 3-2　数据表的变量说明

变量名称	说明	变量名称	说明
mph	汽车行驶里程	mpg	汽车百公里油耗

3.6　数据探索

首先读取数据至 SAS 数据集中，程序如下。

```
title 'Gasoline Mileage Experiment';
/* 读取数据*/
data mileage;
  input mph mpg @ @ ;
  datalines;
20 15.4
30 20.2
40 25.7
50 26.2   50 26.6   50 27.4
55   .
60 24.8
;
run;
```

从读取的数据中我们看到变量 mpg 有缺失值，则进行分析前需要对缺失值的变量进行处理，这里我们直接删除缺少的观测。如果调用 GLM 过程时不删除确实的观测，系统会自动选择观测进行分析，把缺失的观测判处在外。

下面我们调用 gplot 过程绘制这两个变量的关系图，程序如下。

```
proc gplot data =mileage;
plot  mpg* mph;
run;
```

运行上述程序，结果如图 3-1 所示（其中横坐标为 mph，纵坐标为 mpg）。

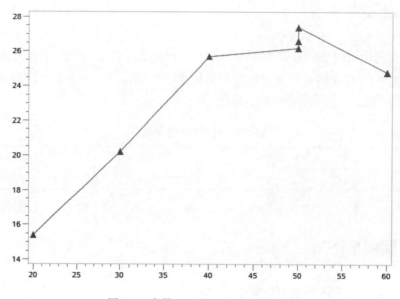

图 3-1　变量 mpg 和 mph 之间的关系

　　从图 3-1 中的散点分布可以看出，mpg 和 mph 之间的关系为非线性的，而且可以使用二次曲线进行拟合。

3.7　模型建立

　　通过数据探索分析，确定使用二次曲线进行拟合，调用 GLM 过程。程序如下。

```
ods graphics on;
proc glm;
    model mpg = mph mph* mph / p clm;
run;
ods graphics off;
```

　　model 指定变量之间的关系，mpg 是 mph 的二次函数，clm 选项给出置信区间，p 选项指定绘制预测值和残差值。

3.8　结果分析

　　首先输出的是模型的假设检验结果，见表 3-3，结果 P 值等于 0.000 6，小于 0.01，所以 F 统计量是显著的，模型通过检验。

表 3-3　模型假设检验

Source	DF	Sum of Squares	Mean Square	F Value	Pr > F
Model	2	111. 808 618 3	55. 904 309 1	77. 96	0. 000 6
Error	4	2. 868 524 6	0. 717 131 1		
Corrected Total	6	114. 677 142 9			

然后输出模型的 R 方，见表 3-4，R 方达到 0.97。

表 3-4　模型 R 方

R-Square	Coeff Var	Root MSE	mpg Mean
0. 974 986	3. 564 553	0. 846 836	23. 757 14

表 3-5 是输出的变量 mph、mph × mph 的假设检验结果，P 值均小于 0.01，全部通过假设检验，且可以得到拟合方程，如下。

$$mpg = -5.985 + 1.305 * mph - 0.013 * mph * mph$$

表 3-5　变量的检验结果

Parameter	Estimate	Standard Error	t Value	Pr > | t |
Intercept	− 5. 985	3. 185	− 1. 880	0. 133
mph	1. 305	0. 173	7. 560	0. 002
mph × mph	− 0. 013	0. 002	− 6. 040	0. 004

然后输出的表 3-6 是预测值和置信区间，P 选项和 clm 选项指定输出下表内容，表 3-6 所示，对每个观测都输出预测值，95% 的置信区间预测值、以及残差等数据。

表 3-6　预测值和置信区间

Observation	Observed	Predicted	Residual	95% Confidence Limits for Mean Predicted Value	
1	15. 4	14. 88	0. 52	12. 70	17. 06
2	20. 2	21. 38	− 1. 18	20. 02	22. 75
3	25. 7	25. 27	0. 43	23. 87	26. 66
4	26. 2	26. 53	− 0. 33	25. 45	27. 62
5	26. 6	26. 53	0. 07	25. 45	27. 62
6	27. 4	26. 53	0. 87	25. 45	27. 62
7	—	26. 18	—	24. 89	27. 47
8	24. 8	25. 18	− 0. 38	23. 06	27. 29

最后输出的是统计图形，ODS 选项指定绘制拟合图形，如图 3-2 所示（其中横坐标为 mph，纵坐标为 mpg），绘制了预测值、95% 的置信区间等。从拟合图形可以看出，如果计划买二手车，考虑到后期的运营保养，建议考虑行驶里程较少的车辆。

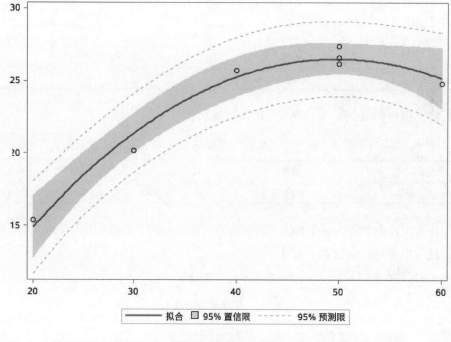

图 3-2　数据拟合结果

第4章

影响汽车销售的关键因子分析

因子分析法是指从研究指标相关矩阵内部的依赖关系出发，把一些信息重叠、具有错综复杂关系的变量归结为少数几个不相关的综合因子的一种多元统计分析方法。基本思想主要是根据相关性大小把变量分组，使得同组内的变量之间相关性较高，但不同组的变量不相关或相关性较低，每组变量代表一个基本结构一即公共因子。因子分析法应用较为广泛，比如运用这种研究技术，我们可以方便地找出影响消费者购买、消费以及满意度的主要因素是哪些，以及它们的影响力。

SAS 系统中因子分析对应的是 PROC FACTOR 过程。

4.1 数据说明

本实例我们使用的数据集是 car_sales. sas7dat，此数据集是关于汽车销售的数据，共包含有 26 个变量，比如 manufact、model、sales、resale、type、price 等变量。下面我们就利用因子分析来分析此数据集，以便能够得到影响汽车销售的关键因子，从而促进汽车销售业务的开展。数据集如图 4-1 所示。

	Manufacturer	Model	Sales in thousands	4-year resale value	Vehicle type	Price i thousan
1	Acura	Integra	16.919	16.36	0	21.5
2	Acura	TL	39.384	19.875	0	28.4
3	Acura	CL	14.114	18.225	0	.
4	Acura	RL	8.588	29.725	0	42
5	Audi	A4	20.397	22.255	0	23.99
6	Audi	A6	18.78	23.555	0	33.95
7	Audi	A8	1.38	39	0	62
8	BMW	323i	19.747	.	0	26.99
9	BMW	328i	9.231	28.675	0	33.4
10	BMW	528i	17.527	36.125	0	38.9
11	Buick	Century	91.561	12.475	0	21.975
12	Buick	Regal	39.35	13.74	0	25.3

图 4-1 数据集 car_sales. sav

表 4-1 展示了各个字段的说明。

表 4-1　字段说明

变量	类型	长度	说明
CURB_WGT	数值	8	汽车整备质量
ENGINE_S	数值	8	引擎型号
FUEL_CAP	数值	8	耗油量
HORSEPOW	数值	8	功率
LENGTH	数值	8	车的长度
MANUFACT	字符	13	制造商
MODEL	字符	17	型号
MPG	数值	8	燃油效率
PRICE	数值	8	价格
RESALE	数值	8	4 年后的折扣价格
SALES	数值	8	销售额
TYPE	数值	8	车辆类型
WHEELBAS	数值	8	轴距
WIDTH	数值	8	车的宽度

4.2　因子分析的基本原理

因子分析法是从研究变量内部相关的依赖关系出发，把一些具有错综复杂关系的变量归结为少数几个综合因子的一种多变量统计分析方法。它的基本思想是，将观测变量进行分类，将相关性较高，即联系比较紧密的分在同一类中，而不同类变量之间的相关性则较低，那么每一类变量实际上就代表了一个基本结构，即公共因子；对于所研究的问题就是试图用最少个数的不可测的所谓公共因子的线性函数与特殊因子之和来描述原来观测的每一分量。

4.2.1　因子分析模型

首先，定义观测值所构成的矩阵如下：

$$X = \begin{bmatrix} x_{11} & x_{12} & \cdots & x_{1p} \\ x_{21} & x_{22} & \cdots & x_{2p} \\ \vdots & \vdots & \ddots & \vdots \\ x_{n1} & x_{n2} & \cdots & x_{np} \end{bmatrix}$$

其中，n 为样本观测的次数，p 为变量数，$X_i = (x_{1i}, x_{2i}, \cdots, x_{ni})'$，$i = 1,2,3,\cdots,p$，然后将 X 中的数据进行标准化处理，则处理后的变量的方差为 1，均值为 0。为了叙述简单，假

设经过标准化后的矩阵仍记为 X ，所以相关系数矩阵为

$$R = X'X$$

设 R 的 p 个非负特征值为：$\lambda_1, \lambda_2, \cdots, \lambda_p$ ，记对应于特征值的正交特征向量矩阵如下：

$$U = \begin{bmatrix} u_{11} & u_{12} & \cdots & u_{1p} \\ u_{21} & u_{22} & \cdots & u_{2p} \\ \vdots & \vdots & \ddots & \vdots \\ u_{p1} & u_{p2} & \cdots & u_{pp} \end{bmatrix}$$

令 $F = UX'$ ，则有下面等式：

$$FF' = \begin{bmatrix} \lambda_1 & 0 & \cdots & 0 \\ 0 & \lambda_2 & \cdots & 0 \\ \vdots & \vdots & \ddots & \vdots \\ 0 & 0 & \cdots & \lambda_p \end{bmatrix}$$

上式中 F 为主因子阵，并且 $F_i = U_i X'$ ，$i = 1,2,3,\cdots,p$ ，即 F_i 每一个为第 i 个样品的主因子得分。下面选择 $m(m < p)$ 个主因子，根据变量的相关阵选出第一主因子 F_1 ，使得其在各个变量的公共因子方差中所占的方差贡献最大，然后就消去此因子的影响，再从剩余的相关阵中选出与 F_1 不相关的因子 F_2 ，依此类推，直到各个变量公共因子方差被分解完毕为止。

由 $m(m < p)$ 个主因子将 U 矩阵分为两部分：

$$U = [U_1, U_2, \cdots, U_m, U_{m+1}, \cdots, U_p] = [U_{(1)}, U_{(2)}]$$

其中，$U_{(1)}$ 为 $p \times m$ 矩阵，$U_{(2)}$ 为 $p \times (p - m)$ 矩阵。

由 $F = UX'$ ，可知 $X = UF$ ，再令 $F = [F_{(1)}, F_{(2)}]$ ，其中 $F_{(1)}$ 为 $m \times n$ 矩阵，$F_{(2)}$ 为 $(p - m) \times n$ 矩阵，则有

$$X = U'_{(1)} F_{(1)} + U'_{(2)} F_{(2)}$$

$U'_{(1)} F_{(1)}$ 为 m 个主因子所能解释的部分，$U'_{(2)} F_{(2)}$ 为其残差部分，记残差为 ε ，所以我们就可以得到因子模型如下：

$$X = U'_{(1)} F_{(1)} + \varepsilon$$

其中，$U_{(1)}$ 称为因子负荷矩阵，$F_{(1)}$ 称为主因子，ε 称为特殊因子。

如果我们略去特殊因子，则因子模型就为

$$\begin{cases} X_1 = u_{11} F_1 + u_{12} F_2 + \cdots + u_{1m} F_m \\ X_2 = u_{21} F_1 + u_{22} F_2 + \cdots + u_{2m} F_m \\ \vdots \\ X_p = u_{p1} F_1 + u_{p2} F_2 + \cdots + u_{pm} F_m \end{cases}$$

令 $a_{ij} = u_{ij} \lambda_j^{1/2}$ ，所以因子负荷矩阵为 $A = (a_{ij})_{p \times m}$ ，因此，因子分析的数学模型为

$$\begin{cases} X_1 = a_{11}F_1 + a_{12}F_2 + \cdots + a_{1m}F_m + \varepsilon_1 \\ X_2 = a_{21}F_1 + a_{22}F_2 + \cdots + a_{2m}F_m + \varepsilon_2 \\ \qquad\qquad\qquad\qquad \vdots \\ X_p = a_{p1}F_1 + a_{p2}F_2 + \cdots + a_{pm}F_m + \varepsilon_p \end{cases}$$

其中，$F = (X_1, X_2, \cdots, X_p)'$，称 X 为公共因子，$A = (a_{ij})_{p \times m}$ 为因子载荷矩阵，a_{ij} 为因子负荷，它是第 i 个变量在第 j 个公共因子上的负荷，反映了第 i 个变量在第 j 个变量上的相对重要性，残差 ε 为特殊因子，相互独立，且服从正态分布 $N(0, \sigma_i^2)$。

4.2.2　因子旋转

得出因子模型以后，下面就会对公共因子进行解释。为了更好地解释公共因子，减少解释的主观性，主要采用因子旋转方法，得到比较满意的主因子。从线性代数的角度看，因子旋转就是非奇异的线性变换。

上述的因子模型写成矩阵形式如下：

$$X = AF + \varepsilon$$

进行因子旋转的目的就是要使因子载荷矩阵中因子载荷的平方值向 0 和 1 两个方向分化，因子旋转的方法主要有正交旋转和斜交旋转方法（oblique rotation）。这里要注意的是采用正交旋转得到的因子也是不相关的，但斜交旋转得到的因子是相关的。SAS 中可供选择的因子旋转方法主要有方差最大正交旋转方法（varimax orthogonal rotation）、正交旋转法、平衡法等。

4.2.3　计算因子得分

因子分析是将变量表示为公共因子的线性组合。如果将因子表示为变量的线性组合，则

$$\begin{cases} f_1 = \beta_{11}x_1 + \beta_{12}x_2 + \cdots + \beta_{1p}x_p \\ f_2 = \beta_{21}x_1 + \beta_{22}x_2 + \cdots + \beta_{2p}x_p \\ \qquad\qquad\qquad\qquad \vdots \\ f_m = \beta_{m1}x_1 + \beta_{m2}x_2 + \cdots + \beta_{mp}x_p \end{cases}$$

上述公式即为因子得分函数，利用得分函数可以计算每个样本的因子得分。由于上式方程的个数少于变量个数，因此只能在最小二乘的意义下对因子得分进行估计。估计因子得分的方法较多，常用的有回归估计法、Bartlett 估计法、Thomson 估计法。

4.3　因子分析的步骤和 SAS 过程

4.3.1　因子分析的步骤

因子分析的核心问题有两个：一是如何构造因子变量；二是如何对因子变量进行命名

解释。因此，因子分析的基本步骤和解决思路就是围绕这两个核心问题展开的。因子分析常常有以下 4 个基本步骤：

- 步骤 1：确认待分析的原变量是否适合作因子分析；
- 步骤 2：构造因子变量；
- 步骤 3：利用旋转方法使因子变量更具有可解释性；
- 步骤 4：计算因子变量得分。

综合上节中的因子分析的数学模型，可以知道因子分析的基本计算过程，如下：

（1）将原始数据标准化，以消除变量间在数量级和量纲上的不同；

（2）求标准化数据的相关矩阵；

（3）求相关矩阵的特征值和特征向量；

（4）计算方差贡献率与累积方差贡献率；

（5）确定因子，设 $F_1, F_2, \cdots, F_p$ 为 p 个因子，其中前 m 个因子包含的数据信息总量不低于 80% 时，可以取前 m 个因子来反映原评价指标；

（6）因子旋转，若所得的 m 个因子无法确定或其实际意义不是很明显，这时需将因子进行旋转以获得较为明显的实际含义；

（7）用原始指标的线性组合来求得各个因子的得分，采用回归估计法、Bartlett 估计法或 Thomson 估计法计算因子得分。

（8）综合得分，以各因子的方差贡献率为权，由各因子的线性组合得到综合评价指标函数，即

$$F = \frac{w_1 F_1 + w_2 F_2 + \cdots + w_m F_m}{w_1 + w_2 + \cdots + w_m}$$

其中 w_i 为旋转前或者旋转后因子的方差贡献率。

（9）得分排序：利用综合得分可以得到得分名次。

4.3.2　FACTOR 过程说明

SAS 系统中实现主成分分析的过程是 FACTOR 过程。FACTOR 过程的语句格式如下：

```
PROC  FACTOR <选项 >;
BY 变量;
PRIORS 变量;
FREQ 变量;
PARTIAL 变量;
VAR 变量;
WEIGHT 变量;
RUN;
```

其中 PROC FACTOR 语句和 VAR 语句是必须的，其他的语句都是可选项，可以根据具

体情况选择。下面介绍各语句的功能和用法。

（1）PROC FACTOR 语句

PROC FACTOR 语句是主成分过程的开始，此语句中的选项大部分都可以自行设置，大概有几十种选项，该语句的主要及常用的选项详细功能如下：

- DATA =：指定 FACTOR 过程要分析的 SAS 数据集。
- OUT =：指定输出数据集，其中包含输入数据集的数据、分析结果、因子得分等。定义的输入数据集必须是多变量数据，而非相关阵或协方差阵。如果使用 FARTIAL 语句，则此语句无效。
- OUTSTAT =：指定包含相关统计量的输出数据集，比如包含有样本数、均数、标准差、相关系数、协方差等。
- TARGET =：指定一个含有因子旋转目标模型的数据集，其中变量名必须与进行因子分析的数据中的变量名相同。
- PRIORS =：指定计算共性方差初始估计值的方法。
- METHOD =：指定因子提取的方法，系统默认为 METHOD = PRINCIPAL。
- RANDOM =：指定一个正整数作为 PRIORS = RANDOM 的起始值。
- WEIGHT：要求 FACTORS 过程对经过加权的相关矩阵或协方差矩阵进行因子分析。
- NFACTORS =：规定因子个数的上限，默认时规定为所分析变量的个数。
- ROTATE =：指定因子旋转的方法，默认时为 NONE。
- RITER =：指定因子旋转的最大次数。

下面详细介绍提取因子方法和进行因子旋转方法，首先是提取因子的方法，即"METHOD ="语句可供选择的方法，如下：

- ALPHA：ALPHA 因子分析法。
- HARRIS：规定 S-1RS-1 分析法，S 为协方差矩阵，R 微微相关阵。
- IMAGE：利用图像协方差矩阵进行分析。
- ML：利用最大似然法进行因子分析。
- PATTERN：从 TYPE = FACTOR（CORR、UCORR、COV、UCOV）的数据中读取因子模型。
- PRINCIPAL：主成分分析法。
- PRINIT：迭代主因子分析法。
- SCORE：从 TYPE = FACTOR（CORR、UCORR、COV、UCOV）的数据中读取因子得分系数。
- ULS：使用不加权的最小二乘因子分析法。

进行因子旋转的方法有很多种，如上，ROTATE 语句是用于指定因子旋转方法，具体有：

- BIQUARTIMAX：正交八次方最大旋转，与 ROTATE = ORTHOMAX 方法对应。

- EQUAMAX：正交均方最大旋转。
- NONE：不指定因子旋转方法。
- FACTORPARSIMAX：正交因子 PARSIMAX 旋转。
- ORTHCF：正交 CRAWFORD-FERGUSON 旋转，变量和因子的权重分别为 p1 和 p2。
- ORTHGENCF：广义正交 CRAWFORD-FERGUSON 旋转，权重分别为 p1、p2、p3 和 p4。
- ORTHOMAX（p）：权重为 p 的最大正交旋转。
- PARSIMAX：正交 PARSIMAX 旋转。
- QUARTIMAX：正交四次方最大旋转。
- VARIMAX：正交方差最大旋转。

（2）BY 语句

同 MEANS 过程一样，BY 语句用于指定分组的变量，以便按照该变量的水平将输入数据集分割为多个子数据集，从而在各个子数据集内分别执行相应的分析过程。在使用 BY 语句时，SAS 过程要求输入的数据集已经按照 BY 语句定义的便利进行排序。

（3）FREQ 语句

同 MEANS 过程一样，FREQ 语句中变量表示观测的频数。

（4）PARTIAL 语句

将因子分析建立在偏相关矩阵或者协方差矩阵的基础上，可以利用 PARTIAL 语句。

（5）VAR 语句

指定需要进行分析的数值变量。

（6）WEIGHT 语句

同 MEANS 过程一样，WEIGHT 语句中变量将被用于加权类平均数的计算过程中。

（7）PRIOR 语句

此语句为每一个变量指定一个从 0 到 1 之间的初始共性方差估计值，给出的个数必须和变量值相等。

4.4　模型开发及结果解释

由于本实例中数据集的数据质量较好，直接调用 PROC FACTOR 过程进行因子分析即可，SAS 程序如下所示。

```
/*    lout=factor_out:输入数据集的数据、分析结果、因子得分等。*/
/*    lmethod=principal:提取因子的方法。*/
/*    ln=3:指定公因子数。*/
/*    lrotate=varimax:指定因子旋转方法。*/
```

```
/*   1scree:绘制因子的碎石图。*/
/*   1ODS RTF:指定结果输出到 WORD 文档中。*/
ODS RTF;
proc factor data = car_sales
     out = factor_out
     method = principal
     n = 3
     rotate = varimax
     scree
     all;
var CURB_WGT   ENGINE_S FUEL_CAP
HORSEPOW   LENGTH  MPG     PRICE
TYPE    WHEELBAS   WIDTH
;
run;
ODS RTF CLOSE;
```

运行上述程序，首先输出的是 KMO 抽样适度测度值，见表 4-2。本案例中 MSA 等于 0.832 78，大于 0.5。一般情况下，MSA 值越大说明因子分析的效果越好。

表 4-2　KMO 抽样适度测度值

Kaiser's Measure of Sampling Adequacy: Overall MSA = 0.83278040									
CURB_WGT	ENGINE_S	FUEL_CAP	HORSEPOW	LENGTH	MPG	PRICE	TYPE	WHEELBAS	WIDTH
0.882	0.877	0.931	0.752	0.738	0.931	0.675	0.646	0.803	0.940

然后输出的是结束方差和累积百分比，见表 4-3，表中的结果是相关系数矩阵的特征值 Eigenvalue、相邻 2 个特征值之间的差值 Difference、每个特征值所解释的方差占比 Proportion、以及累积占比 Cumulative。

可以看出第 3 个主成分的累积解释的方差占比为 87.7%，第 4 个为 91.1%。

表 4-3　方差解释

	Eigenvalues of the Correlation Matrix: Total = 10　Average = 1			
	Eigenvalue	Difference	Proportion	Cumulative
1	5.994	4.339	0.599	0.599
2	1.654	0.532	0.165	0.765
3	1.123	0.784	0.112	0.877
4	0.339	0.085	0.034	0.911
5	0.254	0.055	0.025	0.936
6	0.199	0.045	0.020	0.956

续表

	Eigenvalue	Difference	Proportion	Cumulative
7	0.155	0.025	0.016	0.972
8	0.130	0.039	0.013	0.985
9	0.091	0.029	0.009	0.994
10	0.061		0.006	1.000

Eigenvalues of the Correlation Matrix：Total = 10　Average = 1

接着输出的是因子矩阵旋转前的结果，见表 4-4。可以得到三个公因子的表达式，比如 Factor1 因子的计算公式如下，那么 Factor2 因子和 Factor3 因子同样可以得到。

```
Factor1 =
0.934   *   CURB_WGT   +
0.871   *   ENGINE_S   +
0.885   *   FUEL_CAP   +
0.740   *   HORSEPOW   +
0.719   *   LENGTH     +
-0.863*    MPG        +
0.580   *   PRICE      +
0.471   *   TYPE       +
0.732   *   WHEELBAS   +
0.821   *   WIDTH
```

表 4-4　因子矩阵旋转前的结果

		Factor1	Factor2	Factor3
CURB_WGT	Curb weight	0.934	0.063	-0.121
ENGINE_S	Engine size	0.871	-0.290	0.018
FUEL_CAP	Fuel capacity	0.885	0.184	-0.210
HORSEPOW	Horsepower	0.740	-0.618	0.058
LENGTH	Length	0.719	0.304	0.556
MPG	Fuel efficiency	-0.863	0.004	0.339
PRICE	Price in thousands	0.580	-0.729	-0.092
TYPE	Vehicle type	0.471	0.533	-0.651
WHEELBAS	Wheelbase	0.732	0.480	0.340
WIDTH	Width	0.821	0.114	0.298

Factor Pattern

表 4-5 是输出的每个因子解释的方差，可以得到三个因子共同解释的方差为 8.771。

表 4-5　因子解释的方差

Variance Explained by Each Factor		
Factor1	Factor2	Factor3
5. 994	1. 654	1. 123

表 4-6 是输出的旋转后的分析结果。本实例中采用的旋转方法是方差最大旋转法，从而可以得到因子模型，可以得到因子 CURB_WGT 的计算公式如下，其他的因子同样可以得到。

```
CURB_WGT =

Factor1*   0.519   +

Factor2*   0.533   +

Factor3*   0.581
```

表 4-6　旋转后的结果

Rotated Factor Pattern		Factor1	Factor2	Factor3
CURB_WGT	Curb weight	0. 519	0. 533	0. 581
ENGINE_S	Engine size	0. 753	0. 436	0. 292
FUEL_CAP	Fuel capacity	0. 398	0. 495	0. 676
HORSEPOW	Horsepower	0. 933	0. 242	0. 056
LENGTH	Length	0. 155	0. 943	0. 069
MPG	Fuel efficiency	− 0. 543	− 0. 318	− 0. 682
PRICE	Price in thousands	0. 935	− 0. 003	0. 041
TYPE	Vehicle type	− 0. 101	0. 095	0. 954
WHEELBAS	Wheelbase	0. 036	0. 884	0. 314
WIDTH	Width	0. 384	0. 759	0. 231

最后输出的是标准因子得分函数，见表 4-7，从而可以得到标准的因子计算公式，比如 Factor1 因子，其计算公式如下，其他因子同样可以得到。

```
Factor1   =

0.070    *   CURB_WGT   +

0.226    *   ENGINE_S   +

0.012    *   FUEL_CAP   +

0.369    *   HORSEPOW   +

-0.105   *   LENGTH    +

-0.107   *   MPG       +

0.414    *   PRICE     +

-0.173   *   TYPE      +

-0.177   *   WHEELBAS  +

0.011    *   WIDTH
```

表 4-7　标准因子得分函数

	Standardized Scoring Coefficients		
		Factor1	Factor2	Factor3
CURB_WGT	Curb weight	0.070	0.043	0.175
ENGINE_S	Engine size	0.226	0.028	−0.016
FUEL_CAP	Fuel capacity	0.012	0.017	0.262
HORSEPOW	Horsepower	0.369	−0.046	−0.139
LENGTH	Length	−0.105	0.477	−0.234
MPG	Fuel efficiency	−0.107	0.108	−0.298
PRICE	Price in thousands	0.414	−0.179	−0.081
TYPE	Vehicle type	−0.173	−0.194	0.615
WHEELBAS	Wheelbase	−0.177	0.397	−0.042
WIDTH	Width	0.011	0.289	−0.102

4.5　主成分分析和因子分析的区别

主成分分析和因子分析的区别:

- 因子分析中是把变量表示成各因子的线性组合,而主成分分析中则是把主成分表示成个变量的线性组合。
- 主成分分析的重点在于解释各变量的总方差,而因子分析则把重点放在解释各变量之间的协方差。
- 主成分分析中不需要有假设,因子分析则需要一些假设。因子分析的假设包括:各个共同因子之间不相关,特殊因子之间也不相关,共同因子和特殊因子之间也不相关。
- 主成分分析中,当给定的协方差矩阵或者相关矩阵的特征值是唯一的时候,主成分一般是独特的;而因子分析中因子不是独特的,可以旋转得到不同的因子。
- 在因子分析中,因子个数需要分析者指定,而指定的因子数量不同而结果不同。在主成分分析中,成分的数量是一定的,一般有几个变量就有几个主成分。

和主成分分析相比,由于因子分析可以使用旋转技术帮助解释因子,在解释方面更加有优势。大致说来,当需要寻找潜在的因子,并对这些因子进行解释的时候,更加倾向于使用因子分析,并且借助旋转技术进行更好解释。而如果想把现有的变量变成少数几个新的变量(新的变量几乎带有原来所有变量的信息)来进入后续的分析,则可以使用主成分分析。当然,这种情况也可以使用因子得分做到,所以这种区分不是绝对的。

总的来说,主成分分析主要是作为一种探索性的技术,在分析者进行多元数据分析之前,用主成分分析来分析数据,让自己对数据有一个大致的了解是非常重要的。主成分分析一般很少单独使用，总是综合其他方法加以应用。比如：

- 了解数据。
- 和聚类分析一起使用。
- 和判别分析一起使用，比如当变量很多，样本数不多，直接使用判别分析可能无解，这时候可以使用主成分法对变量简化。
- 在多元回归中，主成分分析可以帮助判断是否存在共线性（条件指数），还可以用来处理共线性。

在算法上，主成分分析和因子分析很类似，不过，在因子分析中所采用的协方差矩阵的对角元素不再是变量的方差，而是和变量对应的共同度（变量方差中被各因子所解释的部分）。

第 5 章

健身运动中耗氧量回归分析

在回归分析中，如果有两个或两个以上的自变量，就称为多元回归。事实上，一种现象常常是与多个因素相联系的，由多个自变量的最优组合共同来预测或估计因变量，比只用一个自变量进行预测或估计更有效，而且更符合实际，因此多元线性回归比一元线性回归的实用意义更大。

本章将介绍多元回归分析的相关技术知识，在 SAS/STAT 中有多个进行回归的过程，如 REG 过程、GLM 过程等，常用于进行一般线性回归模型分析的为 REG 过程。

5.1 线性回归模型

一般地，当随机变量 Y 与普通变量 x 之间有线性关系时，可设

$$Y = \beta_0 + \beta_1 x + \varepsilon$$

其中，$\varepsilon \sim N(0, \sigma^2)$，$\beta_0$、$\beta_1$ 为待定系数。

设 $(x_1, Y_1), (x_2, Y_2), \cdots, (x_n, Y_n)$ 是取自总体 (x, Y) 的一组样本，而 $(x_1, y_1), (x_2, y_2),$ $\cdots, (x_n, y_n)$ 是该样本的观察值，在样本和它的观察值中的 $x_1, x_2, \cdots, x_n$ 是取定的不完全相同的数值，而样本中的 $Y_1, Y_2, \cdots, Y_n$ 在试验前为随机变量，在试验或观测后是具体的数值，一次抽样的结果可以取得 n 对数据 $(x_1, y_1), (x_2, y_2), \cdots, (x_n, y_n)$，则有

$$y_i = \beta_0 + \beta_1 x_i + \varepsilon_i , \quad i = 1, 2, \cdots, n$$

其中，$\varepsilon_1, \varepsilon_2, \cdots, \varepsilon_n$ 相互独立。在线性模型中，由假设知

$$Y \sim N(\beta_0 + \beta_1 x, \sigma^2), \quad E(Y) = \beta_0 + \beta_1 x$$

回归分析就是根据样本观察值寻求 β_0、β_1 的估计 $\hat{\beta}_0$、$\hat{\beta}_1$。对于给定 x 值，取

$$\hat{Y} = \hat{\beta}_0 + \hat{\beta}_1 x$$

作为 $E(Y) = \beta_0 + \beta_1 x$ 的估计，方程 $\hat{Y} = \hat{\beta}_0 + \hat{\beta}_1 x$ 称为 Y 关于 x 的线性回归方程或经验公式，其图像称为回归直线，$\hat{\beta}_1$ 称为回归系数。

5.2 REG 过程

REG 过程是进行一般线性回归分析最常用的过程，该过程采用最小二乘法拟合线性模型，可产生有关数据的描述统计量、参数估计和假设检验以及散点图，输出预测值、残差、学生化残差、可信区间等，并可将这些结果输出到一个新的 SAS 数据集中。

REG 过程的语法格式如下。

```
PROC REG [DATA = <数据集名> [选项] ];
MODEL 应变量名 = 自变量名列 / [选项];
VAR 变量名列;
FREQ 变量名;
WEIGHT 变量名;
BY 变量名列;
OUTPUT <OUT = 新数据集名 关键字 = 新变量名>;
PLOT <纵坐标变量 * 横坐标变量 [ = 绘图符号] > / [选项];
RUN;
```

语法说明：

程序中全部语句中只有第一行和 MODEL 语句是必需的，其他都可以省略。MODEL 语句是必需语句，定义回归分析模型。VAR 语句为可选的，指定用于计算交叉积的变量，PLOT 语句为可选的，用于绘制变量间的散点图，还可添加回归线。

5.2.1 过程选项

- OUTEST = 数据集名，指定统计量和参数估计输出的新数据集名。
- NOPRINT 禁止统计结果在 OUTPUT 视窗中输出。
- SIMPLE 输出 REG 过程中所用的每个变量的基本统计量。
- CORR 输出 MODEL 语句或 VAR 语句中所列变量的相关矩阵。
- ALL 等价于 MODEL 语句加上全部选项，即输出该语句所有选项分析结果。

5.2.2 MODEL 语句选项

MODEL 语句选项说明，该语句定义建模用的因变量、自变量、模型的选择及结果输出的选择。与模型有关的选项有以下几种。

（1）SELECTION：选择合适的建立模型方法

- SELECTION = FORWARD SLENTRY = 显著性水平

前进法（FORWARD）：对每一个尚不在方程内的自变量按一定的显著性水平，根据其一旦进入模型后对模型的贡献大小逐步引入方程，直至再没有对模型有显著贡献的自变量。

缺省 SLENTRY = 0.5

- SELECTION = BACKWARD SLSTAY = 显著性水平

后退法（BACKWARD）：先建立包含全部变量的模型，然后按一定的显著性水平从模型中逐步剔除变量。

缺省 SLSTAY = 0.1

- SELECTION = STEPWISE SLENTRY = 入选水平 SLSTAY = 剔除水平

逐步法（STEPWISE）：按前进法进入变量，再对模型内所有变量检验，看是否有因新变量引入而对模型的贡献变得不显著的变量，若有就剔除，若无则保留，直至方程内所有的变量均显著。显然，逐步法有两个水平，即选入水平和剔除水平，而且剔除水平应低于选入水平。

缺省 SLENTRY = 0.15 SLSTAY = 0.1

在上述三种方法的使用中，若要求打印出每一次选入或剔除变量进行模型拟合时的所有统计量，可以加选 DETAILS。

NOINT：表示拟合无常数项（截距）的回归模型

（2）与屏幕输出有关的选项

- CORRB：输出参数估计的相关阵
- STB：输出标准化偏回归系数矩阵
- P：输出个体观测值、预测值及残差，若已选了 CLI、CLM、R，则无须该选项
- R：输出每个个体观测值、残差及标准误差
- CLM：输出每个观测值因变量期望值的 95% 的上、下限
- CLI：输出每个个体观测值的 95% 的上、下限

（3）与残差分析有关的选项

- VIF：输出变量间相关性的方差膨胀系数（Variance Inflation Factor），VIF 越大，说明由于共线性存在，使方差变大。
- COLLIN：输出条件数（Condition index），它表示最大的本征值与每个自变量本征值之比的平方根。一般情况下，条件数越大越可能存在共线性。
- TOL：表示共线性水平的容许值，TOL（Tolerance Value）越小说明其可用别的自变量解释的部分多，自然可能与别的自变量存在共线性关系。
- DW：输出 Durbin - Watson 统计量。

5.2.3　关键字选项

REG 过程中 OUTPUT 语句的用法和 UNIVARIATE 过程中的用法相同，只是会用到另一些关键字，关键字用来定义需要输出到新数据集中的统计量。常用的关键字及其含义有：

- PREDICTED：因变量预测值（简写为 P）。
- L95M、U95M：均数 95% 可信区间上下限。

- STDP：期望值的标准误。
- STDI：预测值的标准误。
- RESIDUAL：残差（简写为 R）。
- L95、U95：个体预测值 95% 可信区间上下限。
- STDR：残差的标准误。
- STUDENT：学生化残差（即残差与标准误之比）。

5.2.4　PLOT 语句选项

PLOT 语句用于输出变量间的散点图，其用法和 GPLOT 过程中的 PLOT 语句非常相似。PLOT 语句定义的两变量可为 MODEL 语句或 VAR 语句中定义的任何变量，SYMBOL 选项可定义散点图中点的标记，如 SYMBOL = ' ＊ '，则每个点以 " ＊ " 表示。

REG 过程不仅可以完成只有一个自变量的简单直线回归，还可以作含有多个自变量的多元线性回归。作多元线性回归时 REG 过程的语法格式与简单直线回归的语法几乎完全相同，只要把要分析的多个自变量名放在 MODEL 语句中应变量后即可。

5.3　数据说明

本案例是有关身体适应性测试的例子，主要分析肺活量与一些简单的锻炼测试数据的关系，目的是在锻炼测试的基础上而不是在氧气消耗测试的基础上得到方程来预测适应性。在这个锻炼测试数据里，我们感兴趣的是耗氧量是如何依赖于其他变量的。由于回归是相关的，因此，理论上还应该请求共线性诊断。该数据名为 "fitness"，为 SAS 系统自带的数据集，见逻辑库 SASUSER 下，数据表各个字段的含义见表 5-1。

表 5-1　数据集 fitness 的字段说明

变量名	含　义	变量名	含　义
age	年龄	rstpulse	休息时每分钟心跳次数
weight	体重	runpulse	跑步时每分钟心跳次数
oxygen	耗氧量	maxpulse	每分钟心跳次数最大值
runtime	跑 15 英里的时间（分）	group	实验组号

5.4　相关性分析

本案例中 fitness 数据集中的变量较多，我们需要制作每两个不同变量 oxygen、age 、weight、runtime、rstpulse、runpulse 和 maxpulse 之间的所有散点图，即散点图矩阵。绘制散点图矩阵是为了研究变量间的相关性，当然也可以从计算的相关系数来判断两个变量之间具有什么样的相关性。程序代码如下。

```
/* 建立逻辑库* /
libname SASDATA "D:\SASDATA";
/* 相关性分析* /
proc corr data = SASDATA.fitness ;
var oxygen age weight runtime rstpulse runpulse maxpulse;
label oxygen   = 'Oxygen consumption'
      age      = 'Age in years'
      weight   = 'weight in kg'
      runtime  = 'Min. to run 1.5 miles'
      rstpulse = 'Heart rate while resting'
      runpulse = 'Heart rate while running'
      maxpulse = 'Maximum heart rate';
run ;
```

运行上述程序，输出结果如图 5-1 所示。

Pearson 相关系数，N = 31
当 H0: Rho=0 时，Prob > |r|

	oxygen	age	weight	runtime	rstpulse	runpulse	maxpulse
oxygen Oxygen consumption	1.00000	-0.30459 0.0957	-0.16275 0.3817	-0.86219 <.0001	-0.34641 0.0563	-0.39797 0.0266	-0.23674 0.1997
age Age in years	-0.30459 0.0957	1.00000	-0.23354 0.2061	0.18875 0.3092	-0.14157 0.4475	-0.33787 0.0630	-0.43292 0.0150
weight weight in kg	-0.16275 0.3817	-0.23354 0.2061	1.00000	0.14351 0.4412	0.02270 0.9035	0.18152 0.3284	0.24938 0.1761
runtime Min. to run 1.5 miles	-0.86219 <.0001	0.18875 0.3092	0.14351 0.4412	1.00000	0.40054 0.0256	0.31365 0.0858	0.22610 0.2213
rstpulse Heart rate while resting	-0.34641 0.0563	-0.14157 0.4475	0.02270 0.9035	0.40054 0.0256	1.00000	0.31797 0.0813	0.25750 0.1620
runpulse Heart rate while running	-0.39797 0.0266	-0.33787 0.0630	0.18152 0.3284	0.31365 0.0858	0.31797 0.0813	1.00000	0.92975 <.0001
maxpulse Maximum heart rate	-0.23674 0.1997	-0.43292 0.0150	0.24938 0.1761	0.22610 0.2213	0.25750 0.1620	0.92975 <.0001	1.00000

图 5-1　相关系数

从图 5-1 中可以发现，变量 runpulse 与 maxpulse 之间存在较强的共线性。如果在回归模型中增加方差膨胀系数（vif）、共线性水平的容许值（tol）、条件数（collin）选项，对回归进行诊断，也会得到相同的结论。另外，我们从图中还发现耗氧量 oxygen 与变量 runtime 有较强的负相关。

5.5　回归分析

变量之间的相关关系初步掌握之后，下一步开始进行初步的回归分析，程序代码如下。

运行下面的程序，则会输出回归拟合的结果。

```
/* 调用回归模型过程* /
proc reg  data = SASDATA. fitness;
model oxygen = age maxpulse rstpulse runpulse runtime weight;
run ;
```

首先给出方差分析表，如图 5-2 所示。从方差分析结果中可以看到，模型通过了假设检验，P 值小于 0.000 1，满足假设检验条件。

		Analysis of Variance			
Source	DF	Sum of Squares	Mean Square	F Value	Pr > F
Model	6	721.97421	120.32904	22.32	<.0001
Error	24	129.40733	5.39197		
Corrected Total	30	851.38154			

图 5-2　方差分析结果

接着会给出回归结果，如图 5-3 所示。

		Parameter Estimates				
Variable	Label	DF	Parameter Estimate	Standard Error	t Value	Pr > |t|
Intercept	Intercept	1	102.23834	12.45305	8.21	<.0001
age	Age in years	1	-0.21992	0.09959	-2.21	0.0370
maxpulse	Maximum heart rate	1	0.30473	0.13722	2.22	0.0361
rstpulse	Heart rate while resting	1	-0.00084421	0.05863	-0.01	0.9886
runpulse	Heart rate while running	1	-0.37316	0.12068	-3.09	0.0050
runtime	Min. to run 1.5 miles	1	-2.68052	0.37488	-7.15	<.0001
weight	Weight in kg	1	-0.07238	0.05467	-1.32	0.1980

图 5-3　参数估计表

进入回归的自变量有 6 个，从参数的估计值容易得到拟合的回归为：

```
oxygen = 102.238339 - 0.219916 age + 0.304735 maxpulse - 0.000844 rstpulse
- 0.373164 runpulse - 2.680516 runtime - 0.072380 weight
```

多元线性回归模型的第一个重要问题是模型的简化，也就是说如何正确地缩减自变量达到最优的简化模型。由于自变量除了对总方差有贡献大小外，还存在着自变量间的相关性，删除哪一个自变量并不是一个简单问题。

从图 5-3 参数估计表检验部分也可以看出，如果 P 值的阈值定在 0.05，则对自变量 rstpulse 和 weight 的回归系数的 t 假设检验，不能拒绝它们为 0 的原假设。当然在这里必须小心地看待这些检验，因为它们都是在其他自变量都加入回归的前提下进行显著性检验的，完全可能因为自变量间存在较强的相关而掩盖它们对回归的贡献。所以，在剔除不显著的回归变量时必须逐个进行。

删除变量 rstpulse，再进行回归拟合，程序如下，运行下面的程序，则会输出不含 rstpulse 变量回归拟合的结果，如图 5-4 和图 5-5 所示。

```
proc reg   data = SASUSER. fitness;
model oxygen = age maxpulse   runpulse runtime weight;
run ;
```

```
                         Analysis of Variance

                               Sum of          Mean
Source              DF        Squares        Square     F Value    Pr > F

Model                5       721.97309     144.39462      27.90    <.0001
Error               25       129.40845       5.17634
Corrected Total     30       851.38154
```

图 5-4　方差分析结果

```
                           Parameter Estimates

                                        Parameter     Standard
Variable    Label             DF         Estimate        Error    t Value   Pr > |t|

Intercept   Intercept          1        102.20428     11.97929       8.53    <.0001
age         Age in years       1         -0.21962      0.09550      -2.30     0.0301
maxpulse    Maximum heart rate 1          0.30491      0.13394       2.28     0.0316
runpulse    Heart rate while running 1   -0.37340      0.11714      -3.19     0.0038
runtime     Min. to run 1.5 miles 1      -2.68252      0.34099      -7.87    <.0001
weight      Weight in kg       1         -0.07230      0.05331      -1.36     0.1871
```

图 5-5　参数估计表

比较剔除 rstpulse 前后的输出可看出变化在 4 位小数之后，进入回归的变量的回归系数在剔除 rstpulse 后的变化都小于 1%，说明剔除自变量 rstpulse 后，对回归模型没有实质性的影响，这个自变量的剔除是恰当的，重新拟合的回归模型为：

$$oxygen = 102.20428 - 0.21962\,age + 0.30491\,maxpulse - 0.3734\,runpulse - 2.68252\,runtime - 0.0723\,weight$$

5.6　逐步回归

5.6.1　逐步回归过程

逐步回归分析过程是不断向方程中引入变量和剔除变量的过程，因此逐步回归的 SAS 程序，只要在全回归的 MODEL 语句中加入有关选项即可。stepwise 过程中的逐步回归选项提供了多种方法，具体如下所述。这里需要注意的是，stepwise 方法仅仅是选择变量的一个方案，它并不能保证给出最佳的模型。

（1）全回归模型

没有对回归变量进行筛选，建立 Y 与全部自变量的全回归模型。

（2）向前选择

对每个自变量，forward 计算反映自变量对模型的贡献的 F 统计量，这些 F 统计量与 model 语句中给出的 slentry = 水平上的值相比较，如果显著水平没有一个比 slentry = 水平上的值大，则 forward 停止；否则，forward 在模型中加入具有最大 F 统计量的变量，然后 forward 再计算这些变量的 F 统计量直到剩下的变量都在模型的外面，再重复估计过程。

（3）向后选择

向后选择技术首先计算全部自变量的模型的统计量，然后变量一个接一个地从模型中剔除，直到留在模型中的所有变量产生的 F 统计量的显著水平在 slstay = 水平上的变量，再每一步剔除对模型贡献最小的变量。

（4）逐步回归

逐步方法是向前选择的修正，stepwise 按照向前选择方法选入变量后，同时分析模型中所包含的所有变量并剔除使得 F 统计量的显著水平不在 slstay = 水平上的变量。只有在完成检验和必要的剔除之后，其他变量才可再进入模型。

（5）Rsquare 选择法

按给定样本的 R^2 大小准则选择最优的自变量子集，用户可以规定出现在子集中自变量的最大和最小个数及被选择的每种子集的个数。R^2 选择法总能够对所考虑变量的每种变量个数找到具有最大 R^2 的模型，但需要很多的计算时间。

（6）修正 Rsquare 选择法

该方法类似于 Rsquare 法，只是对于选择模型使用的准则为修正 R^2 统计量。

（7）C_p 统计量选择法

C_p 统计量是一个误差平方总和的量度：

$$C_P = \frac{\text{ESS}_P}{\text{MSE}} - (N - 2P)$$

其中，P 是模型中包括截距项的参数个数，MSE 是满模型时均方误差，ESS_p 是具有 P 个自变量（包括截距项）回归模型的误差平方和。一般情况下取 C_p 首次接近 P 的地方的模型。

Stepwise 过程一般由下列语句控制：

```
proc  stepwise  data＝数据集；
model 因变量＝自变量 </选项列表>；
weight变量；
by    变量；
run；
```

stepwise 至少需要一个 model 语句，by 语句和 weight 语句可以放在任何地方。

stepwise 中可以有任意多个 model 语句。model 语句中的选项如下：

- Noint：不产生一般在模型中自动生成的截距参数。

- None：全回归模型。
- forward 或 f：向前选择法。
- backward 或 b：向后淘汰法。
- stepwise：逐步技术，这个任选项是预置的。
- maxr：最大 R^2 增量法。
- minr：最小 R^2 增量法。
- rsquare：R^2 最大准则法。
- adjrsq：修正 R^2 最大准则法。
- cp：Mallows 的 C_p 统计量法。
- slentry =：向前选择和逐步技术中选择变量进入模型的显著水平。
- slstay =：向后淘汰与逐步技术中变量留在模型里的显著水平。
- include = n：强迫头 n 个因变量总是在模型中。
- start = s：以含有 model 语句中头 s 个自变量的模型为开始，进行比较、选择过程，此仅应用于 maxr 或 minr 模型。
- stop = s：当它找到"最优" s 变量模型之后，stepwise 便停止，其中 s 是 stop 的值，此仅应用于 maxr 或 minr 模型。
- weight 语句：用于指出含有观察值的权数的变量。
- by 语句：指定的变量值来分组处理某数据集。

5.6.2　利用逐步回归选择变量

对 SAS 系统自带的数据集 fitness 数据进行逐步回归分析，调用 reg 过程，model 语句中的参数选项使用 selection = stepwise，请求按逐步回归方法挑选自变量子集。程序如下所示。

```
proc reg   data = fitness ;
model oxygen = age weight rstpulse maxpulse runpulse runtime
             /selection = stepwise  ;
run ;
```

运行后，逐步回归的所有结果如图 5-6 至图 5-10 所示。

图 5-9 中给出的条件指数为 76.851，而且条件指数从较小 11.597 变成较大 76.851，则说明变量之间存在一定程度的共线性。图 5-10 中列出了用逐步回归法挑选自变量过程，四个自变量按 runtime、age、runpulse、maxpulse 先后次序进入回归模型，所有变量的 P 值均小于 0.15，所以最终用逐步回归方法的拟合回归模型为：

$$oxygen = 98.14789 - 0.19773\,age + 0.27051\,maxpulse - 0.34811\,runpulse - 2.76758\,runtime$$

```
                    Stepwise Selection: Step 1

        Variable runtime Entered: R-Square = 0.7434 and C(p) = 13.5198

                        Analysis of Variance

                              Sum of         Mean
Source              DF       Squares       Square    F Value    Pr > F

Model                1     632.90010    632.90010      84.01    <.0001
Error               29     218.48144      7.53384
Corrected Total     30     851.38154

                 Parameter     Standard
       Variable   Estimate        Error    Type II SS   F Value   Pr > F

       Intercept  82.42177      3.85530    3443.36654    457.05   <.0001
       runtime    -3.31056      0.36119     632.90010     84.01   <.0001

               Bounds on condition number: 1, 1
```

图 5-6 逐步回归 Step 1 分析结果

```
                    Stepwise Selection: Step 2

        Variable age Entered: R-Square = 0.7642 and C(p) = 12.2249

                        Analysis of Variance

                              Sum of         Mean
Source              DF       Squares       Square    F Value    Pr > F

Model                2     650.66573    325.33287      45.38    <.0001
Error               28     200.71581      7.16842
Corrected Total     30     851.38154

                 Parameter     Standard
       Variable   Estimate        Error    Type II SS   F Value   Pr > F

       Intercept  88.46229      5.37264    1943.41071    271.11   <.0001
       age        -0.15037      0.09551      17.76563      2.48   0.1267
       runtime    -3.20395      0.35877     571.67751     79.75   <.0001

           Bounds on condition number: 1.0369, 4.1478
```

图 5-7 逐步回归 Step 2 分析结果

```
                    Stepwise Selection: Step 3

        Variable runpulse Entered: R-Square = 0.8111 and C(p) = 6.8278

                        Analysis of Variance

                              Sum of         Mean
Source              DF       Squares       Square    F Value    Pr > F

Model                3     690.55086    230.18362      38.64    <.0001
Error               27     160.83069      5.95669
Corrected Total     30     851.38154

                 Parameter     Standard
       Variable   Estimate        Error    Type II SS   F Value   Pr > F

       Intercept  111.71806     10.23509    709.69014    119.14   <.0001
       age         -0.25640      0.09623     42.28867      7.10   0.0129
       runpulse    -0.13091      0.05059     39.88512      6.70   0.0154
       runtime     -2.82538      0.35828    370.43529     62.19   <.0001

           Bounds on condition number: 1.3548, 11.597
```

图 5-8 逐步回归 Step 3 分析结果

```
                    Stepwise Selection: Step 4

     Variable maxpulse Entered: R-Square = 0.8368 and C(p) = 4.7661

                       Analysis of Variance
                              Sum of          Mean
Source                DF      Squares         Square    F Value   Pr > F

Model                 4      712.45153      178.11288     33.33   <.0001
Error                26      138.93002        5.34346
Corrected Total      30      851.38154

                   Parameter     Standard
     Variable      Estimate      Error      Type II SS  F Value  Pr > F

     Intercept     98.14789      11.78569   370.57373    69.35   <.0001
     age           -0.19773       0.09564    22.84231     4.27   0.0488
     maxpulse       0.27051       0.13362    21.90067     4.10   0.0533
     runpulse      -0.34811       0.11750    46.90089     8.78   0.0064
     runtime       -2.76758       0.34054   352.93570    66.05   <.0001

     Bounds on condition number: 8.4182, 76.851
```

图 5-9　逐步回归 Step 4 分析结果

```
     All variables left in the model are significant at the 0.1500 level.

   No other variable met the 0.1500 significance level for entry into the model.


                       Summary of Stepwise Selection

     Variable   Variable                     Number  Partial   Model
Step Entered    Removed   Label              Vars In R-Square  R-Square   C(p)    F Value  Pr > F

1    runtime              Min. to run 1.5 miles   1   0.7434   0.7434   13.5198   84.01   <.0001
2    age                  Age in years            2   0.0209   0.7642   12.2249    2.48   0.1267
3    runpulse             Heart rate while running 3  0.0468   0.8111    6.8278    6.70   0.0154
4    maxpulse             Maximum heart rate      4   0.0257   0.8368    4.7661    4.10   0.0533
```

图 5-10　逐步回归分析最后结果

第6章

旅客量预测分析

随着中国民航业的发展，机场民航旅客吞吐量也呈快速增长态势，通过科学合理的方法对旅客吞吐量进行预测的研究意义重大，比如，航空公司进行市场预测可以为航空公司日常运营决策提供参考，可以为航空公司的发展规划、市场竞争计划等给予借鉴作用，以便更好地服务客户。航空旅客量的预测不仅是航空公司未来发展战略的重要部分，也是国家如何规划和建设机场等基础设施的研究内容。

本章将介绍时间序列分析的基本理论知识，以及 SAS 系统中可以用来进行时间序列分析的 PROC ARIMA 过程。

6.1 项目背景

时间序列分析法是一种历史资料延伸预测，也称历史引申预测法，是以时间数列所能反映的社会经济现象的发展过程和规律性，进行引申外推，预测其发展趋势的方法。

时间序列是将某种统计指标的数值，按时间先后顺序排到所形成的数列。时间序列预测法就是通过编制和分析时间序列，根据时间序列所反映出来的发展过程、方向和趋势，进行类推或延伸，借以预测下一段时间或以后若干年内可能达到的水平。在工程技术、经济管理、气象学等领域有较多的应用。

本章中的航空旅客量的预测，即是典型的时间序列分析的案例。下面的章节将详细讲述如何利用 PROC ARIMA 过程实现航空旅客量时间序列的预测。

6.2 数据文件说明

此数据集为 SAS 系统自带的数据 sashelp. Air，是由 Box 和 Jenkins 于 1976 年提供，数据集为 1949 年至 1961 年国际航线旅客月度人数相关数据，数据见表 6-1 所示。

表 6-1　1949 年至 1961 年国际航线旅客月度人数

年份	月份											
	1	2	3	4	5	6	7	8	9	10	11	12
1949	112	118	132	129	121	135	148	148	136	119	104	118
1950	115	126	141	135	125	149	170	170	158	133	114	140
1951	145	150	178	163	172	178	199	199	184	162	146	166
1952	171	180	193	181	183	218	230	242	209	191	172	194
1953	196	196	236	235	229	243	264	272	237	211	180	201
1954	204	188	235	227	234	264	302	293	259	229	203	229
1955	242	233	267	269	270	315	364	347	312	274	237	278
1956	284	277	317	313	318	374	413	405	355	306	271	306
1957	315	301	356	348	355	422	465	467	404	347	305	336
1958	340	318	362	348	363	435	491	505	404	359	310	337
1959	360	342	406	396	420	472	548	559	463	407	362	405
1960	417	391	419	461	472	535	622	606	408	461	390	432

6.3　平稳随机过程概述

在我们解决时间序列的问题时，首先需要对时间序列基本的理论有所认识，一般情况下，时间序列分为确定性的和随机性的时间序列，确定性的时间序列分析比较简单，一般使用简单的序列平滑技术、季节性的分解技术等手段即可解决预测问题。事实上，许多现实经济现象都是通过随机时间序列模型来刻画的。本节着重探讨随机时间序列模型，比如 AR 模型，MA 模型以及 ARMA 模型等，这类模型的建立需要较多的历史数据和较深的数学知识，实际操作必须借助计算机来完成。该类模型在短期预测中具有较高的精度，因此在实际业务场景中应用的较为广泛。

首先介绍平稳随机过程，所谓平稳随机序列，指如果序列 $\{y_t\}$ 二阶矩有限（$\mathrm{E}y_t^2 < \infty$），且满足如下条件：

（1）对任意整数 t，$\mathrm{E}y_t = u$，u 为常数；

（2）对任意整数 t、s，自协方差函数 $r_{ts} = \mathrm{cov}(y_t, y_s)$ 仅与时间间隔 $t-s$ 有关，和起止时刻 t、s 无关，即 $r_{ts} = r_{t-s} = r_k$。

则称序列 $\{y_t\}$ 为宽平稳（或协方差平稳，二阶矩平稳）序列。

最简单的宽平稳过程是白噪声序列，它是构成经济序列许多复杂过程的基石，一般白噪声过程的定义如下：

（1）$\mathrm{E}\varepsilon_t = 0$

（2）$\mathrm{E}\varepsilon_t^2 = \sigma^2$，对所有 t

（3）$E\varepsilon_t\varepsilon_s = 0,\ t \neq s$

其中常见的平稳序列模型包括如下几类：自回归（AR）模型、滑动平均（MA）模型、自回归滑动平均（ARMA）模型。

6.3.1　自回归模型

零均值平稳随机序列 $\{y_t\}$ 满足如下形式

$$y_t = \varphi_1 y_{t-1} + \varphi_2 y_{t-2} + \cdots + \varphi_p y_{t-p} + \varepsilon_t$$

其中，$\varphi_1,\varphi_2,\cdots,\varphi_p$ 称为自回归系数，满足平稳性条件，ε_t 为白噪声序列，上式称为 p 阶自回归模型，简记为 AR（p）。

6.3.2　滑动平均模型

一般 MA 模型的数学形式为

$$y_t = \varepsilon_t + \varphi_1 \varepsilon_{t-1} + \cdots + \varphi_q \varepsilon_{t-q}$$

其中，$\varphi_1,\varphi_2,\cdots,\varphi_q$ 称为滑动平均系数，ε_t 为白噪声序列，上式称为 q 阶滑动平均模型，简记为 MA（q）。

6.3.3　自回归滑动平均模型

一般 ARMA 模型的数学形式为

$$y_t = \varphi_1 y_{t-1} + \varphi_2 y_{t-2} + \cdots + \varphi_p y_{t-p} + \varepsilon_t + \varphi_1 \varepsilon_{t-1} + \cdots + \varphi_q \varepsilon_{t-q}$$

其中，$\varphi_1,\varphi_2,\cdots,\varphi_p$ 称为自回归系数，满足平稳性条件，$\varphi_1,\varphi_2,\cdots,\varphi_q$ 称为滑动平均系数，ε_t 为白噪声序列，上式称为 p 阶自回归 - q 阶滑动平均模型，简记为 ARMA（p,q）。

从以上定义中可以看出，AR 模型和 MA 模型即为 ARMA 模型的特例：

（1）当 $p = 0$，ARMA（p,q）——MA（q）；

（2）当 $q = 0$，ARMA（p,q）——AR（p）。

6.4　ARMA 模型的识别

采用 ARMA 模型对现有的数据进行建模，首要的问题是确定模型的阶数，即相应的 p、q 值，对于 ARMA 模型的识别主要是通过序列的自相关函数和偏自相关函数进行的。

序列 y_t 的自相关函数度量了 y_t 与 y_{t-k} 之间的线性相关程度，用 ρ_k 表示，定义如下：

$$\rho_k = \frac{r_k}{r_0}$$

其中，$r_k = \mathrm{cov}(y_t, y_{t-k})$，$r_0 = \mathrm{cov}(y_t, y_t)$ 表示序列的方差。

自相关函数刻画的是 y_t 与 y_{t-k} 之间的线性相关程度，而有时候 y_t 与 y_{t-k} 之间之所以存在相关关系，可能是因为 y_t 和 y_{t-k} 分别与它们的中间部分 $y_{t-1},y_{t-2},\cdots,y_{t-k+1}$ 之间存在关系，如

果在给定 $y_{t-1}, y_{t-2}, \cdots, y_{t-k+1}$ 的前提下，对 y_t 和 y_{t-k} 之间的条件相关关系进行刻画，则要通过偏自相关函数 φ_{kk} 进行，所谓偏自相关函数的可由下面的递推公式得到：

$$\varphi_{11} = \rho_1$$

$$\varphi_{kk} = \frac{\rho_k - \sum\limits_{j=1}^{k-1} \varphi_{k-1,j}\rho_{k-j}}{1 - \sum\limits_{j=1}^{k-1} \varphi_{k-1,j}\rho_j}$$

$$\varphi_{k,j} = \varphi_{k-1,j} - \varphi_{kk}\varphi_{k-1,k-j}, \quad j = 1, 2, \cdots, k-1$$

对于三类模型 AR、MA、ARMA，它们各自的自相关函数以及偏自相关函数特点见表 6-2。

表 6-2　三类模型的相关函数

系数	模型		
	AR（p）	MA（q）	ARMA（p,q）
自相关函数 ρ_k	拖尾	q 步截尾（$\rho_k = 0$，$k > q$）	拖尾
偏自相关函数 φ_{kk}	p 步截尾（$\varphi_{kk} = 0$，$k > p$）	拖尾	拖尾

这里的拖尾指模型自相关函数或偏自相关函数随着时滞 k 的增加呈现指数衰减并趋于零，而截尾则是指模型的自相关函数或偏自相关函数在某步之后全部为零，序列的自相关函数和偏自相关函数所呈现出的这些性质可用于模型的识别。

6.4.1　基于相关函数的定阶方法

理论上讲，对于 AR（p）序列的偏自相关函数是 p 步截尾的，但实际中我们所接触到的往往是来自序列的一组样本，我们所计算的也只能是样本的偏自相关函数。由于样本的随机性，此时计算所得的样本偏自相关函数不可能是 p 步截尾的，而是呈现在零附近波动，所以要考虑的是样本偏自相关函数的统计性质，对于 MA（q）序列的样本自相关函数同样应该考虑其统计性质。关于样本自相关函数 $\hat{\rho}_k$ 的估计方法很多，最常用的是如下的估计方法。

$$\bar{y} = \frac{1}{n}\sum_{t=1}^{n} y_t$$

$$\hat{\gamma}_k = \frac{1}{n}\sum_{t=1}^{n-k} (y_t - \bar{y})(y_{t+k} - \bar{y})$$

$$\hat{\rho}_k = \frac{\hat{\gamma}_k}{\hat{\gamma}_0} \quad k = 0, 1, 2, \cdots, n-1$$

其中，$\bar{y}$ 为样本均值，$\hat{\gamma}_k$ 称为样本自协方差函数。

6.4.2 利用信息准则法定阶

信息准则法在模型选择中起到很重要的作用。关于的定阶问题，实际上也是模型选择问题，这里我们给出两种准则。

1. AIC 准则

AIC 准则英文全称是 "Akaike's Information Criterion"，译为 "赤池信息量准则"，是由 Akaike 在 1973 年提出的，该准则既考虑拟合模型对数据的接近程度，也考虑模型中所含待定参数的个数。关于 ARMA （ p,q ），对其定义的 AIC 函数如下：

$$AIC\,(p,q)\,=\,n\ln(\hat{\sigma}^2)\,+\,2(p+q)$$

其中，$\hat{\sigma}^2$ 是拟合 ARMA （ p,q ）模型时残差的方差，它是（ p,q ）的函数，如果模型中含有常数项，则 $p+q$ 被 $p+q+1$ 代替，AIC 定阶的方法就是选择 AIC（ p,q ）最小的（ p,q ）作为相应的模型阶数。

2. BIC 准则

Akaike 在 1976 年改进了 AIC 准则，提出 BIC 准则，这样避免了在大样本情况下 AIC 准则在选择阶数是收敛性不好的缺点。关于 ARMA （ p,q ），对其定义的 BIC 函数如下：

$$AIC\,(p,q)\,=\,n\ln(\hat{\sigma}^2)\,+\,2(p+q)\ln n$$

BIC 定阶的方法就是选择 AIC（ p,q ）最小的（ p,q ）作为相应的模型阶数，利用 AIC 准则和 BIC 准则确定出来的 ARMA 模型可能不一致，一般说来，用 BIC 准则选择出来的 ARMA 模型的阶数较 AIC 准则选择的低。

6.5 模型参数的估计

模型的阶数确定之后，就可以估计模型了，主要有三种估计方法：矩估计、极大似然估计和最小二乘估计。最小二乘估计和极大似然估计的精度较高，因而一般称之为模型参数的精估计。极大似然估计计算方法较为复杂，最后求解的方程皆为非线性方程，很难求解。所以实际中采用数值算法，思路是任意给出参数的一组数值，初步估计得到的结果，计算出一个似然函数值；然后，根据一定的法则，再给出参数的一组数值，又计算出一个似然函数值；依此类推，比较似然函数值，选择使似然函数值最大的那组参数。如果读者对具体算法细节想要有清楚的了解，请参考相关统计学的书籍，在此不再详述。

6.6 时间序列的分析步骤

一个时间序列通常存在长期趋势变动、季节变动、周期变动和不规则变动因素，时间序列分析的目的就是逐一分解和测定时间序列中各项因素的变动程度和变动规律，然后将其重新综合起来，预测统计指标今后综合的变化和发展情况。

时间序列的综合分析步骤如下：

（1）确定时间序列的变动因素和变动类型；

（2）计算调整月（季）指数，以测定季节变动因素的影响程度；

（3）调整时间序列的原始指标值，以消除季节变动因素的影响；

（4）根据调整后的时间序列的指标值（简称调整值）拟合长期趋势模型；

（5）计算趋势比率或周期余数比率，以度量周期波动幅度和周期长度；

（6）预测统计指标今后的数值。

6.7　SAS 系统的 ARIMA 过程

这里读者一定要注意的是，本章内容中讲述的时间序列的识别、估计等理论都是建立在平稳的基础之上的，但是在实际的时间序列分析过程中，原始的时间序列数据往往是不平稳的，所以在对数据进行分析之前，必须要对原始数据进行平稳化处理。一般情况下，是对时间序列进行差分运算，再对差分后的序列识别其平稳性，如不平稳，则再进行差分处理，直至序列平稳为止。对差分后满足平稳的时间序列数据可以进行识别、估计等操作，由此所建立的时间序列模型称为 ARIMA 模型。

ARIMA 模型建立分为三个阶段：模型识别，参数估计和诊断检验、预测阶段。在 SAS 系统中，ARIMA 模型由 PROC ARIMA 过程来实现，基本语句如下：

```
PROC ARIMA   <选项>;
BY VARIABLES;
IDENTIFY VAR = VARIABLE   <选项>;
ESTIMATE    <选项>;
OUTLIER    <选项>;
FORECAST    <选项>;
RUN;
```

ARIMA 模型建立的三个阶段对应到 SAS 过程中的语句分别如下。

（1）模型识别阶段

此阶段中，可以使用 IDENTIFY 语句确定适当的 ARIMA 模型来拟合时间序列。

（2）参数估计和诊断检验阶段

此阶段可以使用 ESTIMATE 语句来估计由前面 IDENTIFY 语句确定的模型的参数，其生成的一些诊断的统计量可以帮助模型开发人员判断模型的适应性，参数的显著性检验可以帮助判断分析的变量是否必须留在模型中，拟合优度检验可以比较不同的模型拟合性能，OUTLIER 语句可以提供另外一套方法来判断模型的性能。如果诊断检验表示模型有问题，则可以进行下一步，对其他模型进行分析。

（3）预测阶段

可以使用 FORECAST 语句来预测时间序列的未来数值，并产生预测的置信区间。

6.7.1 ARIMA 语句选项

PROC ARIMA 语句为调用 ARIMA 过程语句，其中的"选项"部分常选 DATA = SAS 数据集，除了数据集 DATA = 选项外，还有 PLOTS = 选项，主要功能是控制绘图请求。其格式有如下几种：

- plots = none：不绘制图形；
- plots = all：绘制生成的所有图形；
- plots（unpack）= series（corr crosscorr）：分开绘制图形绘制；
- plots（only）=（series（corr crosscorr）residual（normal smooth））：绘制被要求生成的图形。

其中 series 关键字表示生成模型识别阶段的相关图形，其后面的选项包括有：

- ACF：自相关图形；
- ALL：所有模型识别相关图形；
- CORR：相关性分析图形；
- CORSSCORR：互相关分析图形；
- IACF：反自相关图形；
- PACF：偏自相关图形。

Residual 关键字表示生成模型拟合结果的残差相关图形，其后面的选项包括有：

- ACF：残差自相关图形；
- ALL：所有残差诊断相关的图形；
- CORR：残差相关性诊断图形；
- HIST：残差直方图；
- IACF：残差的自相关图形；
- PACF：残差的偏相关图形；
- NORMAL：残差的正态分布诊断图形；
- QQ：残差的标准分位点图形；
- SMOOTH：残差和时间的散点图；
- WN：不同延迟的 Ljung – Box 白噪声检验 P 值图。

另外，如果要绘制模型预测阶段相关图形，则使得 FORECAST 关键字即可，其选项包括有：

- ALL：预测相关的所有图形；
- FORECAST：绘制单步和多步预测的相关图形；
- FORECASTONLY：仅仅绘制多不预测的相关图形。

6.7.2　IDENTIFY 语句选项

IDENTIFY 语句是用来指定响应时间序列并识别候选 ARIMA 模型的，此语句会对读入的时间序列进行差分处理，然后计算出相关系数、偏相关系数等，此语句的选项主要有如下几个：

- ALPHA = ：指定显著性检验的水平，默认情况为 0.05。
- CENTER：通过减去样本均值使得时间序列中心化。
- CLEAR：清除所有旧的模型。
- ESACF：计算扩展的样本自相关系数。
- NOMISS：仅仅使用没有缺失值的连续的序列，默认情况为使用所有的观察。
- NOPRINT：不打印输出结果。
- OUTCOV = ：输出自相关系数、偏相关系数等统计量。
- NLAG = n：计算自相关系数时的最大延迟个数。
- Crosscorr = VARIABLE：交互相关的变量名。

6.7.3　ESTIMATE 语句选项

ESTIMATE OPTIONS 语句是对前面 IDENTIFY 语句中指定的时间序列拟合 ARIMA 模型，或转移函数模型并且估计该模型的参数，其后的选项部分如下：

- Method = name：确定参数估计方法，其中的 "name" 可以取为，ML：极大似然法。Cls：条件最小二乘法；Uls：无条件最小二乘法。
- NOPRINT：不打印输出结果。
- PLOT：绘制残差自相关图形。
- P = （lag）：自回归的阶数。
- Q = （lag）：滑动平均部分的阶数。

输出数据集的选项：

- OUTEST = ：输入参数估计值的数据集。
- OUTMODEL = ：输出模型和参数估计的数据集。
- OUTSTAT = ：输出模型诊断统计量的数据集。

其他还有参数值设定选项，迭代计算过程控制选型等，在此不再赘述，感兴趣的读者可以参看相关资料。

6.7.4　FORECAST 语句选项

FORECAST 语句是用来进行时间序列的预测，并产生相应的置信区间，其中的各种选项如下：

- Out = SAS data set：输出的 SAS 数据集。

- ALPHA = value：指定有关预测值的置信区间，数值在 0 到 1 之间。
- Lead = n：预测的步数，如缺省，则系统默认为 24。
- Interval = name：观测的时间间隔，其中 " name " 可取为：year、qtr（季节）、month、day、hour，通常去某种格式的 SAS 日期值 date。
- Id = variable：时间次序变量，通常去某种格式的 SAS 日期值 date。

6.7.5　ARIMA 建模过程

ARIMA 建模过程主要有以下几个步骤。

- 第一步：观察图形判断是否条件期望平稳；
- 第二步：通过自相关系数，偏自相关系数，判断 AR、MA、ARMA，并大致判断阶数；
- 第三步：参数估计，同时包含了检验统计量；
- 第四步：序列预测；
- 第五步：绘制拟合、预测图。

对应到 SAS 语句中，主要有 3 个主要步骤，即识别阶段、估计阶段和预测阶段。

1. 识别阶段

使用 identify 语句来指定响应变量序列并且识别候选 ARIMA 模型，identify 语句读入后面语句中用到的时间序列，一般先对序列进行非线性、差分和平稳性检验，可能对序列进行差分，然后计算自相关系数 ACF、逆自相关系数 IACF、偏自相关系数 PACF 和互相关系数。此阶段的输出通常会建议一个或多个可拟合的 ARIMA 模型，如果模型确定，还可以检验样本自相关系数 SACF 和样本偏自相关系数 SPACF，以分出模型的类型。

2. 估计阶段

使用 estimate 语句来指定 ARIMA 模型去拟合在前面 identify 语句中指定的响应变量，并且估计该模型的参数。estimate 语句也生成诊断统计量从而帮助判断该模型的适用性，关于参数估计值的显著性检验可以指出模型里的一些项是否不需要，拟合优度统计量 R^2 可帮助比较该模型和其他模型的优劣；关于白噪声残差检验可指明残差序列是否包含可被其他更复杂模型采用的额外信息。如果诊断检验表明模型不适用，则尝试另一个模型然后重复估计和诊断。

3. 预测阶段

使用 forecast 语句来预测时间序列的未来值，并对这些来自前面 estimate 语句生成的 ARIMA 模型的预测值产生置信区间。

6.8　数据探索

6.8.1　平稳性检验

初步地考察此事件序列，需要绘制时间图形并查看此数据是否平稳以及是否具有明显有季节性。程序如下所示。

```
/* 设置逻辑库* /
Libname sasdata 'D:\SASDATA';
/* 调用 gplot 过程绘制图形* /
proc gplot data = sashelp. air ;
/* 变量 air 为纵轴,变量 date 为横轴,横轴时间间隔为年* /
plot air* date /vaxis = axis1 haxis = axis2 href = '31dec1949'd to '1jan61'd by year;
symbol1 i = join   v = o h = 1.0 l = 0 font = swissb;
axis1    label = ('Passenger') order = (100 to 650 by 50);
axis2    label = ('Month') order = ('1jan49'd to '1jan61'd by year);
/* 变量 date 的格式为月份格式显示* /
format   date monyy. ;
run;
```

运行上述程序，结果如图 6-1 所示（其中横坐标为 Month，纵坐标为 Passenger），可以直接观察到此序列具有明显的季节性特征，所以序列不平稳。

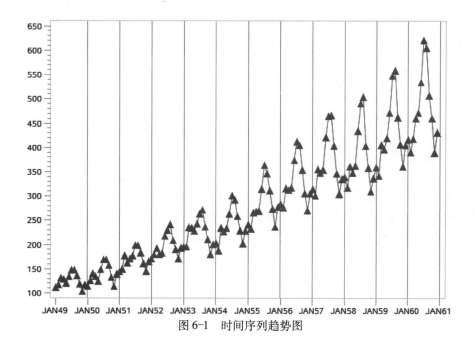

图 6-1　时间序列趋势图

除了上述直接通过观察趋势图的方法外，也可以利用 proc arima 中的 identify 语句估计平稳性，程序如下。

```
proc arima data = sasdata.seriesg ;
/* 指定分析变量 air* /
identify   var = air;
run;
```

提交运行程序后，部分结果如图 6-2 所示。

滞后	协方差	相关性	自相关 -1 9 8 7 6 5 4 3 2 1 0 1 2 3 4 5 6 7 8 9 1	标准误差
0	14291.973	1.00000	| |******************** |	0
1	13549.467	0.94805	| . |******************* |	0.083333
2	12513.692	0.87557	| . |***************** |	0.139383
3	11529.066	0.80668	| . |**************** |	0.173422
4	10756.502	0.75263	| . |*************** |	0.197771
5	10201.181	0.71377	| . |************** |	0.216750
6	9743.318	0.68173	| . |************** |	0.232501
7	9474.212	0.66290	| . |************* |	0.245991
8	9369.968	0.65561	| . |************* |	0.258099
9	9589.176	0.67095	| . |************* |	0.269416
10	10043.254	0.70272	| . |************** |	0.280779
11	10622.369	0.74324	| . |*************** |	0.292738
12	10867.546	0.76040	| . |*************** |	0.305562
13	10185.330	0.71266	| . |************** |	0.318431
14	9237.507	0.64634	| . |************* |	0.329321
15	8374.002	0.58592	| . |************ . |	0.338016
16	7688.441	0.53796	| . |*********** . |	0.344997
17	7142.378	0.49975	| . |********** . |	0.350774
18	6699.134	0.46873	| . |********* |	0.355684
19	6429.540	0.44987	| . |********* |	0.359948
20	6311.747	0.44163	| . |********* . |	0.363832
21	6534.630	0.45722	| . |********* . |	0.367535
22	6895.620	0.48248	| . |********** . |	0.371464
23	7390.765	0.51713	| . |********** . |	0.375791
24	7606.043	0.53219	| . |*********** . |	0.380701

图 6-2　原始序列 air 的自相关系数

图 6-2 显示了变量 *air* 的自相关系数 ACF 和 ACF 图，从图中的自相关系数变化趋势可以得知，此序列是单调增加的时间序列，且是具有周期性变化的非平稳序列，这两个性质与图 6-1 显示出的带长期递增趋势的周期性质是非常吻合的。

6.8.2　序列变换

从图 6-1 时间序列的趋势图可以发现，该序列具有季节性变化同时有增大的趋势，季节变化的振幅越来越大，且时间序列数据呈现每隔 12 个时间单位为一个周期的季节性。如下程序中，我们对变量 air 取对数以消除振幅。

```
data sasdata. air002;
set sashelp. air ;
/* 对变量 air 进行 log 变换,并把变换后的值赋给变量 air_log* /
air_log = log(air);
run;
proc gplot data = sasdata. air002 ;
/* 变量 air_log 为纵轴,变量 date 为横轴,横轴时间间隔为年* /
plot air_log* date /vaxis = axis1 haxis = axis2 href = '31dec1949'd to '1jan61'd by year;
symbol1 i = join  v = o h = 1.0 l = 0 font = swissb;
axis1   label = ('Passenger') order = (4.5 to 6.5 by 0.2);
axis2   label = ('Month') order = ('1jan49'd to '1jan61'd by year);
format   date monyy. ;
run;
```

提交运行程序后，结果如图 6-3 所示（其中横坐标为 Month，纵坐标为 Passenger）。

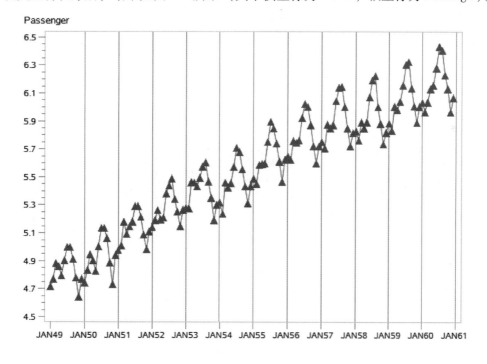

图 6-3　取对数后的时间序列图形

从图 6-3 可见，对原始时间序列取对数变换后的新序列，明显呈现季节性的增长趋势，仔细分析每 12 个单位的周期还有增长趋势，所以需要对这个新序列数据再进行滞后一次和滞后 12 次共两次差分最终转换为平稳序列，程序如下。

```
data sasdata.air003;

set sasdata.air002;

/* 进行滞后一次和滞后 12 次共两次差分操作,结果赋给变量 dif12* /

dif12 = dif1(air_log) - (lag1(air_log) - lag12(air_log));

run;

proc gplot data = sasdata.air003 ;

/* 变量 dif12 为纵轴,变量 date 为横轴,横轴时间间隔为年* /

plot dif12* date /vaxis = axis1 haxis = axis2 href = '31dec1949'd to '1jan61'd by year;

symbol1 i = join   v = o h = 1.0 l = 0 font = swissb;

axis1    label = ('Log(Passenger)') order = ( -1 to 1 by 0.2);

axis2    label = ('Month') order = ('1jan49'd to '1jan61'd by year);

format   date monyy. ;

run;
```

提交运行程序后，结果如图 6-4 所示，其中纵坐标为 Log(Passenger)。

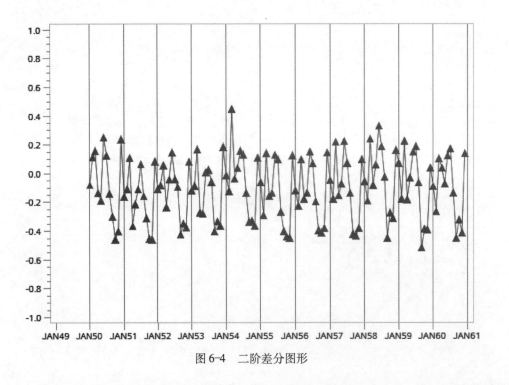

图 6-4　二阶差分图形

6.9　自相关函数检验

对需要转换为平稳时间序列的数据，如果最终是要用差分的方法来转换，通常可直接调用 PROC ARIMA 过程的 identify 语句来实现对指定变量 air_log 所选差分的时滞数（如 1

和 12）的检验，程序如下。

```
proc arima data = sasdata. air002;
/* 计算变量 air_log 的时滞数(1 和 12)的相关系数,最大延迟个数指定为 15* /
identify  var = air_log(1,12) nlag =15;
run;
```

提交运行程序后，结果如图 6-5 ~ 图 6-7 所示。

变量名 = air_log	
差分期间	1,12
工作序列的均值	0.000291
标准差	0.045673
观测数	131
差分剔除的观测	13

自相关				
滞后	协方差	相关性	-1 9 8 7 6 5 4 3 2 1 0 1 2 3 4 5 6 7 8 9 1	标准误差
0	0.0020860	1.00000	| |********************|	0
1	-0.0007116	-.34112	| *******| .	0.087370
2	0.00021913	0.10505	| .|** .	0.097006
3	-0.0004217	-.20214	| ****| .	0.097870
4	0.00004456	0.02136	| | .	0.101007
5	0.00011610	0.05565	| .|* .	0.101042
6	0.00006426	0.03080	| .|* .	0.101275
7	-0.0001159	-.05558	| . *| .	0.101347
8	-1.5867E-6	-.00076	| .| .	0.101579
9	0.00036791	0.17637	| .|****	0.101579
10	-0.0001593	-.07636	| . **| .	0.103891
11	0.00013431	0.06438	| .|* .	0.104318
12	-0.0008065	-.38661	| *******| .	0.104621
13	0.00031624	0.15160	| .|*** .	0.115011
14	-0.0001202	-.05761	| . *| .	0.116526
15	0.00031200	0.14957	| .|*** .	0.116744

"."标记两个标准误差

图 6-5　自相关结果

逆自相关		
滞后	相关性	-1 9 8 7 6 5 4 3 2 1 0 1 2 3 4 5 6 7 8 9 1
1	0.41027	| . |******* .
2	0.12711	| . |*** .
3	0.10189	| . |**.
4	0.01978	| . | .
5	-0.10310	| .**| .
6	-0.11886	| .**| .
7	-0.04088	| . *| .
8	-0.05086	| . *| .
9	-0.06022	| . *| .
10	0.06460	| . |* .
11	0.19907	| . |**** .
12	0.31709	| . |****** .
13	0.12434	| . |**.
14	0.06583	| . |* .
15	0.01515	| . | .

图 6-6　逆自相关结果

偏自相关																					
滞后	相关性	-1 9 8 7 6 5 4 3 2 1 0 1 2 3 4 5 6 7 8 9 1
1	-0.34112	|　　　　　　******|　.　　　　　　　　|
2	-0.01281	|　　　　　　　　　.　|　.　　　　　　　　|
3	-0.19266	|　　　　　　　　****|　.　　　　　　　　|
4	-0.12503	|　　　　　　　　.***|　.　　　　　　　　|
5	0.03309	|　　　　　　　　　.　|*　.　　　　　　　　|
6	0.03468	|　　　　　　　　　.　|*　.　　　　　　　　|
7	-0.06019	|　　　　　　　　　.*|　.　　　　　　　　|
8	-0.02022	|　　　　　　　　　.　|　.　　　　　　　　|
9	0.22558	|　　　　　　　　　.　|*****　　　　　　　|
10	0.04307	|　　　　　　　　　.　|*　.　　　　　　　　|
11	0.04659	|　　　　　　　　　.　|*　.　　　　　　　　|
12	-0.33869	|　　　　　　******|　.　　　　　　　　|
13	-0.10918	|　　　　　　　　.**|　.　　　　　　　　|
14	-0.07684	|　　　　　　　　.**|　.　　　　　　　　|
15	-0.02175	|　　　　　　　　　.　|　.　　　　　　　　|

白噪声的自相关检查									
至滞后	卡方	自由度	Pr > 卡方	自相关					
6	23.27	6	0.0007	-0.341	0.105	-0.202	0.021	0.056	0.031
12	51.47	12	<.0001	-0.056	-0.001	0.176	-0.076	0.064	-0.387

图 6-7　偏自相关结果和白噪声的自相关检查结果

从图 6-5 中可见，自相关系数在延迟 1 阶处有一个很大的自相关系数，然后在延迟 12 阶处突然有一个较大的自相关系数，紧接着又落入 2 倍标准差内，基本判定在 1、12 处截尾。

从图 6-7 偏自相关系数图中同样可以判定，偏自相关系数在 1、12 处拖尾，在 3 和 9 处有超过 2 倍标准差，因此可选择 MA 的阶数为 1、12。

从图 6-5 和图 6-6 可见，逆自相关系数图及偏自相关系数图中 AR 的阶数为 1、12，图 6-7 的最下部分为自相关系数的白噪声检验，明显看出延迟 6 期和 12 期的 Q_{LB} 统计量分别为 23.27 和 51.47，对应的 P 值均小于 0.05，所以拒绝序列为白噪声的原假设，即拒绝延迟期数小于等于 6 和 12 的序列值之间相互独立，说明经过滞后 1 次和滞后 12 次共两次差分转换后序列是平稳非白噪声序列。

6.10　模型参数估计

确定 ARIMA 模型的 p 和 q 的阶数以后，开始进行参数估计，系统默认为最小二乘估计，SAS 程序如下所示。

```
proc arima data = sasdata. air003;
/* 计算变量的时滞数(1 和 12)的相关系数、偏相关系数,最大延迟个数指定为 15* /
identify var = air_log(1,12) nlag = 15;
/* 根据指定的时间序列模型 ARIMA 的 p 和 q 阶数进行参数估计* /
estimate q = (1)(12) p = (1)(12) noconstant ;
run;
```

提交运行程序后，结果如图 6-8 所示。

条件最小二乘估计					
参数	估计	标准误差	t 值	近似 Pr > |t|	滞后
MA1,1	0.47692	0.20008	2.38	0.0186	1
MA2,1	0.53399	0.14473	3.69	0.0003	12
AR1,1	0.10533	0.22816	0.46	0.6451	1
AR2,1	-0.06337	0.16835	-0.38	0.7072	12

方差估计	0.001429
标准误差估计	0.037799
AIC	-482.477
SBC	-470.976
残差数	131

* AIC 和 SBC 不包括对数行列式。

参数估计相关性				
参数	MA1,1	MA2,1	AR1,1	AR2,1
MA1,1	1.000	0.103	0.920	0.091
MA2,1	0.103	1.000	0.162	0.830
AR1,1	0.920	0.162	1.000	0.134
AR2,1	0.091	0.830	0.134	1.000

残差的自相关检查									
至滞后	卡方	自由度	Pr > 卡方	自相关					
6	4.62	2	0.0993	-0.005	0.062	-0.089	-0.090	0.086	0.079
12	7.41	8	0.4932	-0.044	-0.023	0.115	-0.048	0.037	-0.001
18	11.61	14	0.6374	0.007	0.034	0.063	-0.139	0.057	0.004
24	21.49	20	0.3688	-0.101	-0.084	-0.024	-0.032	0.207	-0.012

变量"air_log"的模型	
差分期间	1,12

在该模型中没有均值项。

自回归因子
因子 1: 1 - 0.10533 B**(1)
因子 2: 1 + 0.06337 B**(12)

移动平均因子
因子 1: 1 - 0.47692 B**(1)
因子 2: 1 - 0.53399 B**(12)

图 6-8　estimate $q =$（1）（12），$p =$（1）（12）语句计算的参数估计结果

在图 6-8 中，首先给出了用最小二乘估计计算的该参数的估计值、标准误差和 t 率，还标明该参数在模型中的滞后数。

拟合的 $ARIMA(1,1,1) \times (1,1,1)_{12}$ 模型的具体形式为：

$$(1 - B)(1 - B^{12}) Z_t = \frac{(1 - 0.47692B)(1 - 0.53399 B^{12})}{(1 - 0.10533B)(1 + 0.06337 B^{12})} \varepsilon_t$$

图 6-8 中的 AR（1,1）及 AR（2,1）的 t 值分别为 0.46 和 -0.38，由于 t 率太小，所以该项系数为 0 的假设检验并不显著，所以可以直接删除此两项，并对模型进行重新的参数估计，程序如下。

```
proc arima data = sasdata. air003;
identify   var = air_log(1,12) nlag = 15;
```

```
/* 输出模型和参数估计的数据至数据集 air_mode 中* /
estimate   q = (1)(12)  noconstant outmodel = air_mode;
run;
```

提交运行程序后，结果如图 6-9 所示。

条件最小二乘估计

参数	估计	标准误差	t 值	近似 Pr > |t|	滞后
MA1,1	0.37727	0.08196	4.60	<.0001	1
MA2,1	0.57236	0.07802	7.34	<.0001	12

方差估计	0.00141
标准误差估计	0.037554
AIC	-486.133
SBC	-480.383
残差数	131

* AIC 和 SBC 不包括对数行列式。

参数估计相关性

参数	MA1,1	MA2,1
MA1,1	1.000	-0.091
MA2,1	-0.091	1.000

残差的自相关检查

至滞后	卡方	自由度	Pr > 卡方	自相关					
6	5.15	4	0.2723	0.010	0.028	-0.119	-0.100	0.081	0.077
12	7.89	10	0.6400	-0.049	-0.023	0.114	-0.045	0.025	-0.023
18	11.98	16	0.7452	0.012	0.036	0.064	-0.136	0.055	0.011
24	22.56	22	0.4272	-0.098	-0.096	-0.031	-0.021	0.214	0.013

变量 "air_log" 的模型	
差分期间	1,12

在该模型中没有均值项。

移动平均因子

因子 1:	1 - 0.37727 B**(1)
因子 2:	1 - 0.57236 B**(12)

图 6-9　estimate q = （1）（12）语句计算的参数估计

从重新估计的输出结果图 6-9 中可看出，拟合优度统计量表中给出了残差序列的方差 (0.001 41) 和标准误差 (0.037 554)，以及按 AIC 和 SBC 标准计算的统计量 (-486.133 和 -480.383)，这两个值较小，表明对模型拟合得较好，所以最后的时间序列模型为 ARIMA$(0,1,1) \times (0,1,1)_{12}$。

对模型拟合后残差为白噪声原假设进行检验，延迟 6 期和 12 期的 Q_{LB} 统计量分别为 5.15 和 7.89，相应 p 值均大于 0.05，所以不能拒绝拟合模型的残差为白噪声。说明这个拟合模型，延迟数小于等于 6 期和 12 期的所有残差自相关系数为零，即残差中的信息已经完全被提取出来了。

ARIMA$(0,1,1) \times (0,1,1)_{12}$ 模型的形式为：

$$(1 - B)(1 - B^{12}) Z_t = (1 - 0.377\,27B)(1 - 0.572\,36\,B^{12}) \varepsilon_t$$

其中，$Z_t = \log(x_t)$，B 为后移算子，ε_t 为随机干扰。

6.11　预测

模型确定后，我们通常要利用拟合好的模型进行预测。假定我们要预测今后一年国际航线各个月度的旅客人数，就要使用 forecast 语句，同时将预测的结果输出到一个指定的数据集中。完整的程序如下。

```
proc arima data = sasdata. air003;
identify var = air_log(1,12) nlag =15;
estimate q = (1)(12)    noconstant outmodel = air_mode;
/* 调用 forecast 语句进行预测,将预测结果输出到数据集 sasdata. air003_2 中* /
forecast lead =12 interval = month id = date out = sasdata. air003_2;
run;
```

提交运行程序后，部分结果如图 6-10 所示。

以下变量的预测:air_log			
观测	预测	标准误差	95% 置信限
145	6.1095	0.0376	6.0359	6.1831
146	6.0536	0.0442	5.9669	6.1404
147	6.1728	0.0500	6.0747	6.2709
148	6.1986	0.0552	6.0903	6.3068
149	6.2316	0.0600	6.1140	6.3491
150	6.3682	0.0644	6.2420	6.4944
151	6.5060	0.0685	6.3718	6.6403
152	6.5019	0.0724	6.3601	6.6438
153	6.3244	0.0761	6.1753	6.4734
154	6.2081	0.0796	6.0521	6.3641
155	6.0631	0.0829	5.9005	6.2256
156	6.1678	0.0862	5.9989	6.3367

图 6-10　forecast 语句预测的 12 期结果

最后，我们需要将 air_log 预测值转换为原来的 air 值，并绘制带上下 95% 置信度线的原始数据线和预测数据线的时间序列图。程序如下。

```
data sasdata. air004;
set sasdata. air003_2;
/* 前面进行过 log 变换,需要把数据还原成实际业务数据* /
    custcnt_p = exp(air_log);
    forecast = exp(forecast);
    l95 = exp(l95);
    u95 = exp(u95);
run;
```

```
proc gplot data = sasdata. air004;
where date > = '1jan57'd;
/* 横轴 date,纵轴 air,预测数据 forecast,以及上下 95% 置信度的预测数据* /
plot air_log* date forecast* date l95* date u95* date /overlay vaxis = axis1 haxis
= axis2 href = '31dec60'd ;
symbol1  i = join   v = c h = 1.0 l = 1 font = swissb c = red;
symbol2  i = join   v = o h = 1.0 l = 1 font = swissb c = blue;
symbol3  i = join   l = 1 font = swissb c = green;
symbol4  i = join   l = 1 font = swissb c = green;
axis1   label = ('Passenger') order = (250 to 800 by 50);
axis2   label = ('Month')    order = ('1jan57'd to '1jan62'd by year);
format  date monyy. ;
title1  'Forecast Chart';
title2  'C - - x';
title3  'F - - forecast';
title4  'None - - u95 and l95';
run;
```

提交运行程序后，结果如图 6-11 所示（其中横坐标为 Month，纵坐标为 Passenger）。从图中即可观察到未来一段时间旅客人数的变化趋势，航空公司可以根据此预测数据进行日常运营决策，提高客户服务质量，降低航班运营成本。

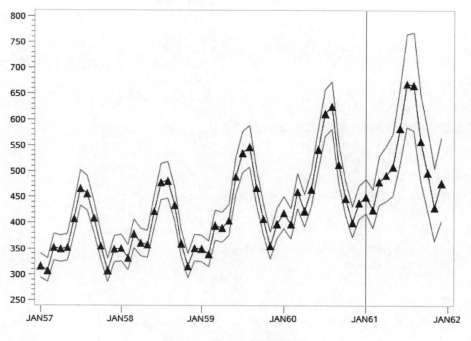

图 6-11　模型拟合预测结果

第7章
客户群分类判别分析

判别分析（Discriminant analysis）是运用各已知类型的一批地质样品多种特征即变量观测值建立起来的判别函数式（数学模型）判定具体研究对象和未知样品类型的一种多元统计分析方法。这种方法主要应用于医学的患者疾病分级，以及经济学的市场定位、产品管理及市场研究等范畴。

SAS 系统中判别分析对应的过程主要有 PROC DISCRIM 过程、PROC CANDISC 过程、以及 PROC STEPDISC 过程。

7.1 业务背景及数据说明

假设某个电信运营商根据服务使用模式对它的客户群进行了分群，将这些客户分为四个组，如果人口统计数据可用于预测客户群组成员，则我们可以为不同的准客户定制产品。

本案例就是利用判别分析技术找到区分这四组客户群的方程，当新来一个客户时，可以使用此技术判断一个客户属于哪个客户群，从而针对不同的客户群指定不同的产品，做到精准营销。

本章案例涉及的数据集为 telco. sas7bdat，如图 7-1 所示，该数据文件涉及某通信公司在减少客户群中的客户流失方面的举措，每个个案对应一个单独的客户，并记录各类人口统计和服务用途信息。则本案例的目标就是建立四个客户群的判别模型。

查看数据集变量说明的代码如下，变量相关信息见表 7-1。

```
/* 查看数据集说明*/
libname SASDATA  "D:\SASDATA";
proc contents data = stat.telco;
run;
```

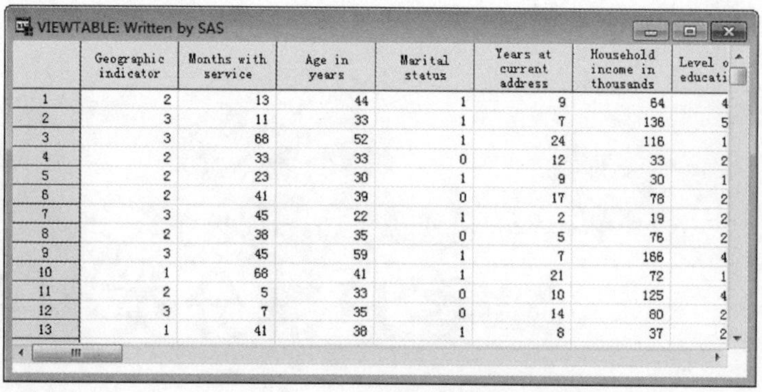

VIEWTABLE: Written by SAS

	Geographic indicator	Months with service	Age in years	Marital status	Years at current address	Household income in thousands	Level o educati
1	2	13	44	1	9	64	4
2	3	11	33	1	7	136	5
3	3	68	52	1	24	116	1
4	2	33	33	0	12	33	2
5	2	23	30	1	9	30	1
6	2	41	39	0	17	78	2
7	3	45	22	1	2	19	2
8	2	38	35	0	5	76	2
9	3	45	59	1	7	166	4
10	1	68	41	1	21	72	1
11	2	5	33	0	10	125	4
12	3	7	35	0	14	80	2
13	1	41	38	1	8	37	2

图 7-1　telco. sas7bdat 数据情况

表 7-1　数据集 telco. sas7bdat 的字段说明

变量	类型	长度	说明
ADDRESS	数值	8	当前地址居住年限
AGE	数值	8	年龄
CUSTCAT	数值	8	用户类别，1 表示基础服务，2 表示网络服务，3 表示附加服务，4 表示全套服务
ED	数值	8	教育水平，0 表示初中，1 表示高中，3 表示大学专科，4 表示大学本科，5 表示研究生
EMPLOY	数值	8	当前公司的工作时间
GENDER	数值	8	性别，0 表示男性，1 表示女性
INCOME	数值	8	家庭收入
MARITAL	数值	8	结婚，0 表示未婚，1 表示结婚
REGION	数值	8	地理区域，1 表示区域 1，2 表示区域 2，3 表示区域 3，4 表示区域 4，5 表示区域 5
RESIDE	数值	8	家庭人数
RETIRE	数值	8	退休，0 表示否，1 表示是

7.2　判别分析的数学原理

已知某事物有 K 个状态（K 个类），这 K 个状态可以看作 K 个总体 $G_1,G_2,\cdots,G_K$，该事物的特性可以由 P 个指标 $X_1,X_2,\cdots,X_p$，来刻画，并在分析前已经观察到了总体 $G_1,G_2,\cdots,G_K$ 的 $n_1,n_2,\cdots,n_K$ 个样品。

G_i 的分布如图 7-2 所示，其中 $i = n_1,n_2,n_3,\cdots,n_K$，$n = n_1 + n_2 + n_3 + \cdots + n_K$。

	G_i总体			
变量 / 样品	x_1	x_2	$\cdots$	x_p
$x_1^{(i)}$	$x_{11}^{(i)}$	$x_{12}^{(i)}$	$\cdots$	$x_{1p}^{(i)}$
$x_2^{(i)}$	$x_{21}^{(i)}$	$x_{22}^{(i)}$		$x_{2p}^{(i)}$
$\vdots$	$\vdots$	$\vdots$		$\vdots$
$x_n^{(i)}$	$x_{n_2^1}^{(i)}$	$x_{n_2^2}^{(i)}$	$\cdots$	$x_{n_2^p}^{(i)}$
均值	$\overline{x_1^{(i)}}$	$\overline{x_2^{(i)}}$	$\cdots$	$\overline{x_p^{(i)}}$

图 7-2　G_i 总体分布

判别分析就是根据以上观测数据，依据某种判别标准建立一个判别函数，并根据该函数对新样品进行判别归类。判别分析的任务是根据已掌握的样本资料，建立判别函数，进而判断给定的新观察来自哪一个总体，比如，企业是否陷入财务困境，客户来自哪个客户群，等等。

上述的判别函数是一个判别准则，那么该准则是如何得到的呢？判别分析的目的就是判断给定的新观测属于哪一个总体，故关键是判断的依据是什么。这就要涉及距离判别法、Fisher 判别法和 Bayes 判别法，请读者参考相关书籍获取相关信息，在此不再赘述。

7.3　判别分析的 SAS 过程

判别分析的 SAS 过程所处理的数据集要求具有一个分类变量和若干个数值型变量，SAS 中进行判别分析的具体目标可以分为以下三条：

- 建立判别函数，以便用来判别某一新的观测值的所属类别；
- 寻找一组数值型变量的线性组合，使得其能够很好地反映各类别之间的差别；
- 筛选出某些能反映类别间差别的变量。

如果假设每个组内的样本全都服从多元正态分布，可以用多元正态分布的理论即参数法将可以导出一个线性或者二次的判别函数，否则，将采用不基于任何分布的假定的非参数法来估计类别的密度，从而实现分类的功能。非参数检验的方法有：

- 核密度法（Kernel Method）
- K 最邻近法（K Nearest Neighbor Method）

对应上一节中的判别分析方法，SAS 过程中有 DISCRIM 过程（一般判别过程）、CANDISC 过程（典型判别分析）和 STEPDISC 过程（逐步判别分析）。

7.3.1　DISCRIM 过程

SAS 中的 DISCRIM 过程实施的是最大概率判别法和 Bayes 判别法。DISCRIM 过程主要应用于对样品进行分类，根据一个分类变量和若干数值变量的数据计算出各种判别函数或判别准则，然后根据这一判别函数再将数据集中的观测分别归入已知的类别中去。DISCRIM 过程用以获得判别函数的数据称为训练数据集。DISCRIM 过程主要有三个语句，即 PROC DISCRIM 语句、CLASS 语句、VAR 语句；当需要 Bayes 判别分析时，有 PRIORS 语句。DISCRIM 过程的语句格式如下，其中 PROC DISCRIM 语句和 CLASS 语句为 DISCRIM 过程中所必须包含的语句。

```
PROC  DISCRIM  <选项 >;
CLASS  变量;
BY  变量;
FREQ  变量;
ID  变量;
```

```
PRIORS   变量;
TESTCLASS   变量;
TESTFREQ   变量;
TESTID   变量;
VAR   变量;
WEIGHT   变量;
RUN;
```

（1）DISCRIM 语句选项

PROC DISCRIM 语句用来调用 DISCRIM 过程，其中各具体语句的意义如下。

- DATA =：此选项用以指定输入的"训练数据集"，即已知类别的若干样品所成的数据集，其为一般的数据集和特殊类型的数据集均可以。
- TESTDATA =：指定用于进行判别分析的检验数据集。
- OUTDATA =：指定用于存储有关统计量的输出数据集。
- OUT =：指定 SAS 把分类结果存入指定的数据集。
- METHOD =：指定判别分析方法，可以设置为"method = normal"（参数法）或者"method = npar"（非参数法）。
- POOL =：说明按各个总体协方差相等与否的模型进行计算。当"POOL = YES"时，指定总体协方差矩阵相同，计算协方差矩阵估计值；当"POOL = NO"时，指定总体协方差矩阵不同，计算协方差矩阵估计值。
- WCOV =：输出组内协方差矩阵的估计。
- KERNEL =：指定用以估计类别密度的核密度类型。
- METRIC =：指定用于计算平方距离的矩阵类型。
- DISTANCE =：输出类均值之间的平方距离。
- LIST =：在输出结果中显示训练样本回代的分类结果。

（2）CLASS 语句

CLASS 语句是 DISCRIM 过程中所必需的一条语句，用以说明分类变量，该分类变量的值用以决定每条观测属性的类别。

（3）VAR 语句

VAR 语句指定用于进行判别分析的随机变量，即为样品的分量，必须为数值型变量。如果忽略 VAR 语句，则数据集未在其他语句中使用的全部数值型变量将作为 VAR 变量来使用。

（4）PRIORS 语句：是用来指定各类别的先验概率。有三种先验概率设定方式的语句格式。

- 格式一：priors equal，表示设定的各类别先验概率相等。
- 格式二：priors proportional，表示设定的各类别先验概率等于训练样本中各类别所占的比例。

- 格式三："priors '1' = 0.2 '2' = 0.6 '3' = 0.2";或者"priors a = 0.2 b = 0.3 c = 0.4 d = 0.1"。空格为区分符,前面的语句说明分类变量取 1、2、3 的类的先验概率是 0.2、0.6、0.2;后面语句说明分类变量取为 a、b、c、d 类的先验概率为 0.2、0.3、0.4、0.1。此种方法适合自定义各个类别的先验概率。

当使用 PRIORS 语句时,DISCRIM 过程计算样品属于某一类的后验概率,同时给出判别函数。当"POOL = YES"时,判别函数是线性函数;当"POOL = NO"时,判别函数是二次函数。

7.3.2　CANDISC 过程

CANDISC 过程是 SAS 中专门用于实现典型判别分析方法的 SAS 过程,所执行的操作有计算类平均数之间的平方马氏距离、执行单因素单元方差分析和单因素多元方差分析等。CANDISC 过程主要包括的语句有 PROC CANDISC 语句、VAR 语句和 CLASS 语句等。PROC CANDISC 语句的格式如下,其中 PROC CANDISC 语句和 CLASS 语句为 CANDISC 过程中所必须包含的语句。

```
PROC CANDISC <选项>
CLASS  变量;
BY  变量;
FREQ  变量;
VAR  变量;
WEIGHT  变量;
RUN;
```

(1) 数据集选项
- data = 数据集名:指定欲进行分析的数据集,默认时,采用最新生成的数据集。
- out = 数据集名:生成一个包含原始数据和典型变量得分的 SAS 数据集。
- outstat = 数据集名:生成一个包含各种统计量的输出 SAS 数据集。

(2) 典型变量选项
- ncan = n:指定将被计算的典型变量的个数,n 的值必须小于或等于变量的个数,如果指定 ncan = 0,过程打印典型相关而不是典型系数、结构或均值;如果 ncan 为负值,典型分析将被抑制。
- prefix = 前缀名:为命名典型变量指定前缀。

(3) 奇异性选项
- singular = p:指定判别全样本相关阵和合并类内协方差阵奇异的标准,这里 $0 < p < 1$,默认值为 singular = 10 − 8。

(4) 其他选项
- bcorr:类间相关。

- pcorr：合并类内相关（基于合并类内协方差的偏相关）。
- tcorr：全样本相关。
- wcorr：每一类水平的类内相关。
- bcov：类间协方差。
- pcov：合并类内协方差。
- tcov：全样本协方差。
- wcov：每一类水平的类内协方差。
- bsscp：类间 sscp 阵。
- psscp：合并类内修正 sscp 阵。
- tsscp：全样本修正 sscp 阵。
- wsscp：每一类水平的类内修正 sscp 阵。
- anova：检验总体中每一变量类均值相等的假设的单变量统计量。
- distance：类均值间的平方 Mahalanobis 距离。
- simple：全样本和类内的简单描述性统计量。
- stdmean：全样本和合并的类内标准化类均值。
- all：产生以上所有打印选项。
- noprint：不打印。
- short：只打印典型相关表和多元检验统计数字。

（5）其他语句

- class 语句：class 变量的值定义分析的组，类水平由 class 变量的值确定，class 变量可以是数值型或字符型。
- var 语句：var 语句指定分析中包括的定量变量，如果省略 var 语句，分析将包括未在其他语句中列出的全部定量变量。

7.3.3 STEPDISC 过程

STEPDISC 过程是 SAS 中执行 STEPDISC 的语句，STEPDISC 语句是用于逐步判别分析过程。STEPDISC 过程针对具有一个分类变量和若干数值型变量的数据集，从指定的指标变量中筛选出一组数据，以用于随后的判别分析。STEPDISC 过程选择因子的方法有：

- 前进法（forward selection）
- 后退法（backward elimination）
- 逐步法（stepwise selection）

STEPDISC 过程筛选变量所依据的指标是如下两点：

- 将已选择的变量作为协变量，所考虑变量作为应变量进行协方差分析，分析结果中 F 检验的显著性检验结果。
- 固定已选择变量的效应后，从分类变量预测所考察变量的平方偏相关系数。

　　逐步判别法要求指标变量在各组内服从多元正态分布，并且具有相同的协方差矩阵，这一点在进行逐步分析前一定要注意。

　　假设所有指标变量都服从具有相同协方差矩阵的多元正态分布，在 SAS 中就可以进行 STEPDISC 过程的逐步判别分析了。STEPDISC 过程的语法格式如下，其中 PROC STEPDISC 语句和 CLASS 语句为 STEPDISC 过程中必需的语句。

```
PROC SIEPDISC  <选项 >
CLASS  变量；
BY  变量；
FREQ  变量；
VAR  变量；
WEIGHT  变量；
RUN；
```

　　（1）STEPDISC 语句选项

- DATA = ：指定输入需要对其进行分析的数据集。
- METHOD = ：指定选择变量的方法，"METHOD = FW" 为向前选择法；"METHOD = BW" 为向后剔除法；"METHOD = SW" 为逐步选择法。
- SLENTRY = ：指定变量进入模型必须达到的显著性水平，系统默认值为 0.15。
- SLSTAY = ：指定模型内部变量继续留在模型中必须达到的显著性水平，系统默认为 0.15。
- SIMPLE = ：输出全部样本和各类内简单的描述性统计量。
- SHORT：禁止输出每一步的详细信息。

　　（2）CLASS 语句

CLASS 语句与前面 DISCRIM 过程中的语句一样，都是必需的语句。

　　（3）VAR 语句

　　指定筛选变量的范围，需要考察的数值型变量必须全部在 VAR 语句中指定，如果忽略 VAR 语句，则数据集未在其他语句中使用的全部数值型变量将作为 VAR 变量来使用。这里需要注意的是，在实际问题中随机向量维数可能很大，利用逐步判别分析方法选择出合适的随机变量，然后实施更有效的判别分析显得尤为重要。

7.4　数据探索

　　数据探索的目的主要是查看数据分布是否有异常，因为异常分布的数据对建模的影响相当巨大，比如模型的稳定性、模型是否过拟合等。表 7-2 给出了各个变量的缺失值数量、均值、最大值、最小值以及分位点数据，从数据的描述性统计信息数据来看数据正常，不存在缺失值、极端值的情况，可以进行建模分析。

```
/* 获取所要分析的变量* /
data telco_2;
set stat.telco;
keep ADDRESS AGE CUSTCAT ED EMPLOY
GENDER INCOME MARITAL REGION
RESIDE RETIRE
;
run;
/* 计算开发样本的均值、最大值、最小值等* /
ods html file = 'telco_2.xls';
proc means data = telco_2 n nmiss mean p1 p99 min max;
run;
ods html close;
```

表 7-2   建模样本数据分布

变量	N	缺失值个数	均值	1% 百分点	99% 百分点	最小值	最大值
REGION	1 000	0	2.022	1	3	1	3
AGE	1 000	0	41.684	20	70.5	18	77
MARITAL	1 000	0	0.495	0	1	0	1
ADDRESS	1 000	0	11.551	0	43	0	55
INCOME	1 000	0	77.535	10.5	484	9	1 668
ED	1 000	0	2.671	1	5	1	5
EMPLOY	1 000	0	10.987	0	40.5	0	47
RETIRE	1 000	0	0.047	0	1	0	1
GENDER	1 000	0	0.517	0	1	0	1
RESIDE	1 000	0	2.331	1	6	1	8
CUSTCAT	1 000	0	2.487	1	4	1	4

7.5 客户群判别模型建立

首先，调用 SAS 系统中的 stepdisc 过程实现逐步判别分析，通过入选水平 sle 和剔除水平 sls 对变量进行事先的筛选。代码如下。

```
/* 生成 ID* /
data  telco_id;
set  telco_2;
```

```
ID = _N_;
RUN;
/* 选取模型开发样本 * /
proc surveyselect data = telco_id
    method = srs n = 900
/* srs 代表指定要用 simple random sampling,所以每个样本是以相同的几率被抽且不置换 * /
    out = development_sample;
/* 输出到数据集 SampleSRS * /
run;
/* 选取模型验证样本 * /
proc sql;
    create table validation_sample as
    select a. *
    from   telco_id a
    left join  development_sample b
    on a. id = b. id
    where b. id = . ;
quit;
/* 调用逐步判别过程 * /
ods html file = 'dev_stepdisc. xls';
proc stepdisc data = development_sample
METHOD = SW
sle = 0. 3
sls = 0. 05;
class CUSTCAT;
var ADDRESS     AGE    ED    EMPLOY    GENDER
    INCOME    MARITAL    REGION    RESIDE    RETIRE
;
run;
ods html close;
```

　　运行上述程序则会进行变量选择,结果见表 7-3。模型最终选择了 3 个有效的变量作为判别的依据,分别是 ED、EMPLOY、RESIDE。

　　逐步法很方便,但也有其局限,请读者特别注意因为逐步法仅根据统计意义选择模型,所以它有可能选择不具有实际意义的预测变量。如果您比较熟悉数据并对有重要意义的预测变量有所预期,那么应该利用您的经验而不使用逐步法。但是,如果存在多个预测变量而您不知道从何处着手,则运行逐步分析法并调整选定的模型比完全没有模型要好。

表7-3　逐步判别步骤信息

Stepwise Selection Summary

Step	Number In	Entered	Removed	Partial R – Square	F Value	Pr > F	Wilks' Lambda	Pr < Lambda	Average Squared Canonical Correlation	Pr > ASCC
1	1	ED		0. 149 7	52. 57	<. 000 1	0. 850 323 96	<. 000 1	0. 049 892 01	<. 000 1
2	2	EMPLOY		0. 046 3	14. 48	<. 000 1	0. 810 951 27	<. 000 1	0. 065 326 03	<. 000 1
3	3	RESIDE		0. 015 6	4. 74	0. 002 8	0. 798 261 05	<. 000 1	0. 069 936 57	<. 000 1
4	4	ADDRESS		0. 008 2	2. 45	0. 061 9	0. 791 733 22	<. 000 1	0. 072 526 07	<. 000 1
5	3		ADDRESS	0. 008 2	2. 45	0. 061 9	0	<. 000 1	0	<. 000 1

用下列 DISCRIM 过程可以产生线性判别函数（METHOD = NORMAL 规定使用参数方法，POOL = YES 选项总体协方差矩阵相同，计算协方差矩阵估计值），用 OUTSTAT = 指定了判别函数的输出数据集，选项 LISTERR 要求列出分类错误的观察结果。

下面的判别分析过程 discrim 是对所有变量进行判别分析，并建立关于它们的判别函数式，同时输出数据集 plot_dev，包含二次型判别函数的系数。

SAS 程序如下所示。

```
ods html file = 'dev_discrim. xls';
proc discrim  data = telco_id
            outstat = plot_dev
            method = normal
            pool = test
            manova
            listerr
            crosslisterr
;
class CUSTCAT;
var ADDRESS    AGE    ED    EMPLOY    GENDER
    INCOME    MARITAL    REGION    RESIDE    RETIRE
;
run;
ods html close;
```

运行程序后，首先给出的是方差分析表（表7-4），目的是检验组之间的指标是否有统计学意义上的差别。通常看 Wilks' Lambda 统计量，对应的 P $(P_r > F)$ 值小于 0.000 1，说明变量可以区分不同的类别。

表7-4　方差分析结果表

Multivariate Statistics and F Approximations					
S = 3　M = 3　N = 492. 5					
Statistic	Value	F Value	Num DF	Den DF	Pr > F
Wilks' Lambda	0. 776 051 85	8. 71	30	2 897. 7	<. 000 1
Pillai's Trace	0. 235 809 75	8. 44	30	2 967	<. 000 1
Hotelling – Lawley Trace	0. 273 431 38	8. 99	30	2 247. 9	<. 000 1
Roy's Greatest Root	0. 202 986 41	20. 08	10	989	<. 000 1
NOTE：F Statistic for Roy's Greatest Root is an upper bound.					

接着输出的是判别结果矩阵，属于第 1 类的有 243 个观测，被判断为第 1 类的有 180 个，第 2 类的有 7 个，第 3 类的有 24 个，第 4 类的有 32 个，见表7-5。

表7-5　判别结果矩阵

Number of Observations and Percent Classified into CUSTCAT					
From CUSTCAT	1	2	3	4	Total
1	180	7	24	32	243
	74. 07	2. 88	9. 88	13. 17	100
2	97	25	18	49	189
	51. 32	13. 23	9. 52	25. 93	100
3	130	14	73	38	255
	50. 98	5. 49	28. 63	14. 9	100
4	79	19	17	98	213
	37. 09	8. 92	7. 98	46. 01	100
Total	486	65	132	217	900
	54	7. 22	14. 67	24. 11	100
Priors	0. 25	0. 25	0. 25	0. 25	—

表7-6　误判率结果

Error Count Estimates for CUSTCAT					
	1	2	3	4	Total
Rate	0. 259 3	0. 867 7	0. 713 7	0. 539 9	0. 595 2
Priors	0. 25	0. 25	0. 25	0. 25	—

假设各类先验概率均为 1/4 时（discrim 过程的默认值），用全部数据建立起来的二次判别函数，再用来判别每一个样品的理论归属，最后得到与实际归属比较后的误判率从表7-6中可以得到，为 0. 595 2，符合率等于 1 - 0. 595 2 = 40.48%。同时还给出了按实际分类与理论分类吻合与否的交叉表，主对角线上的 180、25、73、98 为 4 种分类一致的记录数，及占各类实际总数的百分比为 74.07%、13.23%、28.63%、46.01%。

然后输出的是互相证实的结果，见下表 7-7。

表 7-7　互相证实结果

Number of Observations and Percent Classified into CUSTCAT					
From CUSTCAT	1	2	3	4	Total
1	171	11	26	35	243
	70. 37	4. 53	10. 7	14. 4	100
2	101	13	22	53	189
	53. 44	6. 88	11. 64	28. 04	100
3	133	18	66	38	255
	52. 16	7. 06	25. 88	14. 9	100
4	85	22	18	88	213
	39. 91	10. 33	8. 45	41. 31	100
Total	490	64	132	214	900
	54. 44	7. 11	14. 67	23. 78	100
Priors	0. 25	0. 25	0. 25	0. 25	—

表 7-8　互相证实的误判结果

Error Count Estimates for CUSTCAT					
	1	2	3	4	Total
Rate	0. 296 3	0. 931 2	0. 741 2	0. 586 9	0. 638 9
Priors	0. 25	0. 25	0. 25	0. 25	—

利用二次判别函数还可导出互相证实的结果（Cross-validation Results）。所谓互相证实，就是在共有 N 个样品中，每次留下一个样品作为新样品，由 $N-1$ 个样品建立判别函数，然后将留下的这个样品代入判别函数，判别其归属，对每一个样品都留下来一次作为新样品来判别其归属，这样有利于减小用全部数据建立的判别函数再对全部数据进行回代判别所产生的偏差。由表 7-8 可知，误判率为 0.638 9，大于用全部数据建立起来的二次判别函数的误判率，但要注意这两者的误判率常常是不相等的，通常互相证实的误判率要高些。

从检验结果（表 7-9）可以看到，由于 Chi-Square = 575.662 865，$P < 0.000\ 1$，H_0 的假设检验显著，四组方差矩阵不满足齐性，不合并四类的协方差矩阵，程序将不用线性判别函数来判别分类，而自动改用二次判别函数来判别分类。

表 7-9　协方差矩阵齐性检验结果

Chi - Square	DF	Pr > ChiSq
575. 662 865	165	< . 000 1

	Customer category	_TYPE_	_NAME_	Years at current address	Age in years	Level of education	Years with current employer	Gender
246	1	QUAD	ADDRESS	-0.011706054	0.0053011678	-0.005573274	-0.000350207	0.0024680845
247	1	QUAD	AGE	0.0053011678	-0.008659976	-0.002248722	0.0038007235	-0.010277077
248	1	QUAD	ED	-0.005573274	-0.002248722	-0.470167583	-0.030298329	0.0325831617
249	1	QUAD	EMPLOY	-0.000350207	0.0038007235	-0.030298329	-0.019805807	0.0181515903
250	1	QUAD	GENDER	0.0024680845	-0.010277077	0.0325831617	0.0181515903	-2.111969438
251	1	QUAD	INCOME	-0.000103964	0.0002382836	0.0047953668	0.0017800106	0.0003602971
252	1	QUAD	MARITAL	0.0094102812	0.0234084483	-0.06512626	0.0219706263	0.041628518
253	1	QUAD	REGION	0.0031863132	-0.000810639	-0.068140163	0.0035318176	-0.03772901
254	1	QUAD	RESIDE	-0.003035653	-0.012598747	-0.032144163	0.000068144	0.1229645976
255	1	QUAD	RETIRE	-0.024207378	0.1389345244	0.2859109016	0.188550242	-0.028955958
256	1	QUAD	_LINEAR_	-0.165069066	0.544092238	2.9069839625	-0.081109753	2.057220721
257	1	QUAD	_CONST_	-25.96317759	-25.96317759	-25.96317759	-25.96317759	-25.96317759
258	2	QUAD	ADDRESS	-0.009138785	0.0058012622	-0.006479852	0.0004543489	-0.004413382
259	2	QUAD	AGE	0.0058012622	-0.010069559	0.0064022917	0.0040782063	-0.001328591
260	2	QUAD	ED	-0.006479652	0.0064022917	-0.444676293	-0.029378786	0.0456333923
261	2	QUAD	EMPLOY	0.0004543489	0.0040782063	-0.029378786	-0.013218884	0.00427326
262	2	QUAD	GENDER	-0.004413382	-0.001328591	0.0456333923	0.00427326	-2.158026004
263	2	QUAD	INCOME	-7.591864E-6	0.0000482972	0.0009435771	0.0002496066	0.0005039992

图 7-3 输出数据集 plot_ dev 中包含的二次判别函数系数

如图 7-3 所示，数据集中输出了二次判别函数的系数，二次判别函数的系数存放在由 "*outstat* = 数据集名" 选项规定的输出数据集中。其中 _type_ 为 quad（quadratic）的输出行中存放所有二次型判别函数的系数，例如，本例中计算第一类（class_1）的二次型的判别函数（由于判别函数公式较长，展示部分内容）为：

```
class_1 =
-25.9632                            +
 -0.1651  *  ADDRESS                +
0.5441   *  AGE                     +
2.9070   *  ED                      +
 -0.0811  *  EMPLOY                 +
2.0572   *  GENDER                  +
 -0.0210  *  INCOME                 +
 -1.4808  *  MARITAL                +
3.9168   *  REGION                  +
2.4681   *  RESIDE                  +
 -8.8385  *  RETIRE                 +
 -0.0117  *  ADDRESS   *   ADDRESS  +
0.0053   *  ADDRESS   *   AGE       +
 -0.0056  *  ADDRESS   *   ED       +
 -0.0004  *  ADDRESS   *   EMPLOY   +
........................................
 -0.5017  *  RESIDE    *   RESIDE   +
0.2259   *  RESIDE    *   RETIRE    +
 -20.1371 *  RETIRE    *   RETIRE   +
```

将需要判别归属分类的数据四个变量值代入上式，求得 CLASS_1 值，用同样的方法求得第 2、3、4 类的判别函数的值，比较 4 者谁最大，就归属于哪一类别。

下面我们用已知分类的样本数据 development_sample 作为判别标准，来判别验证数据集 validation_sample 中的数据分类，如下程序直接调用判别分析 discrim 过程。

```
proc discrim data = development_sample
            testdata = validation_sample
            testout = plotp
            testoutd = plotd
            method = normal
            pool = yes
            noclassify
            crosslisterr;
class CUSTCAT;
var ADDRESS    AGE    ED    EMPLOY    GENDER
    INCOME    MARITAL    REGION    RESIDE    RETIRE
;
run;
title2 'Using Normal Density Estimates with Equal Variance';
run;

proc discrim data = development_sample
            testdata = validation_sample
            testout = plotp
            testoutd = plotd
            method = normal
            pool = no
            noclassify
            crosslisterr;
class CUSTCAT;
var ADDRESS    AGE    ED    EMPLOY
    GENDER    INCOME    MARITAL    REGION
    RESIDE    RETIRE
;
title2 'Using Normal Density Estimates with Unequal Variance';
run;
proc print data = plotp;
run;
```

```
proc print data = plotd;
run;
oc discrim data = development_sample
          testdata = validation_sample
          testout = plotp
          testoutd = plotd
          method = npar
          kernel = normal
          r = .4
          pool = yes
          short
          noclassify
          crosslisterr;
class CUSTCAT;
var ADDRESS    AGE    ED    EMPLOY    GENDER
    INCOME    MARITAL    REGION    RESIDE    RETIRE
;
    title2 'Using Kernel Density Estimates with Equal Bandwidth';
run;
proc discrim data = development_sample
          testdata = validation_sample
          testout = plotp
          testoutd = plotd
          method = npar
          kernel = normal
          r = .4
          pool = yes
          short
          noclassify
          crosslisterr;
class CUSTCAT;
var ADDRESS    AGE    ED    EMPLOY    GENDER
    INCOME    MARITAL    REGION    RESIDE    RETIRE
;
    title2 'Using Kernel Density Estimates with Unequal Bandwidth';
  run;
```

前两个过程假设组内服从多元正态分布，是参数分析方法（method = normal），第 1 个过程假设三个类的方差相等（pool = yes），第 2 个过程假设三个类的方差不相等（pool = no）。

后两个过程采用非参数分析方法（method = npar），在正态核估计密度中分别考虑带宽相等（pool = yes）和带宽不等（pool = no）的两种情况，对新数据集中的记录进行分类后，每一条记录的分类标志存放在输出的 plotp 数据集中，结果见表 7-10 至表 7-13。

表 7-10　参数分析方法且方差相等的线性判别函数

Linear Discriminant Function for CUSTCAT				
Variable	1	2	3	4
Constant	− 19. 346	− 20. 824	− 19. 318	− 22. 760
ADDRESS	− 0. 153	− 0. 111	− 0. 130	− 0. 132
AGE	0. 589	0. 581	0. 579	0. 584
ED	2. 545	3. 036	2. 463	3. 465
EMPLOY	− 0. 130	− 0. 103	− 0. 077	− 0. 092
GENDER	2. 252	2. 358	2. 052	2. 084
INCOME	− 0. 010	− 0. 010	− 0. 009	− 0. 009
MARITAL	− 2. 337	− 2. 000	− 1. 954	− 2. 159
REGION	3. 448	3. 227	3. 242	3. 428
RESIDE	2. 431	2. 468	2. 432	2. 592
RETIRE	− 7. 915	− 8. 373	− 7. 695	− 8. 132

表 7-11　参数分析方法且方差相等的判决结果

Number of Observations and Percent Classified into CUSTCAT					
From CUSTCAT	1	2	3	4	Total
1	102	24	59	58	243
	41. 98	9. 88	24. 28	23. 87	100
2	45	26	49	69	189
	23. 81	13. 76	25. 93	36. 51	100
3	79	31	102	43	255
	30. 98	12. 16	40	16. 86	100
4	40	30	26	117	213
	18. 78	14. 08	12. 21	54. 93	100
Total	266	111	236	287	900
	29. 56	12. 33	26. 22	31. 89	100
Priors	0. 25	0. 25	0. 25	0. 25	—

表 7-12　参数分析方法且方差相等的误判率（验证数据）

Error Count Estimates for CUSTCAT					
	1	2	3	4	Total
Rate	0.695 7	0.857 1	0.769	0.478 3	0.700 1
Priors	0.25	0.25	0.25	0.25	—

表 7-13　参数分析方法且方差不相等的误判率（验证数据）

Error Count Estimates for CUSTCAT					
	1	2	3	4	Total
Rate	0.347 8	0.928 6	0.846	0.695 7	0.704 6
Priors	0.25	0.25	0.25	0.25	—

从表 7-12 和表 7-13 可知，同为参数方法，使用方差相等和不相等的方法得出的误判率基本一样。但是其内在的判别函数是不一样的，方差相等使用的是线性函数，方差不相等使用的是二次函数，后两个过程采用非参数分析方法，结果基本相同。

7.6　模型应用

上一节中我们创建了一个客户分群的判别式模型，基于每个用户的人口统计学信息将用户分类到四个预定义的"服务使用"组之一，利用结构矩阵和区域图，能够鉴别出那些最有助于分割客户群的变量。最后，分类结果显示模型对电子服务用户进行分类时表现欠佳，需要进一步研究来确定另一个预测变量，以便更好地对这些用户进行分类。但该模型可能完全能够满足需求，这取决于希望预测的内容，如果对电子服务用户的鉴别并不关心，那么该模型足可以满足需求。这种情况可能是，将电子服务作为一种仅为吸引顾客而出售并产生很小利润的产品，如果投资的最高回报来自附加服务或全套服务用户，则该模型能够提供所需的信息。

这里还请读者注意，上述结果仅基于训练数据，要评估该模型适用于其他数据的程度，需要保留部分记录用于测试和验证。

第 8 章

销售公司的客户分群分析

客户细分的概念是美国市场学家温德尔·史密斯（Wendell R. Smith）于 20 世纪 50 年代中期提出来的。客户细分（Customer Segmentation）是指按照一定的标准将企业的现有客户划分为不同的客户群。客户细分是客户关系管理的核心概念之一，是实施客户关系管理重要的工具和环节。经济学家 Suzanne Donner 认为，正确的客户细分能够有效地降低成本，同时获得更强、更有利可图的市场渗透。通过客户细分，企业可以更好地识别不同客户群体对企业的价值及其需求，以此指导企业的客户关系管理，达到吸引合适客户、保持客户、建立客户忠诚的目的。本章内容主要介绍如何利用聚类分析技术发现不同的客户群，并且通过客户行为刻画不同的客户群的特征，以便帮助企业运营人员了解自己的客户，向客户提供更合适的服务。

8.1 项目背景

随着改革开放的深化，中国进入社会主义新时代，我国各行各业的竞争也日趋激烈，现今，"个性化"营销、"一站式"服务、沟通"零距离"、"用户至上，用心服务"等词语层出不穷。不难看出，客户关系最终决定了企业的市场营销。

随着我国经济的发展以及各行业竞争的加剧，大部分行业已经从"卖方市场"转向"买方市场"，决定了客户关系的"大一统"必然向细分客户关系和"个性化"营销和服务的转变。因此，细分客户是企业市场营销的关键所在，客户细分可以对客户获取、客户保持、客户增值等提供全面的支持。恰当的细分标准必须得到有效的细分方法的辅佐，细分方法的选取应该取决于细分的目的和主题，当目的明确时可以选取若干细分标准而后进行多维细分。数据挖掘方法相比于基于统计的客户细分方法的功效要强大得多，基于数据挖掘技术的分类方法，可以为更深入的客户细分提供有效的手段。谁能正确地挖掘与分析隐含这些数据中的知识，谁就能更好地向用户提供产品与服务，能够发现更多的商机，从而在竞争中获胜。

8.1.1　客户细分的概念

所谓客户细分主要指企业在明确的战略、业务模式下和专注的市场条件下，根据客户的价值、需求和偏好等综合因素对客户进行分类，分属于同一客户群的消费者具备一定程度的相似性，而不同的细分客户群间存在明显的差异性。客户细分的理论依据主要有：

（1）客户需求的异质性

影响消费者购买决策因素的差异决定了消费者的需求、消费者的消费行为必然存在区别，因此可以根据这种差异来区分不同的客户。客户需求的异质性是进行客户细分的内在依据。

（2）消费档次假说

随着经济的发展和消费者收入水平的提高，消费量会随之增加，但消费量的增加并非线性增长，而是呈现出区间性台阶式的变化形式，一旦消费者达到某种消费层次之后，消费变化的趋势将变得非常平缓。根据消费档次假说，消费者的消费档次或消费习惯在一段时期内是相对稳定的，这就为通过消费行为来划分消费群体提供了理论前提和基础。

（3）企业资源的有限性和有效市场竞争的目的性

资源总是稀缺的，由于缺乏足够的资源去应对整个客户群体，因此必须有选择地分配资源。为了充分发挥资源的最大效用，企业必须区分不同的客户群，对不同的客户制订不同的服务策略，集中资源服务好重点客户。

（4）稳定性

有效的客户细分还必须具有相对的稳定性，足以实现在此基础上进行的实际应用，如果变化太快，应用方案还未来得及实施，群体就已面目全非，这样的细分方法就显得毫无意义。

8.1.2　客户细分模型

客户群细分的目的是选择适合企业发展目标和资源条件的目标市场。客户细分模型是指选择一定的细分变量，按照一定的划分标准对客户进行分类的方法。一个好的细分模型，首先是要满足细分深度的要求。不同的使用者对客户细分的深度也有不同的要求，这就要求模型划分的结果能满足不同使用者的需要。其次是对数据的处理能力和容错能力。现代数据库的存储容量越来越大，数据结构也趋于多样性，误差数据也会随之增多，这就要求模型能适应数据在量和样上的膨胀，对误差数据能做出判别和处理。

最后是模型要有很强的适用能力，变化是绝对的，而稳定只是相对的，无论是个人消费者还是消费群体，他们的消费行为都是在变化的，这就要求模型对客户的细分标准要随新的情况而不断更新。在对客户进行细分的方法中，除了传统的按照客户基本属性进行分类的方法以外，还有其他多种客户细分模型，如基于客户价值贡献度的细分模型、基于不同需求偏好的细分模型和基于消费行为的细分模型。基于消费者消费行为的客户细分模型研究，主要是以消费者的购买频率、消费金额等为细分变量，如 RFM 模型和客户价值矩阵模型。

1. RFM 模型

RFM 细分模型是根据消费者消费的间隔、频率和金额三个变量来识别重点客户的细分模型。R—Recency，指客户上次消费行为发生至今的间隔，间隔越短则 R 越大；F—Frequency，指在一段时期内消费行为的频率；M—Monetary，指在某一时期内消费的金额。研究发现，R 值越大、F 值越大的客户越有可能与企业达成新的交易，M 越大的客户越有可能再次响应企业的产品和服务。

2. 客户价值矩阵模型

客户价值矩阵模型是在对传统的 RFM 模型修正的基础上提出的改进模型，用购买次数 F 和平均购买额 A 构成客户价值矩阵，用平均购买额替代 RFM 模型中存在多重共线性的两个变量，消除了 RFM 模型中购买次数和总购买额的多重共线性的影响。在客户价值矩阵中，确定购买次数 F 和平均购买额 A 的基准是各自的平均值，一旦确定了坐标轴的划分，客户就被定位在客户价值矩阵的某一象限区间内。依据客户购买次数的高低和平均购买额的多少，客户价值矩阵将客户划分成四种类型，即乐于消费型客户、优质型客户、经常客户和不确定客户。客户细分并没有统一的模式，企业往往根据自身的需要进行客户细分，研究目的不同，用于客户细分的方法也不同。

总的来讲，客户细分的方法主要有以下四类：

- 基于客户统计学特征的客户细分。
- 基于客户行为的客户细分。
- 基于客户生命周期的客户细分。
- 基于客户价值相关指标的客户细分。

8.1.3 客户细分模型的基本流程

客户细分包括六个基本步骤：

（1）第一步：理解业务需求

在未来的业务中，知道谁是客户是个非常好的起始点，以了解瞬息万变的市场环境，清楚地了解客户也是对每个客户组采取有针对性措施的基础。客户细分就是根据其特征将相似的客户归组到一起，这是了解客户和针对特定客户组进行市场定向所不可缺少的。客户细分可根据许多不同条件而进行，这些条件可由简单的年龄、性别、地理位置或这些变量的组合来构成，当这些条件变得越来越复杂时，数据挖掘技术就应运而生了，决定使用哪些条件取决于客户细分的目的和应用方法。在使用数据挖掘开发客户细分时，最重要的部分是其结果应当在业务远景中意义深远，并且能够在实际业务环境中进一步得到应用。需要记住的一点是，由于市场环境是动态变化的，细分建模过程应当是重复性的，且模型应随着市场的变化而不断革新。

（2）第二步：选择市场细分变量

由于变量选择的优劣对细分结果质量的影响非常显著，所以变量选择应该建立在理解业务需求的基础之上，以需求为前提，在消费者行为和心理的基础上，根据需求选择变量。此外，变量的选择还应该有一定的数量，多了不好，少了也不好。

（3）第三步：所需数据及其预处理

为创建数据模型，必须使用收集到的原始数据，并将其转换成数据模型所支持的格式，我们称这个过程中的这个阶段为初始化和预处理。在运营商中进行客户行为细分，通常需要行为数据和人口统计数据等类型的数据。行为数据是客户行为，可通过运营商的事务数据（账单数据、详单数据、CDR 数据等）而捕获；人口统计数据是当客户首次启用其通话服务时，他们会将客户人口统计数据（如年龄、性别、工作等）提供给运营商，这在识别或描述客户组的特征时很有用。

（4）第四步：选择细分技术

目前，通常采用聚类技术来进行客户细分，常用的聚类算法有 K-means、两步聚类、Kohonen 网络等，可以根据不同的数据情况和需要选择不同聚类算法来进行客户细分。

（5）第五步：评估结果

在对用户群进行细分之后，会得到多个细分的客户群体。但是，并不是得到的每个细分都是有效的，细分的结果应该通过下面几条规则来测试：与业务目标相关的程度；可理解性和是否容易特征化；基数是否足够大，以便保证一个特别的宣传活动；是否容易开发独特的宣传活动等。

（6）第六步：应用细分模型

根据客户细分的结果，市场部门制订合适的营销活动，进行有针对性的营销。

总之，客户细分是电信运营商与用户二者实现双赢的重要举措。目前用户需求呈现多样化、个性化的趋势，只有通过深入分析用户消费行为，精确识别、细分用户市场，开发出针对不同层次用户的服务品牌进行服务营销，方能使得各方价值发挥到最大，实现共赢。不同级别的客户对服务的需求以及"赢"的概念是不同的，正是因为为不同的客户提供不同的服务才能使客户都达到满意，从而在市场上占据有利地位。

8.1.4　细分方法介绍

在数据挖掘中，往往通过聚类分析的方法来实现细分，聚类分析方法至少有以下几类：

（1）K-Means 聚类法

使用者需要首先确定数据分为 K 个群，该方法会自动确定 K 个群的中心位置，继而计算每条记录距离这 K 个中心位置的距离，按照距离最近的原则把各个记录都加入 K 个群，重新计算 K 个群的中心位置。再次计算每条记录距离这 K 个中心位置的距离，并把所有记录重新归类。再次调整中心位置，依此类推。达到一定标准时，结束上述步骤。这种方法运算速度快，适合于大数据量。

（2）两步聚类法

这种方法首先需要确定一个最大群数（比如说 n），并把数据按照一定的规则分为 n 个群，这是该方法的第一步。接着按照一定的规则把 n 个群中最接近的群进行归并，当达到一定的标准时，这种归并停止，这就是该种方法最终确定的聚类群数（比如说 m），这是第二步。两步聚类法的一个显著优点是可以不指定聚类群数，它可以根据据结构本身自动确定应该把数据分为多少群。

（3）Kohonen 网络聚类法

Kohonen 网络聚类法是运用神经网络的方法对数据进行细分的数据挖掘方法，具体内容，可以查阅其他书籍材料了解，此处不再赘述。

8.2 聚类分析的数学原理

"物以类聚，人以群分"，在自然科学和社会科学中，存在着大量的分类问题。所谓类，通俗地说，就是指相似元素的集合，聚类分析又称群分析，它是研究（样品或指标）分类问题的一种统计分析方法。聚类分析是一种重要的人类行为，已经广泛地应用于包括模式识别、数据分析、图像处理，以及市场研究等学科中。通过聚类，人能够识别密集的和稀疏的区域，因而发现全局的分布模式，以及数据属性之间的有趣的相互关系。

8.2.1 聚类的数学原理

在进行聚类分析之前，我们要对聚类分析的基本概念和基本原理有所了解。聚类分析属于无监督的学习方法，是将对象集划分为若干类别的过程，所以为了将样品（或指标）进行分类，就需要研究样品之间关系。

聚类分析中主要采用如下两种方法：

- 相似系数法：即性质越接近的样品，它们的相似系数的绝对值越接近 1。而彼此无关的样品，它们的相似系数的绝对值越接近于零。比较相似的样品归为一类，不怎么相似的样品归为不同的类。
- 距离法：即将一个样品看作 P 维空间的一个点，并在空间定义距离，距离越近的点归为一类，距离较远的点归为不同的类。

另外，我们还要弄清 Q 型聚类和 R 型聚类。Q 型聚类就是把所有观测记录进行分类，把性质相近的观测分在同一类中，性质差异较大的观测分在不同的类的过程。R 型聚类就是把变量进行分类的过程。

设有 n 个样品，每个样品测得 p 项指标（变量），原始资料阵为：

$$X = \begin{bmatrix} x_{11} & x_{12} & \cdots & x_{1p} \\ x_{21} & x_{22} & \cdots & x_{2p} \\ \vdots & \vdots & & \vdots \\ x_{n1} & x_{n2} & \cdots & x_{np} \end{bmatrix}$$

其中，$x_{ij}(i = 1, \cdots, n; j = 1, \cdots, p)$ 为第 i 个样品的第 j 个指标的观测数据，第 i 个样品 X_i 为矩阵 X 的第 i 行所描述，所以任何两个样品 K_K 与 K_L 之间的相似性，可以通过矩阵 X 中的第 K 行与第 L 行的相似程度来表示；任何两个变量 x_K 与 x_L 之间的相似性，可以通过第 K 列与第 L 列的相似程度来表示。

8.2.2　距离和相似距离

由聚类的数学原理可知，聚类分析之前首先要定义距离，设数据集有 n 个样本，可以把这 n 个样本看成 p 维空间中 n 个点，则两个样品间相似程度可用 p 维空间中两点的距离来度量，令 d_{ij} 表示样品 X_i 与 X_j 的距离，聚类分析中的常用距离有下述几种。

- 欧式距离：$d_{ij}(2) = \left(\sum_{a=1}^{p} (x_{ia} - x_{ja})^2 \right)^{1/2}$

- 绝对距离：$d_{ij}(1) = \sum_{a=1}^{p} |x_{ia} - x_{ja}|$

- 切比雪夫距离：$d_{ij}(\infty) = \max_{1 \leq a \leq p} |x_{ia} - x_{ja}|$

- 闵科夫斯基距离：$d_{ij}(q) = \left(\sum_{a=1}^{p} |x_{ia} - x_{ja}|^q \right)^{1/q}$

- 马氏距离：设 Σ 表示指标的协方差矩阵 $\Sigma = (\sigma_{ij})_{p \times p}$，其中

$\sigma_{ij} = \dfrac{1}{n-1} \sum_{a=1}^{n} (x_{ai} - \bar{x}_i)(x_{aj} - \bar{x}_j)$，$\bar{x}_i = \dfrac{1}{n} \sum_{a=1}^{n} x_{ai}$，$\bar{x}_j = \dfrac{1}{n} \sum_{a=1}^{n} x_{aj}$，$i, j = 1, \cdots, p$，如果 Σ^{-1} 存在，则两个样品之间的马氏距离为：

$$d_{ij}^2(M) = (X_i - X_j)' \Sigma^{-1} (X_i - X_j)$$

这里 X_i 为样品 X_i 的 p 个指标组成的向量，即原始资料阵 X 的第 i 行向量，同样 X_j 为原始资料阵 X 的第 j 行向量。

顺便给出样品 X 到总体 G 的马氏距离为：

$$d^2(X, G) = (X - \mu)' \Sigma^{-1} (X - \mu)$$

其中，μ 为总体的均值向量，Σ 为协方差阵。

- 兰氏距离：它是由 Lance 和 Williams 最早提出的，故称兰氏距离，如下：

$$d_{ij}(L) = \frac{1}{p} \sum_{a=1}^{p} \frac{|x_{ia} - x_{ja}|}{x_{ia} + x_{ja}} \qquad i, j = 1, \cdots, n$$

- 夹角余弦

将任何两个样品 X_i 与 X_j 看成 p 维空间的两个向量，这两个向量的夹角余弦用 $\cos\theta_{ij}$ 表示，则：

$$\cos\theta_{ij} = \frac{\sum\limits_{a=1}^{p} x_{ia}x_{ja}}{\sqrt{\sum\limits_{a=1}^{p} x_{ia}^2 \cdot \sum\limits_{a=1}^{p} x_{ja}^2}} \qquad 1 \leqslant \cos\theta_{ij} \leqslant 1$$

当 $\cos\theta_{ij} = 1$，说明两个样品 X_i 与 X_j 完全相似；$\cos\theta_{ij}$ 接近 1，说明 X_i 与 X_j 相似密切；$\cos\theta_{ij} = 0$，说明 X_i 与 X_j 完全不一样；$\cos\theta_{ij}$ 接近 0，说明 X_i 与 X_j 差别大，由上面的计算可以得到相似系数矩阵如下：

$$\begin{bmatrix} \cos\theta_{11} & \cos\theta_{12} & \cdots & \cos\theta_{1n} \\ \cos\theta_{21} & \cos\theta_{22} & \cdots & \cos\theta_{2n} \\ \vdots & \vdots & & \\ \cos\theta_{n1} & \cos\theta_{n2} & \cdots & \cos\theta_{nn} \end{bmatrix}$$

其中，$\cos\theta_{11} = \cos\theta_{22} = \cdots = \cos\theta_{nn} = 1$，所以只需计算上三角形部分或下三角形部分，再根据相似系数矩阵中各元素的值可对 n 个样品进行分类，把比较相似的样品归为一类，否则归为不同的类。

- 相关系数

一般指变量间的相关系数，作为刻画样品间的相似关系也可类似给出定义，即第 i 个样品与第 j 个样品之间的相关系数定义为：

$$r_{ij} = \frac{\sum\limits_{a=1}^{p} (x_{ia} - \bar{x}_i)(x_{ja} - \bar{x}_j)}{\sqrt{\sum\limits_{a=1}^{p} (x_{ia} - \bar{x}_i)^2 \cdot \sum\limits_{a=1}^{p} (x_{ja} - \bar{x}_j)^2}} \qquad -1 \leqslant r_{ij} \leqslant 1$$

其中

$$\bar{x}_i = \frac{1}{p}\sum\limits_{a=1}^{p} x_{ia}, \quad \bar{x}_j = \frac{1}{p}\sum\limits_{a=1}^{p} x_{ja}$$

实际上，r_{ij} 就是两个向量 $X_i - \bar{x}_i$ 与 $X_j - \bar{x}_j$ 的夹角余弦，其中 $\bar{x}_i = (\bar{x}_1, \cdots, \bar{x}_i)'$，$\bar{x}_j = (\bar{x}_1, \cdots, \bar{x}_j)'$，若将原始数据标准化，则 $\bar{x}_i = \bar{x}_j = 0$，这时 $r_{ij} = \cos\theta_{ij}$。

$$R = \begin{bmatrix} r_{11} & r_{12} & \cdots & r_{1n} \\ r_{21} & r_{22} & \cdots & r_{2n} \\ \vdots & \vdots & & \vdots \\ r_{n1} & r_{n2} & \cdots & r_{nn} \end{bmatrix}$$

其中，$r_{11} = r_{22} = \cdots = r_{nn} = 1$，可根据 R 对 n 个样品进行分类。

8.2.3 聚类方法

在 SAS 系统中，共提供了 11 种系统聚类方法，即最短距离法、最长距离法、中间距离法、重心法、类平均法、可变类平均法、可变法、离差平方和法、最大似然谱系聚类法、密度估计法以及两阶段密度估计法。下面介绍常用的几种方法。

（1）最短距离法（Single linkage）

定义类 G_i 与 G_j 之间的距离为两类最近样品的距离，即

$$D_{ij} = \min_{G_i \in G_i, G_j \in G_j} d_{ij}$$

设类 G_p 与 G_q 合并成一个新类记为 G_r，则任一类 G_k 与 G_r 的距离是：

$$D_{kr} = \min_{X_i \in G_i, X_j \in G_j} d_{ij}$$

$$= \min\left\{ \min_{X_i \in G_k, X_j \in G_p} d_{ij}, \min_{X_i \in G_k, X_j \in G_q} d_{ij} \right\}$$

$$= \min\{D_{kp}, D_{kq}\}$$

最短距离法聚类步骤如下：

- 第一步：定义样品之间距离，计算样品距离，得到距离阵为 $D_{(0)}$，开始每个样品自成一类，显然这时 $D_{ij} = d_{ij}$。
- 第二步：找出 $D_{(0)}$ 的非对角线最小元素，设为 D_{pq}，则将 G_p 和 G_q 合并成一个新类，记为 G_r，即 $G_r = \{G_p, G_q\}$。
- 第三步：给出计算新类与其他类的距离公式：$D_{kr} = \min\{D_{kp}, D_{kq}\}$，将 $D_{(0)}$ 中第 p、q 行及 p、q 列利用上面公式并成一个新行新列，新行新列对应 G_r，所得到的矩阵记为 $D_{(1)}$。
- 第四步：对 $D_{(1)}$ 重复上述对 $D_{(0)}$ 的（2）、（3）两步可得 $D_{(2)}$；如此下去，直到所有的元素并成一类为止。

注：如果某一步 $D_{(k)}$ 中非对角线最小的元素不止一个，则对应这些最小元素的类可以同时合并。

（2）最长距离法（Complete method）

定义类 G_i 与类 G_j 之间距离为两类最远样品的距离，即

$$D_{pq} = \max_{X_i \in G_p, X_j \in G_q} d_{ij}$$

最长距离法与最短距离法的并类步骤完全一样，也是将各样品先自成一类，然后将非对角线上最小元素对应的两类合并，设某一步将类 G_p 与 G_q 合并为 G_r，则任一类 G_k 与 G_r 的距离用最长距离公式为：

$$D_{kr} = \max_{X_i \in G_k, X_j \in G_r} d_{ij}$$

$$= \max\left\{ \max_{X_i \in G_k, X_j \in G_p} d_{ij}, \max_{X_i \in G_k, X_j \in G_q} d_{ij} \right\}$$

$$= \max\{D_{kp}, D_{kq}\}$$

再找非对角线最小元素的两类并类，直至所有的样品全归为一类为止，可见最长距离法与最短距离法只有两点不同：一点是类与类之间的距离定义不同；另一点是计算新类与其他类的距离所用的公式不同。

（3）重心法（Centroid method）

定义类与类之间的距离时，为了体现出每类包含的样品个数给出重心法，重心法定义两类之间的距离就是两类重心之间的距离，设 G_p 和 G_q 的重心（即该类样品的均值）分别是 $\bar{x}_p$ 和 $\bar{x}_q$（注意一般它们是 p 维向量），则 G_p 和 G_q 之间的距离是 $D_{pq} = d_{X_p X_q}$。

设聚类到某一步，G_p 和 G_q 分别有样品 n_p, n_q 个，将 G_p 和 G_q 合并为 G_r，则 G_r 内样品个数为 $n_r = n_p + n_q$，它的重心是 $\bar{x}_r = \frac{1}{n_r}(n_p \bar{x}_p + n_q \bar{x}_q)$，某一类 G_k 的重心是 $\bar{x}_k$，它与新类 G_r 的距离（如果最初样品之间的距离采用欧氏距离）为：

$$D_{kr}^2 = d_{X_k X_r}^2 = (\bar{x}_k - \bar{x}_r)'(\bar{x}_k - \bar{x}_r)$$

$$= \left[\bar{x}_k - \frac{1}{n_r}(n_p \bar{x}_p + n_q \bar{x}_q) \right]' \left[\bar{x}_k - \frac{1}{n_r}(n_p \bar{x}_p + n_q \bar{x}_q) \right]$$

$$= \bar{x}_k' \bar{x}_k - 2\frac{n_p}{n_r} \bar{x}_k' \bar{x}_p - 2\frac{n_q}{n_r} \bar{x}_k' \bar{x}_q$$

$$+ \frac{1}{n_r^2}(n_p^2 \bar{x}_k' \bar{x}_k + 2 n_p n_q \bar{x}_p' \bar{x}_q + n_p^2 \bar{x}_q' \bar{x}_q)$$

利用 $\bar{x}_k' \bar{x}_k = \frac{1}{n_r}(\,] n_p \bar{x}_k' \bar{x}_k + n_q \bar{x}_k' \bar{x}_k)$ 代入上式得：

$$D_{kr}^2 = \frac{n_p}{n_r}(\bar{x}_k' \bar{x}_k - 2 \bar{x}_p' \bar{x}_q + \bar{X}_p' \bar{X}_q) + \frac{n_q}{n_r}(\bar{x}_k' \bar{x}_k - 2 \bar{x}_k' \bar{x}_q + \bar{x}_q' \bar{x}_q)$$

$$- \frac{n_p n_q}{n_r^2}(\bar{x}_p' \bar{x}_p - 2 \bar{x}_p' \bar{x}_q + \bar{x}_q' \bar{x}_q)$$

$$= \frac{n_p}{n_r} D_{kp}^2 + \frac{n_q}{n_r} D_{kq}^2 - \frac{n_p}{n_r} \frac{n_q}{n_r} D_{pq}^2$$

如上定义当 $n_p = n_q$ 时即为中间距离法的公式，重心法的归类步骤与以上方法基本上一样，所不同的是每合并一次类，就要重新计算新类的重心及各类与新类的距离。

（4）类平均法（Average linkage）

重心法虽有很好的代表性，但并未充分利用各样品的信息，因此给出类平均法，它定义两类之间的距离平方为这两类元素两两之间距离平方的平均，即

$$D_{pq}^2 = \frac{1}{n_p n_q} \sum_{X_i \in G_p} \sum_{X_j \in G_j} d_{ij}^2$$

设聚类到某一步将 G_p 和 G_q 合并为 G_r，则任一类 G_k 与 G_r 的距离为：

$$D_{kr}^2 = \frac{1}{n_k n_r} \sum_{X_i \in G_k} \sum_{X_j \in G_r} d_{ij}^2$$

$$= \frac{1}{n_k n_r} \left(\sum_{X_i \in G_k} \sum_{X_j \in G_p} d_{ij}^2 + \sum_{X_i \in G_k} \sum_{X_j \in G_q} d_{ij}^2 \right)$$

$$= \frac{n_p}{n_r} D_{kp}^2 + \frac{n_q}{n_r} D_{kq}^2$$

类平均法的聚类步骤与上述方法完全类似。

（5）离差平方和法（Ward）

设将 n 个样品分成 k 类：G_1，G_2，$\cdots$，G_k，用 $X_i^{(t)}$ 表示 G_t 中的第 i 个样品（注意 $X_i^{(t)}$ 是 p 维向量），n_t 表示 G_t 中的样品个数，$\overline{x}^{(t)}$ 是 G_t 的重心，则 G_t 中样品的离差平方和为：

$$S_t = \sum_{i=1}^{n_t} (X_i^{(t)} - \overline{x}^{(t)})'(X_i^{(t)} - \overline{x}^{(t)})$$

k 个类的类内离差平方和为：

$$S = \sum_{t=1}^{k} S_t = \sum_{t=1}^{k} \sum_{i=1}^{n_t} (X_i^{(t)} - \overline{x}^{(t)})'(X_i^{(t)} - \overline{x}^{(t)})$$

其基本思想来自方差分析，如果分类正确，同类样品的离差平方和应当较小，类与类的离差平方和应当较大。具体做法是，先将 n 个样品各自成一类，然后每次缩小一类，每缩小一类离差平方和就要增大，选择使 S 增加最小的两类合并，直到所有的样品归为一类为止。

8.2.4　聚类数的确定

谱系聚类最终得到一个聚类树，可以把所有观测聚为一类。到底应该把观测分为几类是一个比较困难的问题，因为分类问题本身就是没有一定标准的。一般来说，聚类个数的确定要从多方面入手，比如可以根据经验、技术、理论等方法来确定，具体方法有根据样品的散点图来确定，通过设置阈值来确定，以及根据方差分析的思想来确定聚类个数等方法。根据方差分析思想，可以利用如下样本统计量来确定聚类数。

（1）R^2 统计量

$$R^2 = 1 - \frac{P_G}{T}$$

其中 P_G 为分类数为 G 个类时的总类内离差平方和，T 为所有变量的总离差平方和，R^2 越大，说明分为 G 个类时每个类内的离差平方和都比较小，也就是分为 G 个类是合适的。但是，显然分类越多，每个类越小。R^2 越大，所以只能取 G 使得 R^2 足够大。但 G 本身比较小，而且 R^2 不再大幅度增加。

（2）半偏相关

在把类 C_K 和类 C_L 合并为下一水平的类 C_M 时，定义半偏相关如下：

$$R^2 = \frac{B_{KL}}{T}$$

其中 B_{KL} 为合并类引起的类内离差平方和的增量。显然，半偏相关越大，说明这两个类越不应该合并；反之，则应该合并之。所以，由 $G+1$ 类合并为 G 类时，如果半偏相关很大，就应该取 $G+1$ 类。

（3）双峰性系数

$$b = (m_3^2 + 1)/(m_4 + 3(n-1)^2/((n-2)(n-3))$$

其中，m_3 是偏度，m_4 是峰度，大于 0.555 的 b 值（这时为均匀分布）可能指示有双峰或多峰边缘分布，最大值 1.0（二值分布）从仅取两值的总体得到。

（4）伪 F 统计量（PSF）

伪 F 统计量定义如下：

$$F = \frac{(T - P_G)/(G - 1)}{P_G/(n - G)}$$

其中，自由度分别为 $V(G - 1)$ 和 $V(G - n)$；伪 F 统计量评价分为 G 个类的效果，如果分为 G 个类合理，则类内离差平方和（分母）应该较小，类间平方和（分子）相对较大，所以应该取伪 F 统计量较大而类数较小的聚类水平。

（5）伪 t^2 统计量（PFT2）

伪 t^2 统计量定义如下：

$$t^2 = B_{KL}/((W_K + W_L)/(N_K + N_L - 2))$$

用此统计量评价合并类 C_K 和类 C_L 的效果，如果该值较大，则说明不应该合并这两个类，所以应该取合并前的水平。

8.2.5 聚类分析步骤

了解聚类分析的基本原理之后，让我们来叙述聚类分析主要包含的四个步骤：首先要根据研究目标确定合适的聚类变量，第二要计算距离和相似度测度，第三选定聚类方法进行聚类分析，最后对聚类结果进行分析。

（1）数据预处理

数据预处理包括选择数量、类型和特征的标度。它依靠特征选择和特征抽取，特征选择选择重要的特征，特征抽取把输入的特征转化为一个新的显著特征。它们经常被用来获取一个合适的特征集来为避免"维数灾"进行聚类。数据预处理还包括将孤立点移出数据，孤立点是不依附于一般数据行为或模型的数据，因此孤立点经常会导致有偏差的聚类结果。为了得到正确的聚类，我们必须将它们剔除。

由聚类分析基本原理知其基础是根据所选变量对研究对象进行聚类分析，聚类分析结果仅仅反映了所选变量所定义的数据结构，所以变量选择在聚类分析中非常重要，选择变量应该根据所研究对象的特征来选择。总之，所选择的便利应该具有如下一些特点：

- 和聚类目标相关性高
- 反映分类对象特征
- 不同的研究对象上具有较大差异
- 变量之间相关性较低

（2）相似度计算

根据聚类对象，选择相应的相似度方法和距离定义公式进行计算，计算样品或者变量之间的距离以及类与类之间的距离。

（3）聚类或分组

聚类过程涉及以下两个重要问题。

- 选择聚类方法：不同的聚类方法，得到的聚类结果往往是不同的，最常见的聚类方法有系统聚类法、快速聚类法、分层聚类法和两阶段聚类法。
- 分类数的确定：如何确定分类数的多少在聚类分析中也很重要，往往需要考虑实际案例中的分类要求和特点等，一般情况可以按照本节中确定分类数的方法来确定。

（4）结果分析

评估聚类结果是另一个重要的阶段。聚类是一个无管理的程序，也没有客观的标准来评价聚类结果，它是通过一个类有效索引来评价。类有效索引在决定类的数目时经常扮演了一个重要角色，类有效索引的最佳值被期望从真实的类数目中获取。一个通常的决定类数目的方法是选择一个特定的类有效索引的最佳值，这个索引能否真实地得出类的数目是判断该索引是否有效的标准。很多已经存在的标准对于相互分离的类数据集合都能得出很好的结果，但是对于复杂的数据集，却通常行不通。

8.3　SAS 中的聚类过程

SAS 系统提供了各种聚类分析过程，包括系统聚类法、动态聚类法和变量聚类法。各种过程的具体功能如下：

- CLUSTER 过程：实现系统聚类法，由上述聚类分析的基本原理知，共有 11 种方法对样品进行系统聚类分析。
- FSATCLUS 过程：实现动态聚类过程，一般用于大样本情况下的聚类过程，SAS 系统中使用 K-Means 聚类方法进行聚类。
- VARCLUS 过程：实现对变量进行聚类分析，即解决 R 型聚类问题，SAS 系统对变量聚类的方法有两种，即系统聚类法，和 Q 型聚类一致，另一种是分裂聚类法（或谱系聚类）。

上述 3 个过程中，CLUSTER 过程和 FSATCLUS 过程解决 Q 型聚类问题；VARCLUS 过程解决 R 型聚类问题。

SAS 中还有一个比较特殊的聚类过程，即 ACECLUS 过程。ACECLUS 过程假设各类别为多元正态分布且具有相等的协方差矩阵，利用合并的类内协方差矩阵的近似估计值进行聚类分析。ACECLUS 过程适合对大型数据集进行聚类分析的预分析，其分析结果可以作为经典聚类方法的输入数据集。

SAS 中除了提供解决聚类分析问题的 SAS 过程外，还提供了画树状图的过程，即 TREE 过程，TREE 过程可以利用 CLUSTER 或 VARCLUS 过程产生的输入来画树状图。

8.3.1 Cluster 系统聚类过程

cluster 过程一般由下列语句控制：

```
proc cluster  <选项列表>;
var      变量表;
id       变量;
freq     变量;
copy     变量表;
rmsstd   变量;
by       变量表;
Run;
```

（1）cluster 语句选项

- data = 输入数据集：命名包含进行聚类的观察的输入数据集，通过选项 type = 可以接收距离矩阵或非相似类型的距离。

- outtree = 输出数据集：供 tree 过程调用，用来输出聚类结果的树状图。

- method = 算法：包括 ward（离差平方和法）、average（类平均法）、centroid（重心法）、complete（最长距离法）、single（最短距离法）、median（中间距离法）、density（密度法）、flexible（可变类平均法）、twostage（两阶段密度法）、eml（最大似然法）、mcquitty（相似分析法）。

- standard：对变量实施标准化。

- nonorm：阻止距离被正态化成均数为 1 或均方根为 1。

- nosquare：阻止过程在 method = average、centroid、median、ward 方法中距离数据被平方。

- mode = n：当合并两个类时，规定对被指定的众数类中的每个类至少有 n 个成员，这个选项只能在 method = density 或 twostage 时一起使用。

- penalty = p：指定用于 method = eml 中的惩罚系数，p 的值必须大于 0，缺省时为 2。

- trim = p：要求从分析中删去那些概率密度估计较小的点，p 的有效值为大于等于 0 到小于 100 之间，被当作百分比。在使用 method = ward 或 complete 时，因类可能被异常值严重地歪曲，最好使用这个选项，也可用于 method = single 中。

- dim = n：当规定 method = density 或 twostage 时指定使用的维数，n 的值必须大于等于 1，如果数据是坐标数据，缺省值为变量的个数；如果是距离数据，缺省值为 1。

- hybrid：要求用 Wong 混合聚类方法，其中密度用 k 均值法的初始聚类分析中的均值计算得到，这个选项只能在规定 method = density 或 twostage 时使用。

- k = n：指明 k 最近邻估计法中近邻的个数，近邻个数 n 必须大于等于 2 且小于观察数。

- $r = n$：指明均匀核密度估计法的支撑球半径，n 的值必须大于 0。
- notie：阻止 cluster 过程在聚类历史过程中检查每次产生的类间最小距离连接（ties）的情况，可以规定这个选项以便减少过程执行的时间和空间。
- rsquare：打印输出 R2 和半偏 R2。
- rmsstd：打印输出每一类的均方根标准差。
- ccc：要求打印输出在均匀的原假设下判断聚类分成几类合适的一种立方聚类准则统计量 ccc 和近似期望值 R2，同时打印输出选项 rsquare 有关的 R2 和半偏 R2。此选项不适合于 method = single，因为该方法容易删掉分布的结尾部分。
- pseudo：要求打印输出伪统计量 psf 和伪统计量 pst2，当分类数目不同时，它们有不同的取值。
- simple：打印简单统计数。
- std：变量标准化。

在输出报表中，可以根据输出的 ccc、psf 和 pst2 统计量确定多少分类数较合适，当 ccc 和 psf 值出现峰值所对应的分类数较合适，而 pst2 值是在出现峰值所对应的分类数减 1 较合适。

（2）其他语句选项

- copy 语句：指明输入数据集中的一些变量复制到 outtree = 的输出数据集中。
- rmsstd 语句：当输入数据集中的坐标数据代表类的均值时，定义表示均方根标准差变量，通常与 freq 语句中的变量配合使用。

cluster 过程的输出结果包括观察值间均方根距离、聚类数目等。

8.3.2　Fastclus 快速聚类过程

Fastclus 过程称为快速聚类过程或动态聚类过程，它是根据由一个或几个定量变量计算的欧氏距离和 k 均值聚类方法对数据进行分类。该过程只需对这组数据扫描二次或三次就能寻找出很好的分类结果，这些类之间互不相交。当需要聚类的样品数较多时，如果采用 cluster 过程就需要计算很长时间，因为它要从一个样品一类依此聚类到所有样品作为一类。而在实际问题中，常常只需要知道聚类到有实用价值的几类结果即可，此时使用 fastclus 过程就能很快地和很好地将大量样品数聚类成两类或三类，聚类的结果是将每个样品加上所属的类别标记。

Fastclus 过程的聚类步骤如下：

- 第一步：选择若干个观察作为"凝聚点"或称类的中心点，作为这些类均值的第一次猜测值。
- 第二步：通过可选择地分配，把每一个观察分配到与这些"凝聚点"中最近距离的类里来形成临时类，每次对一个观察进行分类，同时对加入新观察的"凝聚点"更新为为这一类目前的均值。

- 第三步：重复步骤 Step2 直到所有观察分配完成之后，这些类的"凝聚点"用临时类的均值替代。该步可以一直进行到类中的"凝聚点"的改变很小或为 0 时停止。
- 第四步：最终的分类由分配每一个观察到最近的"凝聚点"而形成。

初始类的"凝聚点"必须是没有丢失值的观察，用户可以选择这些"凝聚点"，或让过程自己去选择，用户还可以指定最大的"凝聚点"个数，及"凝聚点"之间的必须分隔开的最小距离。特别要注意，fastclus 过程对异常点很敏感，通常会把异常点分配为单独的一个类，因此也是检测异常点的有效过程。

fastclus 过程一般由下列语句控制：

```
proc fastclus  <选项列表>；
var     变量表；
id      变量；
freq    变量；
weight  变量；
by      变量表；
run；
```

（1）fastclus 语句选项

按选项控制的性质可以分成以下 4 类。

第一类是有关输入输出数据集选项，如下。

- data = 输入数据集：原始输入数据集。
- seed = 输入数据集：指定一个 SAS 数据集，其中含有初始的"凝聚点"，但无原始数据。
- mean = 输出数据集：生成一个输出数据集，其中包含每个类的均值和一些统计量。
- out = 输出数据集：将含有原始数据和分类标志的聚类结果输出到指定数据集。

第二类是有关控制聚类的初始中心点选项，如下。

- maxclusters = n（或 maxc = n）：指定所允许的最大聚类数（缺省值为 100）。
- radius = t：为选择新的"凝聚点"指定最小距离准则，当一个观察点与已有"凝聚点"的最小距离都大于 t 值时，该观察可考虑用来作为一个新的"凝聚点"，t 的缺省值为 0。要注意，选择一个好的 t 值，可以得到好的分类结果。用户必须规定说明 maxclusters = 或 radius = 中的一个。
- replace = full | part | none | random：指定"凝聚点"的替换方式。full 为用统计方法替换，缺省值；part 为仅当观察点与最近的"凝聚点"距离大于"凝聚点"之间的最小距离时，那么有一个老的"凝聚点"被替换；none 为禁止"凝聚点"的替换；random 为从完整的观察样本中随机地选择一组样本作为初始"凝聚点"。

第三类是有关控制最终聚类"凝聚点"的计算选项，如下。

- drift：每当一个观察归入最靠近的"凝聚点"所在类后，此类的"凝聚点"都要被该类中现有观察的均值所替代。因而"凝聚点"不断发生变化。

- convergec = c（或 conv = c）：指定收敛的判断准则，c 为任意非负值，缺省值为 0.02。当"凝聚点"改变的最大距离小于或等于初始"凝聚点"之间的最小距离乘以 c 值时，循环过程结束。
- maxiter = n：指定重新计算"凝聚点"所需的最大迭代次数，缺省值为 1。
- strict = s：当一个观察同其最近"凝聚点"之间的距离大于 s 值时，此观察不归入此类。

第四类是有关控制打印输出的选项，如下。

- distance：要求打印类均值之间的距离。
- list：要求列出所有观察的 id 变量值，观察所归入类的类号，及观察与最终"凝聚点"之间的距离。

（2）其他语句选项

主要有 var、id、freq、weight、by 等语句，意义同其他聚类过程中的语句，不再赘述。另外，在采用 fastclus 过程之前，若变量值的单位不一致则必须对变量预先用 standard 过程转换成标准分（例如：proc standard mean = 0 std = 1 out = abc；var x1 x2；）或由 factor 过程产生因子得分，然后由 fastclus 过程加以聚类。

8.3.3　Varclus 方差聚类过程

Varclus 过程基于相关矩阵或协方差矩阵，对数值变量进行不相交或谱系分类，类的划分通过计算每类第一主成分或重心成分的最大方差而确定，因此，同每一类有联系的是该类中这些变量的线性组合。Varclus 过程能够被用来作为变量压缩的方法，对于含有很多变量的变量集，常常用信息损失很少的类分量集替代，若采用相关矩阵的信息，则所有变量都平等；当引用协方差矩阵分析时；某变量有较大方差，该变量则较为重要。Varclus 过程生成的输出数据集，可由 score 过程计算出每类的得分。

Varclus 过程的变量聚类步骤如下：

如果没有为过程提供初始分类的情况（缺省情况），该过程开始把所有变量看成一个类，然后它重复以下步骤：

- 第一步：首先挑选一个将被分裂的类，根据规定的选项，选中的类应该是：或者用它类分量所解释的方差百分比最小，或者同第二主成分有关的特征值为最大；
- 第二步：把选中的类分裂成两个类，先计算出开头两个主成分，再进行斜交旋转，并把每个变量分配到旋转分量对应的类里。分配原则为使变量与这个主成分的相关系数最大。
- 第三步：变量重新分类，通过迭代，变量被重新分配到这些类里，使得由这些类分量所解释的方差最大，重新分配可能要求保持谱系结构。
- 第四步：当每一类满足用户规定的准则时，过程停止迭代。用户准则或者是每个类分量所解释的方差百分比，或者是每一类的第二特征值；准则缺省时，每类只要有一个特征值大于1，则过程停止。

Varclus 过程一般由下列语句控制：

```
proc varclus  <选项列表>;
var      变量表;
partial  变量表;
seed     变量表;
freq     变量;
weight   变量;
by       变量表;
run;
```

（1）Varclus 语句选项

根据选项所控制的类型，可以把选项列表分成以下 4 类。

第一类是有关输入输出数据集选项，主要有：

- data = 输入数据集：可以是原始数据或 type = corr、ucorr、cov、ucor、sscp 或 factor 类型的数据集。

- outstat = 输出数据集：存储均值、标准差、相关系数、类得分系数和聚类结构。

- outtree = 输出数据集：包含聚类过程的树状结构信息，供 tree 过程调用。

- 第二类是有关控制聚类数选项，主要有：

- minc = n：最小聚类个数（默认为1）。

- maxc = n：最大聚类个数。

- maxeigen = n：规定每一类中第二特征值所允许的最大值。

- percent = n：指定类分量必须解释的方差百分比。

第三类是有关控制聚类方法选项，主要有：

- centroid：使用重心成分法而不是主成分法。

- maxiter = n：规定在交替最小二乘法阶段中的最大迭代次数。

- maxsearch = n：指定在搜索阶段最大迭代次数。

- cov：用协方差矩阵聚类。

- hi：要求在不同层次的类构成谱系聚类结构。

- initial = group | input | random | seed：规定初始化类的方法。

第四类是有关控制输出选项，主要有：

- corr：打印相关系数。

- simple：打印均值和标准差。

- short：不打印类结构、得分系数和类间相关阵。

- summary：只打印最后的汇总表。

- trace：列出在迭代过程中每个变量所归入的类。

（2）其他语句选项

主要有 var、partial、seed、freq、weight、by 语句，意义同其他聚类过程中的语句，不再赘述。

8.3.4　Tree 聚类树型输出过程

本过程利用 cluster 过程和 varclus 过程生成的数据集来绘制树状结构图，这个树状结构图可以按垂直或水平方向输出。Tree 过程可以把输入数据集中的任何数值变量都能够用来规定这些类的高度，还可根据用户的要求生成一个输出数据集，其中包含一个变量，其值用以标识在这个树里指定水平上不相交的类。

Tree 过程一般由下列语句控制：

```
proc tree  <选项列表>；
name     变量；
parent   变量；
height   变量；
id       变量；
copy     变量表；
freq     变量；
by       变量表；
run；
```

（1）Tree 语句选项

按选项控制的性质可以分成以下 3 类。

第一类是有关输入输出数据集的选项：

- data = 输入数据集：输入由 cluster 过程和 varclus 过程生成的数据集。
- out = 输出数据集：输出绘制树形结构图的有关数据到指定数据集。

第二类是有关树状结构控制的选项：

- level = n：对于 out = 的输出数据集，规定确定不相交类的树状图水平（层次）。
- ncl = n：规定在 out = 的输出数据集中所希望的类个数。
- dock = n：当某个类中的对象（观察或变量）的个数小于或等于 n 时，在 out = 的输出数据集里把该类中这些对象的变量 cluster 和 clusname 的值置为丢失值。n 的默认值为 0。
- root = "名称值"：如果不想输出整个树状图，规定想输出的子树根的 name 变量的值。
- hor：要求树状图的取向为水平方向，且树根在左边。如果没有指明此选项，则其为垂直方向，树根在上部。

第三类是有关树高度和树叶控制的选项：

- height = 常规变量：规定在树状图中用以确定高度轴的常规变量，常规变量为 h/l/ m/n，分别指_height_变量、根到自己节点的路径长度、_mode_变量、_ncl_变量。
- maxh = n：指定在高度轴上打印的最大值。
- minh = n：指定在高度轴上打印的最小值。
- ntich = n：指定在高度轴上刻度之间的间隔个数。
- pages = n：规定这个树状图被展开的页数。
- pos = n：指定在高度轴上打印位置的个数。
- spaces = n：规定在打印输出中对象之间的空格数。
- tickpos = n：指定在高度轴上每个刻度间隔打印位置的个数。
- fillchar = "字母"：规定没有连成一类的树叶之间的打印字符，默认值为空格。
- joinchar = "字母"：规定已连成一类的树叶之间的打印字符，默认值为 X。
- leafchar = "字母"：规定表示没有子辈的类的打印字符，默认值为"."。
- treechar = "字母"：规定表示有子辈的类的打印字符，默认值为"X"。

第四类是其他选项：

- sort：按照类的形成顺序，用 height 变量对每个节点的子辈排序。
- des：把选项 sort 的排列顺序反过来。
- list：列出这个树中所有节点，并且打印高度、父辈及每个节点的子辈。
- noprint：只创建 out = 的输出数据集而不绘制树状图。
- graphics：要求在 graph 窗口中输出高分辨率的树状图，类的合并用连接线归纳表示。

（2）其他语句选项

- name 语句：规定一个字符或数值变量，用以标识每个观察代表的节点，name 变量同 parent 变量联合确定树的结构，语句缺省时寻找_name_变量。
- parent 语句：规定一个字符或数值变量，用以标识每个观察的父辈节点，语句缺省时寻找_parent_变量。
- height 语句：规定一个数值变量用于定义这个树中每个节点（类）的高度，高度变量由选项 height = 规定。
- copy 语句：把语句中列出的一个或几个变量复制到 out = 的输出数据集中。
- id 语句：id 变量可以是字符或数值变量，用以在打印输出树状图中识别对象。

8.4 数据文件说明

本案例的数据集为 dmdata. sas7bdat，如图 8-1 所示，该数据文件包含直销公司的人口统计学和产品购买信息。公司市场营销部门想要根据这些统计和购买信息标识其客户数据库中的人口统计组，以帮助确定市场营销活动策略和开发新产品。

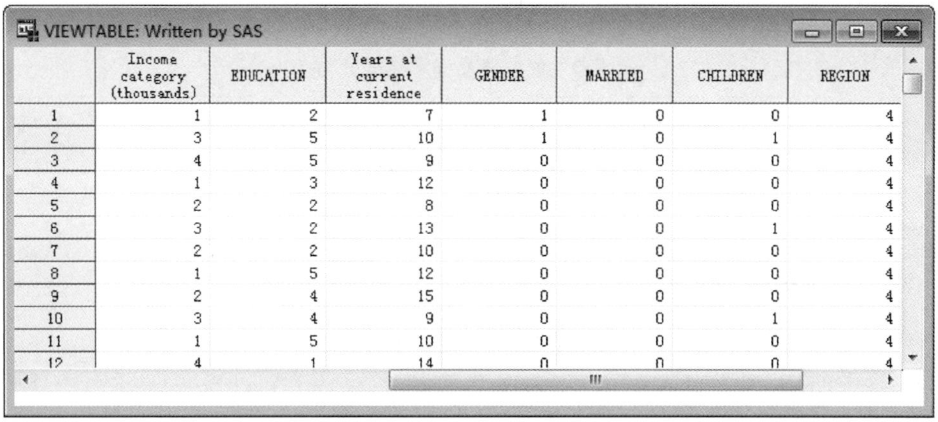

VIEWTABLE: Written by SAS

	Income category (thousands)	EDUCATION	Years at current residence	GENDER	MARRIED	CHILDREN	REGION
1	1	2	7	1	0	0	4
2	3	5	10	1	0	1	4
3	4	5	9	0	0	0	4
4	1	3	12	0	0	0	4
5	2	2	8	0	0	0	4
6	3	2	13	0	0	1	4
7	2	2	10	0	0	0	4
8	1	5	12	0	0	0	4
9	2	4	15	0	0	0	4
10	3	4	9	0	0	1	4
11	1	5	10	0	0	0	4
12	4	1	14	0	0	0	4

图 8-1　数据集 dmdata. sas7bdat 的格式

数据集字段说明见表 8-1。

表 8-1　数据集 dmdata. sas7bdat 的字段说明

变量	类型	长度	说明
AGE	数值	8	年龄
CHILDREN	数值	8	是否有儿女
EDUCATION	数值	8	教育水平，0 表示初中，1 表示高中，3 表示大学专科，4 表示大学本科，5 表示研究生
GENDER	数值	8	性别，0 表示男，1 表示女
ID	字符	255	客户 ID
INCOME	数值	8	收入分段，1 表示 <25，2 表示 25 ~49，3 表示 50 ~74，4 表示及以上
MARRIED	数值	8	结婚与否，0 表示没有，1 表示结婚
REGION	数值	8	地区，1 表示北方，2 表示南方，3 表示东方，4 表示西方
RESIDE	数值	8	在当前居住地生活多少年
ControlPackage	数值	8	控制包装
PostalCode	字符	15	邮政编码
Previous	数值	8	对以前产品做出的响应
Responded	数值	8	对测试产品做出的响应
Sequence	数值	8	序列号

8.5　数据探索

数据探索是对数据进行初步研究，以便更好地理解它的特殊性质，有助于选择合适的数据预处理和数据分析技术。

本案例中的数据探索主要有样本数、缺失值、最大值、最小值、百分位数等统计量的计算，主要是用来审核后续的数据分布情况，结果见表 8-2。

表 8-2　模型开发样本数据分布

变量	N	缺失值个数	均值	1% 百分点	99% 百分点	最小值	最大值
AGE	10 000	0	43. 774 7	17	72	14	80
INCOME	10 000	0	2. 777 6	1	4	1	4
EDUCATION	10 000	0	2. 999 4	1	5	1	5
RESIDE	10 000	0	9. 470 6	2	16	0	21
GENDER	10 000	0	0. 499 2	0	1	0	1
MARRIED	10 000	0	0. 488 0	0	1	0	1
CHILDREN	10 000	0	1. 038 8	0	3	0	5
REGION	10 000	0	2. 516 7	1	4	1	4

计算的 SAS 程序如下所示。

```
/* 计算开发样本的均值、最大值、最小值等 */
ods html file = 'development_sample.xls';
proc means data = development_sample n nmiss mean p1 p99 min max;
run;
ods html close;
```

8.5.1　变量衍生

模型只接受数值型变量，所以非数值变量需要转换为数值变量，首先，我们了解一下各个分类变量的分布情况，程序如下所示。程序运行后，各变量的分布见表 8-3 ~ 表 8-9。

```
PROC FREQ DATA = sasdata. dmdata
ORDER = INTERNAL
;
TABLES Income /   SCORES = TABLE;
TABLES Age /   SCORES = TABLE;
TABLES Education /   SCORES = TABLE;
TABLES Reside /   SCORES = TABLE;
TABLES Gender /   SCORES = TABLE;
TABLES Married /   SCORES = TABLE;
TABLES Children /   SCORES = TABLE;
RUN;
```

表 8-3　变量 Children 的频数分布

Children	频数	百分比	累积频数	累积百分比
0	4 578	45.78	4 578	45.78
1	1 596	15.96	6 174	61.74
2	2 731	27.31	8 905	89.05
3	1 051	10.51	9 956	99.56
4	43	0.43	9 999	99.99
5	1	0.01	10 000	100

表 8-4　变量 Education 的频数分布

Education	频数	百分比	累积频数	累积百分比
1	2 017	20.17	2 017	20.17
2	1 994	19.94	4 011	40.11
3	1 970	19.7	5 981	59.81
4	2 016	20.16	7 997	79.97
5	2 003	20.03	10 000	100

表 8-5　变量 Income 的频数分布

Income	频数	百分比	累积频数	累积百分比
1	1 667	16.67	1 667	16.67
2	2 450	24.5	4 117	41.17
3	2 323	23.23	6 440	64.4
4	3 560	35.6	10 000	100

表 8-6　变量 Gender 的频数分布

Gender	频数	百分比	累积频数	累积百分比
0	5 008	50.08	5 008	50.08
1	4 992	49.92	10 000	100

表 8-7　变量 Married 的频数分布

Married	频数	百分比	累积频数	累积百分比
0	5 008	50.08	5 008	50.08
1	4 992	49.92	10 000	100

表 8-8   变量 **Reside** 的频数分布

Reside	频数	百分比	累积频数	累积百分比
0	11	0.11	11	0.11
1	35	0.35	46	0.46
2	68	0.68	114	1.14
3	140	1.4	254	2.54
18	19	0.19	9 989	99.89
19	8	0.08	9 997	99.97
21	3	0.03	10 000	100

表 8-9   变量 **Age** 的频数分布

Age	频数	百分比	累积频数	累积百分比
14	19	0.19	19	0.19
15	25	0.25	44	0.44
16	37	0.37	81	0.81
17	45	0.45	126	1.26
18	66	0.66	192	1.92
19	39	0.39	231	2.31
20	67	0.67	298	2.98
……	……	……	……	……
78	4	0.04	9 994	99.94
79	1	0.01	9 995	99.95
80	5	0.05	10 000	100

从表 8-3 ~ 表 8-9 可知，数据没有缺失值，又由于变量 EDUCATION 和 INCOME 属于有序变量，所以无须对变量进行衍生。

8.5.2   变量标准化

为了剔除变量的单位对聚类算法的影响，在进行模型计算之前，必须对原始数据进行处理，本案例中，我们把变量的值转换到 0 到 1 之间，转换的公式如下：

$$x'_i = \frac{x_i - x_{\min}}{x_{\max} - x_{\min}}$$

根据上述公式可知，需要利用变量的最大值、最小值进行转换，可以通过 PROC MEANS 过程实现，变量转换的 SAS 程序如下所示，结果如表 8-10 所示。

```
/* 标准化* /
proc standard
        data = sasdata.dmdata
        out = sasdata.dmdata_std
        mean = 0
```

```
            std = 1;
            var AGE INCOME EDUCATION RESIDE GENDER MARRIED CHILDREN;
run ;
/* 计算变量的统计量* /
proc means data = sasdata. dmdata_std n nmiss mean std ;
var  AGE INCOME EDUCATION RESIDE GENDER MARRIED CHILDREN;
run;
```

表 8-10　标量标准化之后的均值与方差

变量	N	缺失值个数	均值	标准差	最小值	最大值
Age	10 000	0	0	1	− 2. 462 482 6	2. 995 972 1
Children	10 000	0	0	1	− 0. 952 181	3. 630 900 3
Education	10 000	0	0	1	− 1. 410 548 6	1. 411 395 1
Gender	10 000	0	0	1	− 0. 998 351 4	1. 001 551 2
Income	10 000	0	0	1	− 1. 610 380 1	1. 107 408 1
Married	10 000	0	0	1	− 0. 976 232 4	1. 024 243 8
Reside	10 000	0	0	1	− 3. 114 644 8	3. 791 733

8.5.3　变量相关性分析

变量相关性分析的目的主要是为了对变量的压缩，在有较为明显线性关系的变量中保留一个代表性的变量即可，以便删除多余的变量，避免对分群有影响。除了相关性分析以外，也可以通过 Varclus 聚类过程实现变量聚类，从而选择有代表性的变量参与客户聚类。如下是变量相关分析过程代码，从结果表 8-11 可以看出，变量之间的相关性较小，无须进行变量删除。

```
/* 计算变量的相关系数* /
proc corr data = sasdata. dmdata_der_std outp = SASDATA. dmdata_der_std_corr;;
var  Age Children Education_1 Education_2 Education_3
Education_4 Education_5 Gender Income_1 Income_2
Income_3 Income_4 Married Reside;
run;
```

表 8-11　相关系数结果表

Pearson 相关系数，N = 10 000							
	Age	Children	Education	Gender	Income	Married	Reside
Age	1	0. 476 1	0. 001 7	0. 045 8	0. 428	0. 406	0. 002 8
Children	0. 476 1	1	− 0. 014 4	0. 039 3	0. 348 2	0. 420 4	0. 001 7

			Pearson 相关系数，N ＝ 10 000				
	Age	Children	Education	Gender	Income	Married	Reside
Education	0.001 7	−0.014 4	1	0.016 9	−0.000 9	−0.000 2	0.007 5
Gender	0.045 8	0.039 3	0.016 9	1	−0.003 6	0.001 2	−0.000 8
Income	0.428	0.348 2	−0.000 9	−0.003 6	1	0.253 3	−0.006 4
Married	0.406	0.420 4	−0.000 2	0.001 2	0.253 3	1	−0.005 2
Reside	0.002 8	0.001 7	0.007 5	−0.000 8	−0.006 4	−0.005 2	1

8.6 模型建立

聚类分析是用于揭示数据中的自然分组（或聚类）的探索性工具，例如，它可以根据各种人口统计和购买特征识别不同的客户组。

本案例只考虑如下几个变量进行聚类分析。

- 年龄（Age）
- 收入类别（Income）
- 教育（Education）
- 当前地址居住年限（Reside）
- 性别（Gender）
- 已婚（Married）
- 孩子（Children）

SAS 程序代码如下，调用 PROC FASTCLUS 过程进行聚类分析，此过程所使用的算法是 K–MEANS 算法，适合处理大数据量。

```
/* k-means 聚类* /
PROC FASTCLUS DATA = sasdata.dmdata_std
MAXC = 4
MAXITER = 30
REPLACE = full
out = sasdata.dmdata_std_clus;
;
VAR Age Children Education Gender Income Married Reside;
ID ID;
RUN;
```

运行上述程序，结果见表 8-12 和表 8-13。首先是表 8-12 给出了聚类的初始种子，表 8-13 给出了聚类结果，共计分为 4 个组，并计算出了各个类别之间的距离等数据。

表 8-12　聚类的初始种子

	初始种子						
聚类	Age	Children	Education	Gender	Income	Married	Reside
1	0.101 3	1.797 7	-1.410 5	1.001 6	1.107 4	1.024 2	-2.785 8
2	1.590 0	1.797 7	1.411 4	-0.998 4	1.107 4	1.024 2	2.147 4
3	-2.131 7	-0.952 2	1.411 4	-0.998 4	-1.610 4	-0.976 2	-3.114 6
4	-1.304 6	-0.952 2	-1.410 5	1.001 6	-1.610 4	-0.976 2	2.476 2

表 8-13　聚类结果数据

	聚类汇总				
聚类	频数	均方根标准差	从种子到观测的最大距离	最近的聚类	聚类质心间的距离
1	2 445	0.835 2	3.610 3	2	1.762 1
2	2 616	0.822	3.911 9	1	1.762 1
3	2 313	0.799 1	3.850 9	4	1.731 8
4	2 626	0.819 4	3.948 9	3	1.731 8

这里需要注意的是，如果没有明确指定聚类数目，快速聚类法在 SAS 的程序中仅仅是指定最大聚类数目（maxc =），聚类的数目是取决于初始凝聚点的，选取的初始凝聚点不同，聚类数目可能不同，即使数目相同，前后差异也很大。快速聚类法不像系统聚类法，可以通过伪 F、伪 T 等统计量，从理论上大致可以确定聚类数目。快速聚类法没有说聚成多少类最优，通常是看实际业务的需求，确定要聚成多少类，或者类别数在哪个范围内。

8.7　客户画像分析

通过对客户信息的研究，把握客户行为偏好，最好能够为客户精确"画像"，以便更有效地为之提供个性化服务，获得产品的市场空间。根据上节中的聚类结果，我们通过如下程序来查看各个类别的描述性统计信息，以便对客户群进行精准画像。

```
/* 把聚类结果关联到原始数据集上 */
proc sql;
create table sasdata.dmdata_clus_result as
select a.* ,
     b.cluster
  from sasdata.dmdata a
  left join sasdata.dmdata_std_clus b
   on a.id=b.id
```

```
;
quit;
/* 计算变量的描述性统计量* /
proc sort data = sasdata. dmdata_clus_result;
by Cluster;
run;
proc means data = sasdata. dmdata_clus_result n nmiss mean std ;
var   Age Children Education Gender Income Married Reside;
by cluster;
run;
```

本案例中客户群总计分为 4 类，运行上述程序，各个类别的描述统计量就可以查看到，见表 8-14。

表 8-14　4 个类别群体的均值和标准差

变量	类别 1			类别 2			类别 3			类别 4		
	N	均值	标准差	N	均值	标准差	N	均值	标准差	N	均值	标准差
Age	2 446	50. 1	9. 2	2 616	52. 3	9. 1	2 313	35. 6	9. 7	2 627	36. 6	9. 7
Children	2 446	1. 6	1. 0	2 616	1. 9	1. 0	2 313	0. 2	0. 5	2 627	0. 3	0. 6
Education	2 446	2. 3	1. 2	2 616	3. 7	1. 3	2 313	3. 8	1. 2	2 627	2. 3	1. 2
Gender	2 446	0. 7	0. 4	2 616	0. 4	0. 5	2 313	0. 3	0. 4	2 627	0. 6	0. 5
Income	2 446	3. 4	0. 8	2 616	3. 3	0. 8	2 313	2. 3	1. 1	2 627	2. 1	1. 0
Married	2 446	0. 7	0. 4	2 616	0. 9	0. 3	2 313	0. 1	0. 3	2 627	0. 2	0. 4
Reside	2 446	7. 3	2. 3	2 616	11. 1	2. 5	2 313	7. 8	2. 5	2 627	11. 3	2. 4

从这 4 类客户群的一些数据统计结果可以看出分别的客户画像。
- 聚类 1 中的客户多数年龄较大，已婚且有小孩，收入较高。
- 聚类 2 中的客户多为年龄较大的单身母亲，收入较高，且居住时间较长。
- 聚类 3 中的客户多为年轻的单身女士，没有小孩，且教育水平较高。
- 聚类 4 中的客户多为年轻的单身男士，没有小孩，学历较低且收入较低。

8.8　模型应用

模型应用是指根据数据分析结果进行行业务上的应用，包括制订营销目的，根据客户群特征制订营销策略、设计营销活动、预估营销产能、执行营销活动、收集分析营销结果等。

比如零售和消费者产品公司定期地对描述客户的购买习惯、性别、年龄、收入水平等的数据应用聚类技术，这些公司为每个消费者群体设计营销和产品开发战略，以增加销售额和建立品牌忠诚度。本案例中就将整个客户群分为 4 个较为适合的客户群组，后续可以方便地针对不同的客户群体设计并实施不同的营销策略。

第 9 章

员工离职预测

国家经济的发展给我国各个行业的大、中、小企业带来了前所未有的重大发展机遇，也使得国内一些企业参与到国际市场的经济活动竞争中去，从而提高了国内企业的国际竞争力，提升了企业精细化管理的能力。企业在不断发展的同时，也面临着一个重要的管理难题，即如何在企业运营过程中对人力资源进行有效的管理。对企业来说，人力资源管理工作在企业运营的成本控制及管理中发挥着重要的作用。企业员工队伍的稳定性，尤其是核心员工的稳定性决定了一个企业产品质量的稳定，甚至决定了一个企业在市场竞争中的发展速度和竞争力。加强员工流失管理，在企业的精细化管理中至关重要。

本章将介绍如何利用分类模型来解决员工流失预测分析的问题，并阐述 SAS STAT 中的部分数据挖掘过程。

9.1 项目背景

正常的人员流动有助于为企业注入新鲜血液，但过高的人员流失率对企业的影响是极为消极的，并且必然给企业带来较大的经济损失。

一是替换成本，即通常我们所说的要招聘新人来替换离职的员工。因为员工离职，企业不得不重新招聘，重新招聘又会产生新的招聘费用，这就是成本。员工离职后，从找新人到新人顺利上手，光是替换成本就高达离职员工年薪的150%，如果离开的是管理人员则替换成本更高。

二是流失成本，指的是招聘新员工替换离职员工所导致的业绩差异的流失成本，简单理解就是招聘到的新员工的工作能力和工作业绩还不如离职员工，这就是流失成本。一般来说，核心人才的流失，至少有一至两个月的招聘期、三个月的适应期、六个月的融入期，此外，还有相当于 4 个月工资的招聘费用。招来的新人，无论是工作能力还是工作业绩都不如离职员工或者其他老员工，这时候企业人员流失成本就会增加。

三是风险成本，如果是核心员工离职，或是掌握企业关键技术的员工，那么该员工离职给企业造成的风险成本无疑是巨大的。核心员工的离职可能造成商业机密外泄和客户资源流失的风险，从而削弱企业市场竞争力。核心员工的离职甚至还会带走一批人，甚至一个团队，这对企业来说无疑是致命的。

所以员工离职的隐性成本如此之高，这也从一个侧面反映了人员维护的重要性，留人比招人更加重要，应该成为所有人力资源部门的共识；如果本末倒置，结果可想而知，招聘的工作会没完没了。

根据启信宝的数据，某集团是一个有 31 个下属公司的超大型企业，博士类员工近 5 年累计平均离职率为 21.8%，入职时间越长累计离职率越高，2014 年入职的博士经过 4 年，只有 57% 留在公司。可见核心人才的流失率对企业人才战略有多大的冲击。

所以我们所关心的问题是，为什么在一些大的公司里，最优秀最有经验的员工会过早地离职？我们希望能够利用一些数据预测这些最有价值的员工在接下来一段时间内是否会离职，以便相关部门能够提前进行干预，降低员工流失率，维持公司人才队伍的稳定。

9.2 数据说明

此案例是 Kaggle 数据科学竞赛中的经典案例，数据来自 Kaggle 平台，数据是 CSV 数据文件格式，其中自变量 9 个，因变量 left 表示是否离职。下面对数据集中的所有变量进行了说明，以便让读者更好地理解数据。

通过 SAS 程序导入所要分析的数据集，代码如下。

```
/* 建立 SAS 逻辑库,存放数据* /
libname chapter9  "D:\SASDATA";
/* 调用 PROC IMPORT 过程,导入数据* /
PROC IMPORT OUT = chapter9.HR_comma_sep
        DATAFILE = "D:\SASDATA\HR_comma_sep.csv"
        /* 指定数据文件地址* /
        DBMS = CSV
        /* 数据文件格式* /
        REPLACE;
    GETNAMES = YES;
    DATAROW = 2;
RUN;
/* 查看数据集的变量属性* /
PROC CONTENTS DATA = chapter9.HR_COMMA_SEP;
RUN;
```

通过 proc contents 过程可以获取数据集的变量信息，包括变量名称、类型、长度、输出格式和输入格式，结果见表 9-1。

表 9-1　按字母排序的变量和属性列表

序号	变量名	类型	长度	输出格式	输入格式
1	satisfaction_level	数值	8	BEST4.	BEST4.
2	last_evaluation	数值	8	BEST4.	BEST4.
3	number_project	数值	8	BEST1.	BEST1.
4	average_montly_hours	数值	8	BEST3.	BEST3.
5	time_spend_company	数值	8	BEST2.	BEST2.
6	Work_accident	数值	8	BEST1.	BEST1.
7	left	数值	8	BEST1.	BEST1.
8	promotion_last_5years	数值	8	BEST1.	BEST1.
9	sales	字符	11	$ CHAR11.	$ CHAR11.
10	salary	字符	6	$ CHAR6.	$ CHAR6.

表 9-2 给出了各个变量具体的含义，请读者参考。

表 9-2　变量的含义说明

变量名称	变量说明	取值范围	备注
Work_accident	是否发生过工作差错	0 表示未发生过;1 表示发生过	
average_montly_hours	平均每月的工作时长,单位:小时	—	
last_evaluation	绩效评估结果	0 ~ 1	
left	是有已经离职,定性变量	0 表示未离职;1 表示离职	目标变量
number_project	参加过的项目数	2 ~ 7	
promotion_last_5years	五年内是否升职	0 表示未升职;1 表示升职	
salary	工资水平	高、中、低三个类别	
sales	职业	—	
satisfaction_level	对公司的满意度	0 ~ 1	
time_spend_company	工作年限,单位年	2 ~ 10	

9.3　数据探索

数据探索是在数据建模之前必须要经过的一个过程，数据探索可以让我们了解数据的分布情况，以及哪些变量会更加重要一点，便于在后续的模型开发中更好地进行变量选择。

调用 PROC MEANS 过程，计算变量的均最大最小中位数等统计量，观察变量的数据分布情况，SAS 程序如下。

```
proc means data = chapter9.HR_COMMA_SEP nmiss min max
           mean median
           p25 p75;
/* 计算变量的缺失值个数、最小值、最大值等,通过关键字指定* /
run;
```

运行上述程序之后的数据结果见表 9-3,其中包括了变量的缺失值个数、最小值、最大值、均值、中位数、P25 分位点和 P75 分位点。从表中的数据可知,公司员工的平均离职率约为 24%,对公司的满意度均值为 0.61,每个员工参加的项目为 3～4 个,员工的平均每月工作时长为 201.5 小时。

表 9-3　部分变量的统计量

变量	变量说明	最小值	最大值	均值	第 25 个百分位数	第 75 个百分位数
satisfaction_level	对公司的满意度	0.09	1	0.61	0.44	0.82
last_evaluation	绩效评估结果	0.36	1	0.72	0.56	0.87
number_project	参加过的项目数	2	7	3.80	3	5
average_montly_hours	平均每月的工作时长	96	310	201.05	156	245
time_spend_company	工作年限	2	10	3.50	3	4
Work_accident	是否发生过工作差错	0	1	0.14	0	0
left	是否离职	0	1	0.24	0	0
promotion_last_5years	五年内是否升职	0	1	0.02	0	0

箱形图(Box-plot)又称为盒须图、盒式图或箱线图,是一种用作显示一组数据分散情况资料的统计图,主要用于反映原始数据分布的特征,还可以进行多组数据分布特征的比较。下面我们就利用箱形图来探索各个变量与员工离职之间的关系。调用 PROC SORT 和 PROC GPLOT 过程绘制箱形图,程序如下所示。运行程序后绘制的箱形图如图 9-1 所示(其中横坐标为 left,纵坐标为 Satisfaction_Level)。

```
/*   对数据集 Local:SASDATA.HR_COMMA_SEP_2 排序* /
PROC SQL;
CREATE VIEW WORK.SORTTempTableSorted AS
    SELECT T.left, T.satisfaction_level
FROM SASDATA.HR_COMMA_SEP_2 as T
;
QUIT;
SYMBOL1 INTERPOL = BOXTJFVALUE = CIRCLE
HEIGHT = 1
MODE = EXCLUDE
;
```

```
Axis1
STYLE = 1
WIDTH = 1
MINOR = NONE
;
Axis2
STYLE = 1
WIDTH = 1
MINOR = NONE
;
TITLE;
TITLE1 "盒线图";
PROC GPLOT DATA = WORK. SORTTempTableSorted
;
PLOT satisfaction_level *  left/
VAXIS = AXIS1
HAXIS = AXIS2
GRID
;
/*    任务代码的结尾。* /
RUN;
QUIT;
```

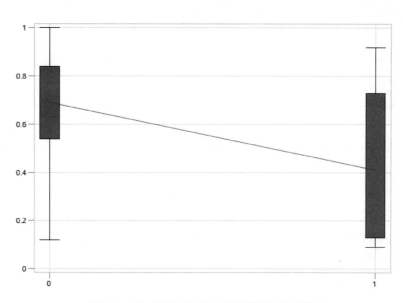

图 9-1　员工满意度与是否离职的关系箱形图

从图 9-1 可以看出，未离职员工对公司的满意度远远高于离职员工对公司的满意度，离职员工对公司的平均满意度大概在 0.4 左右。

采用同样的方法可以分析其他变量与是否离职之间的关系，这里不再一一赘述。

9.4   数据建模

由于我们的目标是找到影响员工离职的关键因素，所以首先通过相关性分析，查看各个因变量与目标变量 left 之间的相关程度，初步判断哪些因变量对员工离职有重大影响，然后再利用决策树模型，获取员工在什么情况下会选择离职。

9.4.1   变量相关分析

相关分析就是对总体中确实具有联系的标志进行分析，其主体是对总体中具有因果关系标志的分析，它是描述客观事物相互间关系的密切程度并用适当的统计指标表示出来的过程，我们可以调用 PROC CORR 来进行相分析。程序代码如下所示，输出结果见表 9-4。

```
/* 相关性分析*/
title 'Correlations';
proc corr data = SASDATA. HR_COMMA_SEP_2 outp = SASDATA. HR_COMMA_SEP_2_Corr;
var   Work_accident
      left
      average_montly_hours
      last_evaluation
      number_project
      promotion_last_5years
      satisfaction_level
      time_spend_company;
label  Work_accident   = '是否发生过工作差错'
       left = '是否已经离职'
       average_montly_hours    = '平均每月的工作时长'
       last_evaluation   = '绩效评估结果'
       number_project = '参加过的项目数'
       promotion_last_5years = '五年内是否升职'
       satisfaction_level = '对公司的满意度'
       time_spend_company = '工作年限';
run ;
```

表 9-4　left 与其他因变量的相关系数

变量名称	变量说明	left
Work_accident	是否发生过工作差错	-0.154 6
average_montly_hours	平均每月的工作时长	0.071 3
last_evaluation	绩效评估结果	0.006 6
number_project	参加过的项目数	0.023 8
promotion_last_5years	五年内是否升职	-0.061 8
satisfaction_level	对公司的满意度	-0.388 4
time_spend_company	工作年限	0.144 8

从表 9-4 可知，自变量 Work_accident、promotion_last_5years、satisfaction_level 与因变量 left 是负相关关系，自变量 average_montly_hours、last_evaluation、number_project、time_spend_company 与因变量 left 是正相关关系，而且员工对公司的满意度变量与是否离职相关系数较大，达到 -0.388 4，说明员工对公司的满意度对离职与否影响较大；变量 number_project 与 left 的相关系数为 0.023 8，说明员工参加过的项目越多，其离职的可能性越大。

9.4.2　决策树建模

决策树一般都是自上而下来生成的，每个决策或事件（即自然状态）都可能引出两个或多个事件，导致不同的结果，把这种决策分支画成图形很像一棵树的枝干，故称决策树。

决策树主要有如下几个优点：

- 可以生成可以理解的规则；
- 计算量相对来说不是很大；
- 可以处理连续和种类字段；
- 决策树可以清晰地显示哪些字段比较重要。

但是也有如下缺点：

- 对连续性的字段比较难预测；
- 对有时间顺序的数据，需要很多预处理的工作；
- 当类别太多时，错误可能就会增加得比较快；
- 一般的算法分类的时候，只是根据一个字段来分类。

在 SAS 中，除了可以通过 EM 模块建立决策树模型外，还可以通过 SAS 代码实现，决策树模型在 SAS 系统中对应的过程为 Proc split 或 Proc hpsplit，两者基本一样，后者效率更高，Proc split 语法结构如下所示。本案例中，我们调用 Proc split 进行决策树建模。

其语法结构为：

```
   Proc split options;
Code options;
Decision decdata options;
Describe options;
Freq variable;
In |input variables/options;
Priors probabilities;
Prune node - identifier;
Score options;
Target variable;
```

（1）proc split 选项。

- data = ：指定分析数据集；
- outimportance = ：指定输出数据集，包括自变量的重要性；
- outleaf = ：指定输出数据集，包括各叶节点的统计指标；
- outmatrix = ：指定数据集，包括描述性统计指标；
- outseq = ：指定输出数据集，包括子树的统计指标；
- outtree = ：指定输出数据集，包括描述树的统计指标；
- leafsize = ：指定一个叶节点包含的最少观测数；
- maxbranch = ：指定一个节点的最大分枝数；
- maxdepth = ：指定最大的数深度；
- splitsize = ：指定一个节点分割的最小观测数；
- subtree = ：指定选择子树的方法；
- assess = ：指定模型评估方法，包括 impurity、lift、profit、statistic；
- criterion = ：指定决策树分割标准，针对二分类变量和分类变量，Chisq 表示 pearson 卡方，probchisq 表示 pearson 卡方的 p 值，为默认，entropy 表示信息增益，eratio 表示信息增益率，gini 表示通过 gini 系数分割；针对定距、定比变量，variance，probe 表示 F – test 的 p 值，为默认，F 表 F 统计量。其中，ID3 算法使用信息增益作为属性分割标准，C4.5、C5.0 算法使用信息增益率作为属性分割标准，CART 算法使用 gini 系数作为属性分割标准，CHAID 算法使用卡方和 F 检验作为属性分割标准。

（2）code 生成 data 步代码，用来给观测计分，file = 指定代码输出文件。

（3）decision。

（4）describe 生成决策树规则的描述，file = 指定描述输出文件。

（5）freq 表示给自变量赋予频数。

（6）in 或 input 指定自变量，可以申明多次，在 "/" 后的 level = 代表输入变量的类型，interval、ordinal、nominal，默认为 interval，当自变量有多个类型时，可以申明多个 input，然后后面用 level 指定变量类型。

（7）priors 指训练集中目标类的先验概率，与 decision 互斥，proportional（pro）指各类在训练集中的占比，或直接列出各类占比，如 priors '0'＝0.6 '1'＝0.4。

（8）prune 表示剪枝，与 intree ＝ 和 indmsplit ＝ 选项合用。

（9）score 进行计分，data ＝ 指定输入数据集，out ＝ 指定输出数据集。

（10）target 指定因变量，在"/"后，level ＝ 指定因变量类型，包括 binary、nominal、ordinal、interval，默认为 interval。

由于原始数据集中没有员工 ID，所以首先生成员工 ID，程序代码如下。

```
data SASDATA.HR_COMMA_SEP_2;
set SASDATA.HR_COMMA_SEP;
custno = _N_;
run;
```

下一步调用 proc split 过程进行决策树分析，程序代码如下。

```
Proc split data = SASDATA.HR_COMMA_SEP_2
/* 指定叶子大小*/
        leafsize =100
        maxbranch =2
/* 指定最大深度*/
        maxdepth =3
        assess =impurity
        criterion =chisq
        OUTIMPORTANCE =var_important
     OUTTREE =var_OUTTREE
;
Input Work_accident
    average_montly_hours
    last_evaluation
    number_project
    promotion_last_5years
    satisfaction_level
    time_spend_company/level =interval
;
Input salary
    sales/level =nominal
;
Target left/level =binary;
```

```
/* 指定代码输出文件 */
Code file = 'D:\SASDATA\dtcode09.txt';
/* 生成决策树规则的描述 */
Describe file = 'D:\SASDATA\dtdescribe09.txt';
Score data = SASDATA.HR_COMMA_SEP_2  out = test;
Run;
```

上述程序中，指定决策树的深度为3，每个节点的最大分叉为2个节点，且叶子的大小不能少于100个观测。运行程序后，则会生成决策树各个节点的判断规则，从决策树分类结果可以看到，8节点（NODE：8）、10节点（NODE：10）以及15节点（NODE：15）的离职员工占比较高。

模型拟合结果说明：

- 当参加过的项目数小于3个，且绩效评估结果小于0.58，且对公司的满意度小于0.47，则员工的离职率为94.5%。

- 当参加过的项目数大于3个，且对公司的满意度小于0.12，则员工的离职率为100%。

- 当工作年限大于等于5年，且绩效评估结果大于等于0.81，且对公司的满意度大于等于0.47，则员工的离职率为71.6%。

```
IF  last_evaluation   < 0.58
AND number_project    < 3
AND satisfaction_level   < 0.47
THEN
  NODE   :      8
  N      :   1612
  1      :  94.5%
  0      :   5.5%
IF  0.58 < = last_evaluation
AND number_project    < 3
AND satisfaction_level   < 0.47
THEN
  NODE   :      9
  N      :    130
  1      :   6.2%
  0      :  93.8%
IF  satisfaction_level   < 0.12
AND 3 < = number_project
```

```
THEN
    NODE     :       10
    N        :      884
    1        :   100.0%
    0        :     0.0%
IF  0.12  < = satisfaction_level   < 0.47
AND 3  < = number_project
THEN
    NODE     :       11
    N        :     1557
    1        :     7.5%
    0        :    92.5%
IF  number_project   < 6
AND time_spend_company   <   5
AND 0.47  < = satisfaction_level
THEN
    NODE     :       12
    N        :     8676
    1        :     1.2%
    0        :    98.8%
IF  6  < = number_project
AND time_spend_company   <   5
AND 0.47  < = satisfaction_level
THEN
    NODE     :       13
    N        :      158
    1        :    12.7%
    0        :    87.3%
IF  last_evaluation   < 0.81
AND  5  < = time_spend_company
AND 0.47  < = satisfaction_level
THEN
    NODE     :       14
    N        :      751
    1        :     4.0%
    0        :    96.0%
IF  0.81  < = last_evaluation
AND  5  < = time_spend_company
```

```
AND 0.47 < = satisfaction_level
THEN
  NODE   :     15
  N      :   1231
  1      : 71.6%
  0      : 28.4%
```

9.5　模型评估与应用

　　上一节中通过决策树模型对员工流失数据进行了建模，那如何评估所得到的模型的性能好坏呢？一般通过混淆矩阵来计算模型的性能评估指标。混淆矩阵是用来反映某一个分类模型的分类结果，通过如下程序即可计算完成。其中，变量 left 是真实的员工流失情况，p_left 是决策树模型预测的员工流失情况。

```
proc freq data = SASDATA.HR_COMMA_SEP_2_model;
   tables p_left* left / out = FreqCount outexpect sparse;
/*   weight Count;* /
   title 'confusion_matrix';
run;
```

　　运行上述程序后，结果如图 9-2 所示。Left = 1 表示真实的员工离职，共有 3 571 个员工离职，通过模型预测，其中的 3 289 个员工被模型成功识别。P_Left = 1 表示模型预测的员工离职，3 727 个员工被预测为离职员工，其中 3 289 个员工预测正确，438 个员工预测错误，预测准确率为 88.25% 。

confusion_matrix

FREQ 过程

表 - p_left * left				
		left		合计
		0	1	
p_left				
0	频数	10990	282	11272
	百分比	73.27	1.88	75.15
	行百分比	97.50	2.50	
	列百分比	96.17	7.90	
1	频数	438	3289	3727
	百分比	2.92	21.93	24.85
	行百分比	11.75	88.25	
	列百分比	3.83	92.10	
合计	频数	11428	3571	14999
	百分比	76.19	23.81	100.00

图 9-2　模型分类结果的混淆矩阵

　　一般在我们的业务情况中，我们想知道的是那些大公司里最优秀的、最有经验的员工为什么会过早地离职，所以我们需要从数据当中提取出这些人。那么什么样的员工才算是最优秀、最有经验的呢？根据具体情况可以将绩效≥0.7，工作年限≤4，项目数>5 的这些人定义为最优秀、最有经验的员工。

　　优秀员工的筛选代码如下，从原始数据中获取 2 021 个样本。

```
/* 根据具体情况可以将绩效 > =0.7,工作年限 > =4,项目数 > =5 的这些人定义为最优秀最有经验
的员工。* /
data SASDATA. HR_COMMA_SEP_3;
set SASDATA. HR_COMMA_SEP_2;
if last_evaluation > =0.7 and time_spend_company > =4 and
number_project > =5 then output;
run;
/* NOTE:从数据集 SASDATA. HR_COMMA_SEP_2. 读取了 14 999 个观测* /
/* NOTE:数据集 SASDATA. HR_COMMA_SEP_3 有 2 021 个观测和 11 个变量。* /
```

　　然后调用 proc split 过程进行决策树建模。

```
Proc split data = SASDATA. HR_COMMA_SEP_3
          leafsize =100
          maxbranch =2
          maxdepth =3
/*        splitsize =100 * /
          assess = impurity
          criterion = chisq
          OUTIMPORTANCE = var_important
       OUTTREE = var_OUTTREE
;
Input Work_accident
     average_montly_hours
     last_evaluation
     number_project
     promotion_last_5years
     satisfaction_level
     time_spend_company/level = interval
;
Input salary
     sales/level = nominal
```

```
;
Target left/level = binary;
/* 指定代码输出文件 */
Code file = 'D:\SASDATA\dtcode09_2.txt';
/* 生成决策树规则的描述 */
Describe file = 'D:\SASDATA\dtdescribe09_2.txt';
Score data = SASDATA.HR_COMMA_SEP_3   out = test_2;
Run;
```

运行上述程序，进行决策树建模，从模型结果中可以得出优秀员工离职的原因，其中节点 6 和节点 9 的规则分别是：

- 节点 6 规则：满意度 < 0.12 且平均每月的工作时长 ≥ 217，则离职百分比为 100%。
- 节点 9 规则：满意度 > 0.72 且平均每月的工作时长 ≥ 217，则离职百分比为 87.2%。

通过模型分析的结果可知，不管员工对公司满意度是很高或者很低，当加班时长过长时，员工的离职率都较高。所以，人力资源部在降低员工流失率方面的措施中需要重点关注员工的加班时长。

```
IF  average_montly_hours   < 169
THEN
  NODE   :     4
  N      :    168
  1      :   13.1%
  0      :   86.9%
IF  169 < = average_montly_hours   < 217
THEN
  NODE   :     5
  N      :    193
  1      :    2.1%
  0      :   97.9%
IF  satisfaction_level   < 0.12
AND 217 < = average_montly_hours
THEN
  NODE   :     6
  N      :    875
  1      :  100.0%
  0      :    0.0%
```

```
IF  0.12 < = satisfaction_level  < 0.72
AND 217 < = average_montly_hours
THEN
  NODE    :      8
  N       :    185
  1       :   9.2%
  0       :  90.8%
IF  0.72 < = satisfaction_level
AND 217 < = average_montly_hours
THEN
  NODE    :      9
  N       :    600
  1       :  87.2%
  0       :  12.8%
```

第 10 章

广告点击率预测

什么是计算广告？简单地说，它是把免费用户产品得到的资产变成钱的一种系统性手段，这些资产主要包括数据、流量和品牌价值。对大多数媒体和用户产品来说，品牌价值往往不容易获得，主要的资产还是数据和流量。计算广告的基本任务，就是把数据和流量规模化变现，它涉及数据挖掘，也涉及很多深入的算法和系统架构，是数字和计算驱动的行业。本章将讲述计算广告中的核心技术，即广告点击率的预测问题。

10.1 业务背景

网络广告就是在网络上做的广告，是通过网络广告投放平台来利用网站上的广告横幅、文本链接、多媒体的方法，在互联网刊登或发布广告，通过网络传递到互联网用户的一种高科技广告运作方式。与传统的四大传播媒体（报纸、杂志、电视、广播）广告及近来备受青睐的户外广告相比，网络广告具有得天独厚的优势，是实施现代营销媒体战略的重要一部分。网络广告是主要的网络营销方法之一，在网络营销方法体系中具有举足轻重的地位，事实上多种网络营销方法也都可以理解为网络广告的具体表现形式，并不仅仅限于放置在网页上的各种规格的 BANNER 广告，像电子邮件广告、搜索引擎关键词广告、搜索固定排名等都可以理解为网络广告的表现形式。

10.1.1 网络广告发展情况

我国互联网的应用已经深入社会、经济生活的方方面面，并且覆盖了主流消费人群，截至 2018 年 6 月，中国网民规模达到 8.02 亿人，2018 上半年新增网民数量为 2 968 万人，与 2017 年相比增长 3.8%，互联网普及率为 57.7%。互联网已全面渗入企业管理和个人工作生活中，互联网广告的市场需求也将随之不断扩大，互联网用户数量巨大且持续增长，互联网市场具有巨大的广告价值。

随着互联网生态环境的逐渐完善、互联网广告的精准化程度提高以及媒体质量较高等优势的逐渐凸显，广告主对互联网广告的认可程度逐渐增强，互联网广告行业迅速崛起。根据艾瑞咨询 2017 年度中国网络广告核心数据，中国网络广告市场规模达到 3 750.1 亿元，相比 2016 年规模增长 30% 为从绝对值来看，中国网络广告发展仍旧显示出较为强大的生命力，预计在 2020 年市场规模将近 8 000 亿元。中国网络广告市场仍旧是互联网产业重要的商业模式，并且市场随着互联网企业形态和格局的变化而变化。互联网产业经历人口红利期、移动风口期，近年来进入精细化运营期，网络广告市场也在各阶段不断打破原有天花板限制，拓展形式和边界。未来 5～10 年，网络广告将继续跟随互联网产业发展，进入以互联网作为连接点，以技术为驱动，打通多种渠道和资源进行精细化管理，以内容创意和基于数据分析的优化能力作为核心竞争力的阶段。

10.1.2　计算广告学

计算广告学算是最近几年兴起的一个交叉学科，主要是用于进行广告的 CTR 预估，这里所谓的 CTR 就是指 Click-Through-Rate，通俗地讲就是每条广告被展示后的点击率。对于大多数互联网行业来说，公司的主要盈利模式有三个：广告、游戏、电商，对于没有后两者业务的互联网公司来说，广告是公司盈利的主要途径。

广告点击率预测（pCTR，Predict Click-Through Rate）是广告算法中最核心的技术，pCTR 要解决的问题是预测特定用户在特定广告位对特定广告在特定环境下的点击概率。为什么 pCTR 如此重要，因为广告排序的核心是：

$$eCPM = pCTR \times CPC$$

其中，eCPM 表示千次展示期望收入（expected Cost Per Mille），pCTR 表示点击率（Predict Click Though Rate），CPC 表示点击价值（Cost Per Click）。从上述公式中可以看出，CPC 是广告主对点击的出价，是一个已知量，所以只有一个 pCTR 变量。CTR 预测是一个比较窄的研究领域，但是模型性能每一点点的提升，在实际的应用中都非常关键。

10.2　数据说明

此数据集为 Kaggle 平台上的一个竞赛案例的数据，即广告实时竞价数据，是广告牌、商场广告位和互联网广告栏中的广告位的实时竞价情况信息，用以训练有偏模型和预测客户点击。

案例给出的数据是真实的实时竞价数据，用来预测广告商是否应该为某个营销位置投标，例如网页上的横幅，解释变量包括浏览器、操作系统或用户在线的时间等，当用户点击广告时，"convert" 列为 1；否则，"convert" 列为 0。

因为是真实的商业案例，所以数据必须匿名，基本上不能做很多特性工程。对原始变量应用了主成分分析技术，保留了 99% 的线性解释力。本案例主要解决的问题是在不平衡的数据上如何开发和测试点击率预测模型，仍然是一项难度较大的挑战。

由于是严重不平衡的建模数据，因此没有必要获取模型的分类准确性，而是通过交叉验证数据来获得良好的 AUC、F1-Score、MCC 或召回率，在这些度量上比较不同的模型（逻辑回归、决策树、支持向量机等）性能，并查看测试数据对模型的影响。

10.3 数据不平衡的处理方式

数据不平衡在我们的实际业务中是经常用到的情况，比如风险控制中的欺诈交易、盗卡案件、套现交易等。实际风险案件可能仅仅占正常交易的很小一部分，如果我们需要创建一个分类模型，可以很容易地获得 99% 的模型分类准确率。其实如果我们再详细思考一下，就会发现建模数据集中 99% 以上的样本都属于正常交易，仅有少于 1% 的交易属于风险交易，这种严重不平衡的数据集就会导致看似模型的准确率很高，而本质是数据不平衡的原因。

什么是不平衡数据？不平衡数据通常指的是分类问题中的一个问题，例如，您可能有一个包含 100 个样本的二分类问题，其中 80 个实例使用 Class-1 标记，其余 20 个实例使用 Class-2 标记，则这就是一个不平衡的数据集，类 – 1 和类 – 2 实例的比例是 80/20 或更精确地说是 4/1，在两类分类问题和多类分类问题上都可能存在类不平衡问题。

不平衡是很常见的，大多数分类数据集在每个类中并没有完全相同的实例数量。在一些问题中，类别失衡不仅是普遍存在的，而且是意料之中的，例如，在描述欺诈交易的数据集中是不平衡的，绝大多数交易将属于"非欺诈"类，只有极少数交易将属于"欺诈"类。再比如客户流失数据集，其中绝大多数客户继续使用服务，少数客户取消订阅（"客户流失"类）。

那如何解决数据不平衡的问题呢？本节将讲述处理不平衡数据的一些策略，可以使得不平衡数据集上的机器学习模型能得到较好的结果。

10.3.1 收集更多的数据

我们最容易忽略的是收集更多的数据，如果能够收集到更多关于业务问题的数据，可能会使得数据集的类别更加平衡。

10.3.2 改变模型性能评价指标

在评估分类器的性能和指导分类器建模方面，评估标准发挥了关键作用。在传统的分类方法中，准确率是常用的指标，然而在不平衡数据分类中，准确率不再是恰当的指标，在两类问题中，正例数目很少但具有很高的识别重要性。针对不平衡的数据，一般使用召回率、F1（准确率和召回率的调和平均值）或者 ROC 曲线来评估模型的性能。

10.3.3　重新对样本进行采样

我们同样可以更改用于构建预测模型的数据集，以获得更平衡的数据，即通过采样数据集以使获得的数据平衡，有两种方法，一种是上采样，即从表示不足的类中添加实例副本；一种是下采样，即从过度表示的类中删除实例。上述两种方法在实际的数据分析中比较常用，但是也有优缺点。

上采样方法是复制稀有类的样本，但是此种方法容易导致过度学习，并且对提高稀有类识别率没有太大帮助。较高级的上采样方法则采用一些启发式技巧，有选择地复制稀有类样本，或者生成新的稀有类样本。SMOTE 算法是一种简单有效的上采样方法，该方法首先为每个稀有类样本随机选出几个邻近样本，并且在该样本与这些邻近的样本的连线上随机取点，生成无重复的新的稀有类样本。还有一些其他的方法，如添加随机噪声等，在本文中不再详述，可以参考相关论文。

下采样通过舍弃部分大类样本的方法，降低不平衡程度。但在去除大类样本的时候，容易去除重要的样本信息。

10.4　模型开发与评估

由于本案例数据集中的变量均是经过处理后的字段，所以不需要进行数据清洗处理，可以直接进行模型开发。考虑到样本的不平衡以及上一节中有关不平衡样本的处理方式，我们采用欠抽样的方法进行建模数据集的构造。

10.4.1　样本欠抽样

首先，我们查看正样本分布情况，通过如下程序即可获取，结果见表 10-1，其中正样本数量为 1 908 个，占比为 0.19%，所以样本严重不平衡，需要进行样本分层抽样。

```
/* 样本分布* /
PROC SQL;
CREATE VIEW sasdata.BIDDINGS_2_convert AS
    SELECT T.convert
FROM sasdata.BIDDINGS_2 as T
;
QUIT;
```

```
PROC FREQ DATA = sasdata. BIDDINGS_2_convert
ORDER = INTERNAL
;
TABLES convert /  SCORES = TABLE;
RUN;
```

表 10-1 样本分布情况

convert	频数	百分比	累积频数	累积百分比
0	998 092	99. 81	998 092	99. 81
1	1 908	0. 19	1 000 000	100

我们采取对负样本进行抽样 50 000、正样本不变的策略，抽样完成后合并为新的数据集，并对数据集进行分割，生成建模数据集（抽样 70% 样本）和测试数据集（其他 30% 样本），全部操作代码如下所示。

```
/* 分层抽样策略* /
/* 生成样本 ID* /
data sasdata. BIDDINGS_2;
set sasdata. BIDDINGS;
custno = _N_;
run;
proc  contents data = sasdata. BIDDINGS_2;
run;
/* 样本分布* /
PROC SQL;
CREATE VIEW sasdata. BIDDINGS_2_convert AS
    SELECT T. convert
FROM sasdata. BIDDINGS_2 as T
;
QUIT;
PROC FREQ DATA = sasdata. BIDDINGS_2_convert
ORDER = INTERNAL
;
TABLES convert /  SCORES = TABLE;
RUN;
/* 分割正负样本* /
data sasdata. BIDDINGS_2_1 sasdata. BIDDINGS_2_0;
set sasdata. BIDDINGS_2;
```

```
if convert = 1 then output sasdata. BIDDINGS_2_1;
if convert = 0 then output sasdata. BIDDINGS_2_0;
;
run;
/* 对负样本进行抽样 */
/* 随机抽取 50000 的样本作为模型开发数据集 */
PROC SURVEYSELECT DATA = SASDATA. BIDDINGS_2_0 ()
OUT = SASDATA. BIDDINGS_2_0_random
METHOD = SRS
N = 50000;
RUN;
QUIT;
/* 抽样后的负样本与正样本合并 */
data SASDATA. BIDDINGS_2_1_0_random;
set sasdata. BIDDINGS_2_1
    SASDATA. BIDDINGS_2_0_random
;
run;
/* 对样本进行分割,生成建模数据集和测试数据集 */
/* 随机抽取 70% 的样本作为模型开发数据集 */
PROC SURVEYSELECT DATA = sasdata. BIDDINGS_2_1_0_random ()
OUT = sasdata. BIDDINGS_2_1_0_dev
METHOD = SRS
RATE = % SYSEVALF (70/100);
RUN;
QUIT;
/* NOTE:数据集 SASDATA. BIDDINGS_2_DEV 有 700000 个观测和 90 个变量。*/
PROC SQL;
CREATE TABLE sasdata. BIDDINGS_2_1_0_val as
select a. *
from sasdata. BIDDINGS_2_1_0_random a
left join sasdata. BIDDINGS_2_1_0_dev b
on a. custno = b. custno
where b. custno = .;
quit;
```

10.4.2 模型开发

我们采用 CTR 预测领域最常用的 Logistic 回归模型来进行模型拟合，调用 PROC LOGIS-TIC 过程，代码如下所示。

```
/* 把变量赋给宏变量* /
% let logistic_varlist = V0 V1 V2 V3 V4 V5 V6 V7 V8 V9 V10 V11 V12
V13 V14 V15 V16 V17 V18 V19 V20 V21 V22 V23 V24 V25 V26 V27 V28
V29 V30 V31 V32 V33 V34 V35 V36 V37 V38 V39 V40 V41 V42 V43 V44
V45 V46 V47 V48 V49 V50 V51 V52 V53 V54 V55 V56 V57 V58 V59 V60
V61 V62 V63 V64 V65 V66 V67 V68 V69 V70 V71 V72 V73 V74 V75 V76
V77 V78 V79 V80 V81 V82 V83 V84 V85 V86 V87
;
/* 拟合 logistic 模型,采用 stepwise 逐步回归方法筛选变量* /
ODS graphics on;
proc logistic data = sasdata. BIDDINGS_2_1_0_dev
        descending
        outest = formul
        PLOTS(ONLY MAXPOINTS = NONE) = ROC
        NAMELEN = 100;
        model convert = &logistic_varlist.
        /stepwise sls = 0.01 sle = 0.01 maxstep = 100 ;
        output out = sasdata. lout_dev;
        score  out = sasdata. score_dev;
run;
ODS graphics off;
```

运行上述程序，则模型拟合结果为，首先是逐步选择的模型结果，见表 10-2，共计选择了 15 个变量进入模型之中，均通过了假设检验。表 10-3 给出了进入模型后变量的参数估计结果。图 10-1（其中横纵标为 1 特异度，纵坐标为灵敏度）给出了最终模型的 ROC 曲线图，从图中得知 ROC 曲线下面的面积为 0.704 6。

表 10-2　逐步选择结果

步骤	变量 已输入	变量 已删除	自由度	个数	评分 卡方	Wald 卡方	Pr > 卡方	变量标签
				逐步选择汇总				
1	V1		1	1	213.952 3		<.000 1	1
2	V2		1	2	200.824 6		<.000 1	2
3	V4		1	3	103.779 1		<.000 1	4

续表

逐步选择汇总

| 步骤 | 变量 | | 自由度 | 个数 | 评分 | Wald | Pr > | 变量 |
	已输入	已删除			卡方	卡方	卡方	标签
4	V5		1	4	43.299 8		<.000 1	5
5	V56		1	5	17.151 7		<.000 1	56
6	V12		1	6	15.767 1		<.000 1	12
7	V51		1	7	13.460 1		0.000 2	51
8	V62		1	8	11.634 2		0.000 6	62
9	V7		1	9	7.233 8		0.007 2	7
10	V13		1	10	17.071 5		<.000 1	13
11		V5	1	9		6.351 6	0.011 7	5
12	V52		1	10	8.471		0.003 6	52
13	V23		1	11	8.267 7		0.004	23
14	V87		1	12	8.836 3		0.003	87
15	V86		1	13	8.239 3		0.004 1	86
16	V11		1	14	9.067 3		0.002 6	11
17	V72		1	15	6.670 1		0.009 8	72

表 10-3 模型的参数估计

最大似然估计分析

参数	自由度	估计	标准误差	Wald 卡方	Pr > 卡方
Intercept	1	-3.573 7	0.035 7	10 013.389 6	<.000 1
V1	1	-0.115 6	0.008 2	198.576 2	<.000 1
V2	1	-0.163 2	0.012 7	164.511	<.000 1
V4	1	0.230 1	0.032 3	50.878 3	<.000 1
V7	1	0.217 9	0.026	70.180 2	<.000 1
V11	1	-0.113 2	0.033 6	11.338 9	0.000 8
V12	1	-0.184 4	0.025 4	52.792 7	<.000 1
V13	1	-0.254 3	0.035 9	50.121 5	<.000 1
V23	1	-0.079	0.026 7	8.741 5	0.003 1
V51	1	-0.090 4	0.029 3	9.535 6	0.002
V52	1	0.121 4	0.032 9	13.638 8	0.000 2
V56	1	0.137 7	0.027 6	24.919 4	<.000 1

续表

最大似然估计分析					
参数	自由度	估计	标准误差	Wald 卡方	Pr > 卡方
V62	1	-0.178 8	0.038 4	21.711 8	<.000 1
V72	1	0.089 1	0.034 5	6.669 3	0.009 8
V86	1	-0.144 4	0.04	13.042 4	0.000 3
V87	1	-0.344 5	0.052 5	43.039 6	<.000 1

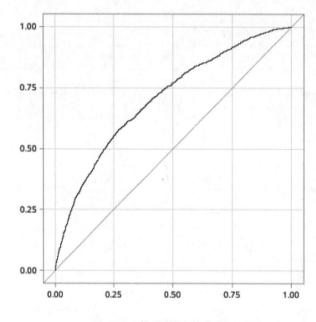

图 10-1　模型的 ROC 曲线

除了模型的 ROC 曲线可以衡量模型的性能之外，对于 CRT 模型这种数据集不平衡的情况，可以使用召回率来衡量模型性能。如下是计算混淆矩阵的代码，结果见表 10-4，可以获知模型的召回率为 48.41%。

```
/* 设置分数阈值为 0.05* /
data sasdata. score_ks_data_dev_p;
set sasdata. score_ks_data_dev;
if scc >0.05 then convert_p =1;
else convert_p =0;
run;
/* 计算混淆矩阵* /
proc freq data = sasdata. score_ks_data_dev_p;
tables convert_p* convert;
run;
```

表 10-4　建模数据集上的混淆矩阵

表 – convert_ p * convert					
			convert		合计
			0	1	
convert_ p					
0		频数	27 937	680	28 617
		百分比	76. 89	1. 87	78. 76
		行百分比	97. 62	2. 38	
		列百分比	79. 78	51. 59	
1		频数	7 081	638	7 719
		百分比	19. 49	1. 76	21. 24
		行百分比	91. 73	8. 27	
		列百分比	20. 22	48. 41	
合计		频数	35 018	1 318	36 336
		百分比	96. 37	3. 63	100

10.4.3　模型评估

上文我们已经计算了最终的模型方程，则直接调用模型结果，计算测试数据集上的预测得分，具体代码如下所示。表 10-5 为统计结果，从表中可知测试数据集上的召回率为42.88%，其余建模数据集上的召回率相差不大。

```
/* 测试数据集上的效果* /
data sasdata.BIDDINGS_2_1_0_val_2;
set sasdata.BIDDINGS_2_1_0_val;
logit =           -3.573747384   +
V1   *   -0.115600981   +
V2   *   -0.163169282   +
V4   *   0.230149454    +
V7   *   0.217870947    +
V11  *   -0.113197922   +
V12  *   -0.184424657   +
V13  *   -0.254257894   +
V23  *   -0.078955052   +
V51  *   -0.090380441   +
V52  *   0.121361538    +
V56  *   0.137683594    +
V62  *   -0.178750637   +
```

```
V72  *   0.089139741  +
V86  *   -0.144354175 +
V87  *   -0.34446266
;
score = exp(logit)/(1+exp(logit));
run;
data sasdata.BIDDINGS_2_1_0_val_2_stat;
set sasdata.BIDDINGS_2_1_0_val_2 ;
if score >0.05 then convert_p =1;
else convert_p =0;
run;
PROC FREQ DATA = sasdata.BIDDINGS_2_1_0_val_2_stat
ORDER = INTERNAL
;
TABLES convert_p* convert /  SCORES =TABLE;
RUN;
```

表 10-5 测试数据集上的混淆矩阵

表 – convert_p * convert				
		convert		合计
		0	1	
convert_p				
0	频数	12 020	337	12 357
	百分比	77.19	2.16	79.35
	行百分比	97.27	2.73	
	列百分比	80.23	57.12	
1	频数	2 962	253	3 215
	百分比	19.02	1.62	20.65
	行百分比	92.13	7.87	
	列百分比	19.77	42.88	
合计	频数	14 982	590	15 572
	百分比	96.21	3.79	100

10.5 CTR 模型的发展脉络

本章所用 Logistic 回归模型是 CTR 中最常用的模型，相比较其他模型而言，Logistic 回归模型是我们能看懂的为数不多的模型，模型的表现匹配上模型的可理解性，用起来更让人信任。当然，并不是说 Logistic 回归模型没有缺点，其缺点就是模型本身的表达能力很弱，需要构造非常好的特征组合才能达到好的效果。总之，即使是深度学习空前流行的今天，Logistic 回归等传统 CTR 模型仍然凭借其可解释性强、轻量级的训练部署要求、便于在线学习等不可替代的优势，拥有大量适用的应用场景。

在互联网时代，尤其是移动互联网时代用户永不停歇的增长需求的驱动下，CTR 预估模型（以下简称 CTR 模型）的发展也可谓一日千里，从十年之前几乎千篇一律的逻辑回归模型（Logistic Regression，LR），发展到因子分解机（Factorization Machine，FM）、梯度提升树（Gradient Boosting Decision Tree，GBDT），再到 2015 年之后深度学习的百花齐放，各种模型架构层出不穷。下面就简单介绍一下 CTR 模型大致的发展过程。

LOGISTIC 回归是当前业界比较常用的机器学习方法，用于估计某种事物的可能性，比如某用户购买某商品的可能性、某患者患有某种疾病的可能性，以及某广告被用户点击的可能性等。LOGISTIC 回归与多重线性回归实际上有很多相同之处，最大的区别就在于它们的因变量不同，其他的基本差不多。正是因为如此，这两种回归可以归于同一个家族，即广义线性模型（Generalized Linear Model）。

logistic 函数又称为增长函数，是由美国科学家 Robert. B. Pearl 和 Lowell. J. Reed 在研究果蝇的繁殖中提出来的，期一般的表达式为

$$p = \frac{1}{1 + \exp(-z)}$$

其中 $-\infty < z < +\infty$，由于 $1 - p = \frac{1}{1 + \exp(z)}$，所以有 $\frac{p}{1-p} = \frac{1 + \exp(z)}{1 + \exp(-z)} = \exp(z)$，两边取对数可以得到

$$\ln\left(\frac{p}{1-p}\right) = z$$

首先令 Y 服从二项分布，取值为 0，1，Y 等于 1 的概率为 $\pi(Y=1)$，则 m 个自变量分别为 $X_1, X_2, \cdots, X_m$ 所对应的 logistic 回归模型为

$$\pi(Y=1) = \frac{\exp(\beta_0 + \beta_1 X_1 + \beta_2 X_2 + \cdots + \beta_m X_m)}{1 + \exp(\beta_0 + \beta_1 X_1 + \beta_2 X_2 + \cdots + \beta_m X_m)}$$

或者写为

$$\text{logistic}[\pi(Y=1)] = \ln\frac{\pi(Y=1)}{1 - \pi(Y=1)} = \beta_0 + \beta_1 X_1 + \beta_2 X_2 + \cdots + \beta_m X_m$$

其中，β_0 为截距，β_i 为 X_i 对应的偏回归系数，令 $z = \beta_0 + \beta_1 X_1 + \beta_2 X_2 + \cdots + \beta_m X_m$，由上面所述，即得

$$L = \ln\left(\frac{p}{1-p}\right)$$

上式称为对数单位，$\frac{p}{1-p}$ 称为机会比率，即有利于出现某一状态的机会大小，令

$$L = \beta_0 + \beta_1 X_1 + \beta_2 X_2 + \cdots + \beta_m X_m$$

则上式模型也为 logistic 回归模型。

　　LR 模型的优势在于处理离散化特征，而且模型十分简单，很容易实现分布式计算。但是 LR 的缺点也很明显，特征与特征之间在模型中是独立的，对于一些存在交叉可能性的特征，需要进行大量的人工特征工程进行交叉，虽然模型简单了，但是人工的工作却繁重了很多。

　　由于 LR 模型不能自动处理交叉特征，而 FM 则是在这个基础上进行了改进，FM 的模型公式为

$$L = \beta_0 + \beta_1 x_1 + \beta_2 x_2 + \cdots + \beta_m x_m + \sum_{i=1}^{m} \sum_{j=i+1}^{m} \omega_{ij} x_i x_j$$

　　上述公式可以看成两部分，一部分是我们所熟悉的线性回归函数，另一部分则是二次交叉项，但是二次项权重 ω_{ij} 需要我们去存储一个二维矩阵的变量，而因为特征是大规模离散的，这个二维矩阵的维度可能很大，所以 FM 算法即是对二次项权重进行矩阵分解：

$$\omega_{ij} = < v_i, v_j >$$

则 FM 公式变为

$$L = \beta_0 + \beta_1 x_1 + \beta_2 x_2 + \cdots + \beta_m x_m + \sum_{i=1}^{m} \sum_{j=i+1}^{m} < v_i, v_j > x_i x_j$$

　　FM 的优点相对于 LR 在于拥有处理二次交叉特征的能力，而且它是可以实现线性的时间复杂度的，模型训练也十分快。

　　但是 FM 模型只能够做二阶的特征交叉，如果要继续提高特征交叉的维度，不可避免地会发生组合爆炸和计算复杂度过高的情况。那么有没有其他的方法可以有效地处理高维特征组合和特征筛选的问题呢？在 2014 年，Facebook 提出了基于 GBDT + LR 组合模型的解决方案。简而言之，该模型主要是利用 GBDT 自动进行特征筛选和组合，进而生成新的离散特征向量，再把该特征向量当作 LR 模型输入，预估 CTR 的模型结构。该方案可以看成，利用 GBDT 替代人工自动实现连续值特征的离散化，而且同时在一定程度组合了特征，可以改善人工离散化中可能出现的边界问题，也减少了人工的工作量。

　　GBDT + LR 模型比 FM 重要的意义在于，它大大推进了特征工程模型化这一重要趋势。在某种意义上来说，之后深度学习的各类网络结构，以及 Embedding 技术的应用，都是这一趋势的延续。

　　接下来就是国内互联网公司提出的 MLR 模型，本质上，MLR 可以看作是对 LR 的自然推广，它在 LR 的基础上采用分而治之的思路，先对样本进行分片，再在样本分片中应用 LR 进行 CTR 预估，在 LR 的基础上加入聚类的思想，其动机其实来源于对计算广告领域样本特点的观察。

　　举例来说，如果 CTR 模型要预估的是女性受众点击女装广告的 CTR，显然我们并不希望把男性用户点击数码类产品的样本数据也考虑进来，因为这样的样本不仅对于女性购买

女装这样的广告场景毫无相关性，甚至会在模型训练过程中扰乱相关特征的权重。为了让 CTR 模型对不同用户群体、不用用户场景更有针对性，理想的方法是先对全量样本进行聚类，再对每个分类施以 LR 模型进行 CTR 预估，MLR 的实现思路就是由该动机产生的。

如果我们用深度学习的眼光来看待 MLR 这个模型，其在结构上已经很接近由输入层、单隐层、输出层组成的神经网络，所以某种意义上说，MLR 也在用自己的方式逐渐逼近深度学习的大门了。

最近几年，随着 Deep&Wide、Deep crossing 等一大批优秀的 CTR 模型框架的提出，深度学习 CTR 模型逐渐席卷了推荐和广告领域，成为新一代 CTR 模型当之无愧的主流。由于深度学习相关模型较为复杂，这里不再赘述。

第 11 章

产品精准营销推荐

传统营销的营销方案，对目标客户的选择往往是根据业务人员的经验或是较为简单的数据分析，然后进行大而广、撒网式的筛选，用大量的渠道及营销资源进行推广，但获得的效果往往与最初的期望有很大的差距。利用数据挖掘技术，通过构建基于数据驱动的精准营销模型，改变传统的大而广、撒网式的营销方式，全面提高营销效率，降低营销成本，优化营销效果，提升客户体验和忠诚度，是企业保持行业领先地位必须要寻求的销售服务方式的创新方法，时至今日精准营销已经成为企业业务运营能力的一种标配。

本章将介绍企业中的经典应用场景——产品的精准营销推荐，并阐述如何利用 SAS STAT 实现这一分析过程。

11.1 项目背景

11.1.1 业务背景

2018 年《商业银行理财子公司管理办法》的发布，意味着目前的银行理财市场正式进入独立子公司运作时代。另外，各大互联网企业纷纷进军金融业，凭借着庞大的客户流量、先进的信息技术、创新的产品设计，给传统的基金行业同样带来了巨大的挑战。

金融产品创新、互联网金融渠道拓展、细分市场深耕，成为各金融公司寻求差异化发展的突破点。综合来看，金融行业公司面临着以下外部市场影响因素：

一是过度的营销压力，各种营销方式和信息充斥于社会中，营销效果越来越低，客户的耐受度越来越低。

二是客户对金融产品和服务的需求呈现多样化和个性化的发展趋势，不同的产品和服务，需要与不同的客户群匹配，才可以提高接受度和满意度。

三是竞争对手争夺客户资源，越来越多的综合金融和专业金融企业加入客户资源的争夺之中，互联网公司也逐步进入金融市场领域。

四是企业如何获取增量市场并维护存量市场变得十分重要，而且基于客户细分的营销、服务、渠道策略，已经成为企业提升客户运营竞争力的必需。

在巨大的市场压力面前，企业运营人员必须意识到销售服务方式创新的重要性，如何将合适的产品销售给适合的客户？如何更加精准地定位客户并有效触达？如何优化营销创意和服务方式？如何把握互联网金融的巨大机遇开拓更大更好更多的金融市场？这些都成为每个企业运营人员必须思考的问题。

市场环境的变化，新的竞争格局的出现，必然导致销售服务方式从标准化、大众化向精准化、个性化转变，从产品驱动向客户驱动转型。有效的促销活动，不在于涉及客户的数量多少，而在于针对的都是具有高响应概率的目标人群，这不仅可以提升客户的满意度，增强客户对公司的忠诚度，而且可以降低客户获取费用，增加营销活动投资回报率，直接带来企业效益的增加，如图 11-1 所示。

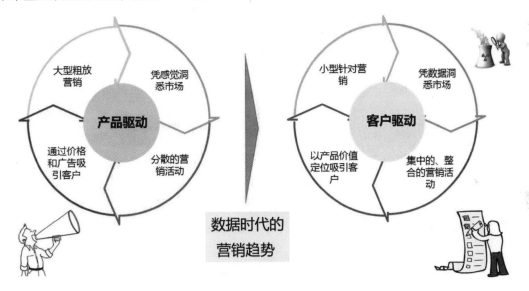

图 11-1　营销从产品驱动型过渡到客户驱动型

11.1.2　数据说明

本案例选取 UCI 机器学习库中的银行营销数据集，这些数据与葡萄牙银行机构的直接营销活动有关，这些直接营销活动是以电话为基础的。通常来说，银行机构的客服人员至少需要联系一次客户来得知客户是否将认购银行的产品（定期存款），因此，与该数据集对应的任务是分类任务，而分类目标是预测客户是否认购定期存款（变量 y）。

通过 proc contents 过程查看数据集的变量情况，表 11-1 给出了数据集的名称；观测样本数为 41 188 个，变量有 22 个，变量的解释说明见表 11-2。

表 11-1　数据集描述

数据集名	SASDATA. BANKING	观测	41188
成员类型	DATA	变量	22
引擎	V9	索引	0
创建时间	2019/7/17 15:49	观测长度	184
上次修改时间	2019/7/17 15:49	删除的观测	0
保护		已压缩	NO
数据集类型		已排序	NO
标签			
数据表示法	WINDOWS_64	—	—
编码	euc – cn Simplified Chinese（EUC）	—	—

表 11-2　数据集的字段说明

变量	类型	说明
age	数值	年龄
campaign	数值	本次活动期间联系的客户数量
cons_conf_idx	数值	消费者信心指数
cons_price_idx	数值	消费者价格指数
contact	字符	联系沟通类型(电话、收集、未知)
custno	数值	客户 ID
day_of_week	字符	最后联系的日期是周几
default	字符	信用违约(是、否)
duration	数值	最后一次联系持续的时间(秒)
education	字符	教育水平(初等、中等、高等、未知)
emp_var_rate	数值	就业变化率
euribor3m	数值	欧元同业拆借利率 3 个月
housing	字符	住房贷款(是、否)
job	字符	工作类型(行政人员、管理人员、保姆、企业家等)
loan	字符	个人贷款(是、否)
marital	字符	婚姻状况(已婚、离婚、单身)
month	字符	本年最后联系月(1～12)
nr_employed	数值	就业人数
pdays	数值	在以前的活动中客户最后一次被联系到现在的天数
poutcome	字符	以前营销活动的结果(未知、其他、失败、成功)
previous	数值	这次活动之前联系的客户数量
y	数值	客户是否投资定期存款 (是、否)

11.1.3　项目目标

根据客户的背景信息及历史营销服务交互的信息，去预测客户对新产品的接受概率，并根据预测的概率来筛选高可能购买产品的客户群，针对性地对此客户群进行营销服务，从而降低成本，提高营销效率。

11.2　数据探索

11.2.1　变量描述性统计分析

本节主要通过对原始数据集进行探索，了解数据的分布情况，为进一步处理数据提供依据。数据集的输入变量是 20 个特征量，分为数值变量（numeric）和分类（categorical）变量。首先我们查看数值型变量的均值、方差、缺失值情况，从表 11-3 中得知，数值型的变量没有缺失值。

```
/* 查看数值型变量的描述性统计信息*/
proc  means data = sasdata. BANKING n nmiss mean std p1 p99;
run;
```

表 11-3　数值型变量的描述性统计信息

变量	N	缺失值个数	均值	标准差	P1	P99
age	41 188	0	40. 024 060 4	10. 421 25	23	71
duration	41 188	0	258. 285 010 2	259. 279 248 8	11	1 272
campaign	41 188	0	2. 567 592 5	2. 770 013 5	1	14
pdays	41 188	0	962. 475 454	186. 910 907 3	3	999
previous	41 188	0	0. 172 963	0. 494 901 1	0	2
emp_var_rate	41 188	0	0. 081 885 5	1. 570 959 7	− 3. 4	1. 4
cons_price_idx	41 188	0	93. 575 664 4	0. 578 84	92. 201	94. 465
cons_conf_idx	41 188	0	− 40. 502 600 3	4. 628 197 9	− 49. 5	− 26. 9
euribor3m	41 188	0	3. 62 129 08	1. 734 447 4	0. 655	4. 968
nr_employed	41 188	0	5 167. 04	72. 251 527 7	4 963. 6	5 228. 1

再进一步查看字符型变量的分布情况，直接调用 PROC FREQ 过程即可完成频数统计。

```
/* 字符型变量的频数分布信息*/
PROC SQL;
CREATE VIEW WORK. SORT AS
SELECT T.job, T. marital, T. education, T. default,
```

```
                T. housing, T. loan, T. contact, T. month,
                T. day_of_week, T. poutcome
FROM SASDATA. BANKING as T
;
QUIT;
PROC FREQ DATA = WORK. SORT
ORDER = INTERNAL
;
TABLES job /   SCORES = TABLE;
TABLES marital /   SCORES = TABLE;
TABLES education /   SCORES = TABLE;
TABLES default /   SCORES = TABLE;
TABLES housing /   SCORES = TABLE;
TABLES loan /   SCORES = TABLE;
TABLES contact /   SCORES = TABLE;
TABLES month /   SCORES = TABLE;
TABLES day_of_week /   SCORES = TABLE;
TABLES poutcome /   SCORES = TABLE;
RUN;
/*     任务代码的结尾。    */
RUN;
QUIT;
```

运行上述程序，结果见表 11-4 ~ 表 11-13，从各个字符变量的频数分布情况来看，部分变量存在缺失值，比如变量 Job，存在 unknown 的情况，所以需要对 unknown 进行处理，其他变量同样如此。

表 11-4　变量 job 的频数分布情况

job	频数	百分比	累积频数	累积百分比
admin.	10 422	25. 3	10 422	25. 3
blue-collar	9 254	22. 47	19 676	47. 77
entrepreneur	1 456	3. 54	21 132	51. 31
housemaid	1 060	2. 57	22 192	53. 88
management	2 924	7. 1	25 116	60. 98
retired	1 720	4. 18	26 836	65. 15
self-employed	1 421	3. 45	28 257	68. 6
services	3 969	9. 64	32 226	78. 24
student	875	2. 12	33 101	80. 37

续表

job	频数	百分比	累积频数	累积百分比
technician	6 743	16. 37	39 844	96. 74
unemployed	1 014	2. 46	40 858	99. 2
unknown	330	0. 8	41 188	100

表 11-5 变量 marital 的频数分布情况

marital	频数	百分比	累积频数	累积百分比
divorced	4 612	11. 2	4 612	11. 2
married	24 928	60. 52	29 540	71. 72
single	11 568	28. 09	41 108	99. 81
unknown	80	0. 19	41 188	100

表 11-6 变量 education 的频数分布情况

education	频数	百分比	累积频数	累积百分比
basic. 4y	4 176	10. 14	4 176	10. 14
basic. 6y	2 292	5. 56	6 468	15. 7
basic. 9y	6 045	14. 68	12 513	30. 38
high. school	9 515	23. 1	22 028	53. 48
illiterate	18	0. 04	22 046	53. 53
professional. course	5 243	12. 73	27 289	66. 25
university. degree	12 168	29. 54	39 457	95. 8
unknown	1 731	4. 2	41 188	100

表 11-7 变量 default 的频数分布情况

default	频数	百分比	累积频数	累积百分比
no	32 588	79. 12	32 588	79. 12
unknown	8 597	20. 87	41 185	99. 99
yes	3	0. 01	41 188	100

表 11-8 变量 housing 的频数分布情况

housing	频数	百分比	累积频数	累积百分比
no	18 622	45. 21	18 622	45. 21
unknown	990	2. 4	19 612	47. 62
yes	21 576	52. 38	41 188	100

表 11-9　变量 loan 的频数分布情况

loan	频数	百分比	累积频数	累积百分比
no	33 950	82.43	33 950	82.43
unknown	990	2.4	34 940	84.83
yes	6 248	15.17	41 188	100

表 11-10　变量 contact 的频数分布情况

contact	频数	百分比	累积频数	累积百分比
cellular	26 144	63.47	26 144	63.47
telephone	15 044	36.53	41 188	100

表 11-11　变量 month 的频数分布情况

month	频数	百分比	累积频数	累积百分比
apr	2 632	6.39	2 632	6.39
aug	6 178	15	8 810	21.39
dec	182	0.44	8 992	21.83
jul	7 174	17.42	16 166	39.25
jun	5 318	12.91	21 484	52.16
mar	546	1.33	22 030	53.49
may	13 769	33.43	35 799	86.92
nov	4 101	9.96	39 900	96.87
oct	718	1.74	40 618	98.62
sep	570	1.38	41 188	100

表 11-12　变量 day_of_week 的频数分布情况

day_of_week	频数	百分比	累积频数	累积百分比
fri	7 827	19	7 827	19
mon	8 514	20.67	16 341	39.67
thu	8 623	20.94	24 964	60.61
tue	8 090	19.64	33 054	80.25
wed	8 134	19.75	41 188	100

表 11-13　变量 poutcome 的频数分布情况

poutcome	频数	百分比	累积频数	累积百分比
failure	4 252	10.32	4 252	10.32
nonexistent	35 563	86.34	39 815	96.67
success	1 373	3.33	41 188	100

11.2.2　变量缺失值处理

缺失值处理有多种方法，通常有两种，一种是对于 unknown 值数量较少的变量，包括 job 和 marital，删除这些变量是缺失值（unknown）的代码行；另一种是如果预计该变量对于学习模型效果影响不大，可以对 unknown 值赋众数，比如变量 default、housing 等。本案例数据集中的缺失值处理如下所示。

```
/* 缺失值处理* /
data sasdata.BANKING_2;
set sasdata.BANKING;
if job       = 'unknown' then delete;
if marital   = 'unknown' then delete;
if education = 'unknown' then delete;
if housing   = 'unknown' then delete;
if default   = 'unknown' then default_new = 'no';
else default_new = default;
if loan      = 'unknown' then loan_new = 'no'   ;
else loan_new = loan;
drop default loan;
run;
/* NOTE:从数据集 SASDATA.BANKING. 读取了 41188 个观测* /
/* NOTE:数据集 SASDATA.BANKING_2 有 38245 个观测和 22 个变量。* /
```

11.2.3　变量衍生处理

为了能使分类变量参与模型计算，我们需要将分类变量数值化，也就是编码。分类变量又可以分为二项分类变量、有序分类变量和无序分类变量，不同种类的分类变量编码方式也有区别。

1. 二分类变量编码

根据上文的数据集变量描述，可以认为变量 default、housing 和 loan 为二分类变量，对此三个变量进行 0、1 处理，代码如下：

```
/* 变量衍生* /
data sasdata.BANKING_3;
set sasdata.BANKING_2;
if default = 'yes' then default_new =1;else default_new =0;
if housing = 'yes' then housing_new =1;else housing_new =0;
if loan    = 'yes' then loan_1 =1    ;else loan_1 =0    ;
run;
```

SAS 数据挖掘与分析项目实战

2. 有序分类变量编码

根据上文的输入变量描述，可以认为变量 education 是有序分类变量，影响大小排序为 'illiterate'、'basic. 4y'、'basic. 6y'、'basic. 9y'、'high. school'、'professional. course'、'university. degree'，变量影响由小到大的顺序编码为 1、2、3……，代码如下：

```
data sasdata. BANKING_4;
set sasdata. BANKING_3;
if   education = 'illiterate'            then education_new =1;
else if education = 'basic. 4y'          then education_new =2;
else if education = 'basic. 6y'          then education_new =3;
else if education = 'basic. 9y'          then education_new =4;
else if education = 'high. school'       then education_new =5;
else if education = 'professional. course' then education_new =6;
else if education = 'university. degree'  then education_new =7;
run;
```

3. 无序分类变量编码

根据上文的输入变量描述，可以认为变量 job，marital，contact，month，day_of_week 为无序分类变量。需要说明的是，虽然变量 month 和 day_of_week 从时间角度是有序的，但是对于目标变量而言是无序的。对于无序分类变量，可以利用哑变量（dummy variables）进行编码，一般的，n 个分类需要设置 $n-1$ 个哑变量，例如，变量 marital 分为 divorced、married、single，使用两个哑变量 V1 和 V2 来编码。

```
data sasdata. BANKING_5;
set sasdata. BANKING_4;
if job = 'admin. '       then job_1 =1  ;else job_1 =0;
if job = 'blue - collar'   then job_2 =1  ;else job_2 =0;
if job = 'entrepreneur'   then job_3 =1  ;else job_3 =0;
if job = 'housemaid'     then job_4 =1  ;else job_4 =0;
if job = 'management'    then job_5 =1  ;else job_5 =0;
if job = 'retired'      then job_6 =1  ;else job_6 =0;
if job = 'self - employed' then job_7 =1  ;else job_7 =0;
if job = 'services'      then job_8 =1  ;else job_8 =0;
if job = 'student'      then job_9 =1  ;else job_9 =0;
if job = 'technician'    then job_10 =1 ;else job_10 =0;
if marital = 'married'  then marital_1 =1;else marital_1 =0;
if marital = 'single'   then marital_2 =1;else marital_2 =0;
if contact = 'cellular'  then contact_1 =1;else contact_1 =0;
if month = 'apr' then month_1 =1;else month_1 =0;
```

190

```
if month = 'aug' then month_2 =1;else month_2 =0;
if month = 'dec' then month_3 =1;else month_3 =0;
if month = 'jul' then month_4 =1;else month_4 =0;
if month = 'jun' then month_5 =1;else month_5 =0;
if month = 'mar' then month_6 =1;else month_6 =0;
if month = 'may' then month_7 =1;else month_7 =0;
if month = 'nov' then month_8 =1;else month_8 =0;
if month = 'oct' then month_9 =1;else month_9 =0;
if day_of_week = 'mon' then day_of_week_1 =1;else day_of_week_1 =0;
if day_of_week = 'thu' then day_of_week_2 =1;else day_of_week_2 =0;
if day_of_week = 'tue' then day_of_week_3 =1;else day_of_week_3 =0;
if day_of_week = 'wed' then day_of_week_4 =1;else day_of_week_4 =0;
if poutcome = 'failure'     then poutcome_1 =1;else poutcome_1 =0;
if poutcome = 'success'     then poutcome_2 =1;else poutcome_2 =0;
run;
```

4. 连续型特征离散化

数据中的极端值是影响模型效果的一个重要因素，极端值会导致模型参数过高或过低，或导致模型被虚假现象"迷惑"而把原来不存在的关系作为重要模式来学习，所以一般需要对数据分布较为极端的变量进行截断或者离散化，可以有效地减弱极端值和异常值的影响。

比如，根据原始数据集的统计信息，可以看出变量 duration 的最大值为 4 918，而 99% 分位数为 1 272，远小于最大值，而且该变量的标准差为 259.3，相对也比较大，因此对变量 duration 进行分位数截断显得特别重要，具体代码如下所示。

```
data sasdata. BANKING_6;
set sasdata. BANKING_5;
if duration >1272 then duration =1272;
run;
```

5. 标准化

由于不同变量常常使用不同的度量单位，从数值上看它们相差很大，容易使基于距离度量的学习模型更容易受数值较大的变量影响。数据规范化就是将数据压缩到一个范围内，从而使得所有变量的单位影响一致，如下程序对变量进行标准化处理。

```
/* 标准化* /
proc standard
        data = sasdata. banking_6
        out = sasdata. banking_6_std
        mean = 0
```

```
        std =1;
        var age duration campaign pdays previous emp_var_rate
    cons_price_idx cons_conf_idx euribor3m nr_employed housing_new
    loan_1 education_new job_1 job_2 job_3 job_4 job_5 job_6 job_7
    job_8 job_9 job_10 marital_1 marital_2 contact_1 month_1 month_2
    month_3 month_4 month_5 month_6 month_7 month_8 month_9 day_of_week_1
    day_of_week_2 day_of_week_3 day_of_week_4 poutcome_1 poutcome_2
    ;
    run ;
```

11.3   模型建设

11.3.1   欠抽样

首先，我们查看一下目标变量 y 的分布情况，代码如下所示，从输出的结果表 11-14 中可知，正样本 y = 1 的占比为 11.13%，得知数据集的样本不平衡。在分类模型中，这种数据不平衡问题会使得学习模型倾向于把样本分为多数类，但是，我们常常更关心少数类的预测情况。在本次分类问题中，分类目标是预测客户是（yes:1）否（no:0）认购定期存款（变量 y），显然我们更关心有哪些客户认购定期存款。

```
PROC SQL;
CREATE VIEW WORK. SORT AS
    SELECT T. y
FROM SASDATA. BANKING_6_STD as T
;
QUIT;
PROC FREQ DATA = WORK. SORT
ORDER = INTERNAL
;
TABLES y /  SCORES = TABLE;
RUN;
RUN; QUIT;
```

表 11-14   目标变量的频数分布

y	频数	百分比	累积频数	累积百分比
0	33 987	88. 87	33 987	88. 87
1	4 258	11. 13	38 245	100

为减弱数据不均衡问题带来的不利影响，在数据层面有两种较简单的方法：过抽样和欠抽样，本案例中我们采用欠抽样的方法。

- 过抽样：抽样处理不平衡数据的最常用方法，基本思想就是通过改变训练数据的分布来消除或减小数据的不平衡。过抽样方法通过增加少数类样本来提高少数类的分类性能，最简单的办法是简单复制少数类样本，缺点是可能导致过拟合，没有给少数类增加任何新的信息，泛化能力弱。改进的过抽样方法是通过在少数类中加入随机高斯噪声或产生新的合成样本等方法。

- 欠抽样：欠抽样方法通过减少多数类样本来提高少数类的分类性能，最简单的方法是通过随机地去掉一些多数类样本来缩小多数类的规模，缺点是会丢失多数类的一些重要信息，不能充分利用已有的信息。

本案例我们采用欠抽样的方案，对 $y = 0$ 样本随机抽取 20% 与 $y = 1$ 样本合并为建模样本，在欠抽样后的建模样本上进行模型开发与测试，欠抽样的代码如下所示。

```
/* 欠抽样方案*/
data sasdata. banking_6_std_1 sasdata. banking_6_std_0;
set sasdata. banking_6_std;
if y = 1 then output sasdata. banking_6_std_1;
if y = 0 then output sasdata. banking_6_std_0;
run;
/* NOTE:从数据集 SASDATA. BANKING_6_STD. 读取了 38 245 个观测*/
/* NOTE:数据集 SASDATA. BANKING_6_STD_1 有 4 258 个观测和 54 个变量。*/
/* NOTE:数据集 SASDATA. BANKING_6_STD_0 有 33 987 个观测和 54 个变量。*/
/* 随机抽取20% 的负样本*/
PROC SURVEYSELECT DATA = sasdata. banking_6_std_0()
OUT = sasdata. banking_6_std_0_random
METHOD = SRS
RATE = % SYSEVALF(20/100);
RUN;
QUIT;
/* NOTE:数据集 SASDATA. BANKING_6_STD_0_RANDOM 有 6 798 个观测和 54 个变量。*/
/* 抽样后的样本合并*/
data sasdata. banking_6_std_1_0_random;
set sasdata. banking_6_std_1
    sasdata. banking_6_std_0_random;
run;
/* NOTE:从数据集 SASDATA. BANKING_6_STD_1. 读取了 4 258 个观测*/
/* NOTE:从数据集 SASDATA. BANKING_6_STD_0_RANDOM. 读取了 6 798 个观测*/
```

```
/* NOTE:数据集 SASDATA. BANKING_6_STD_1_0_RANDOM 有 11 056 个观测和 54 个变量。* /
PROC SQL;
CREATE VIEW sasdata. banking_6_std_1_0_random_2 AS
SELECT T. y
FROM sasdata. banking_6_std_1_0_random as T
;
QUIT;
PROC FREQ DATA = sasdata. banking_6_std_1_0_random_2
ORDER = INTERNAL
;
TABLES y /  SCORES = TABLE;
RUN;
```

运行上述程序后，即生成了欠抽样后的数据集，频数统计见表 11-15，显示 y = 1 的样本占比为 38.51%，样本基本平衡。

表 11-15　欠抽样后的样本分布

y	频数	百分比	累积频数	累积百分比
0	6 798	61. 49	6 798	61. 49
1	4 258	38. 51	11 056	100

11.3.2　数据集分割

对原始数据集进行欠抽样之后，我们把数据集分割为建模数据集和测试数据集，以便后续进行模型开发与测试，数据分割代码如下所示。抽取 70% 的样本作为开发样本，其余 30% 的样本作为测试样本。

```
/* 随机抽取 70% 的样本作为模型开发数据集* /
PROC SURVEYSELECT DATA = sasdata. banking_6_std_1_0_random()
OUT = sasdata. banking_6_std_DEV
METHOD = SRS
RATE = % SYSEVALF(70/100);
RUN;
QUIT;
/* NOTE:数据集 SASDATA. BANKING_6_STD_DEV 有 7 740 个观测和 54 个变量。* /
PROC SQL;
CREATE TABLE sasdata. banking_6_std_VAL as
select a. *
from sasdata. banking_6_std_1_0_random a
left join sasdata. banking_6_std_DEV b
```

```
on a. custno = b. custno
where b. custno = .;
quit;
/* NOTE:表 SASDATA. BANKING_6_STD_VAL 创建完成,有 3 316 行,54 列。*/
```

11.3.3　模型开发

数据集分割完成之后，开始进行模型开发，首先我们考察标准化之后的变量之间的多重共线性，计算变量的方差膨胀因子，代码如下所示。从输出结果表 11-16 中可知，部分变量的方差膨胀因子极大，比如变量 emp_var_rate、euribor3m 和 nr_employed,需要从建模数据集上删除。删除方差膨胀因子较大的变量后，再计算剩下变量的方差膨胀因子，再一次检查是否还存在方差膨胀因子较大的情况。如果较大，则继续删除，直到方差膨胀因子较小为止。

```
/* 把自变量赋给宏变量 logistic_varlist* /
% let logistic_varlist = age duration campaign pdays previous
emp_var_rate cons_price_idx cons_conf_idx euribor3m nr_employed
housing_new loan_1 education_new job_1 job_2 job_3 job_4 job_5
job_6 job_7 job_8 job_9 job_10 marital_1 marital_2 contact_1
month_1 month_2 month_3 month_4 month_5 month_6 month_7
month_8 month_9 day_of_week_1 day_of_week_2 day_of_week_3
day_of_week_4 poutcome_1 poutcome_2
;
/* 计算方差膨胀因子,判断共线性* /
proc reg data = sasdata. banking_6_std_DEV;
model y = &logistic_varlist. /vif collinoint;
run;
```

表 11-16　各个变量的方差膨胀因子

变量	自由度	参数估计	标准误差	t 值	Pr > |t|	方差膨胀
Intercept	1	0. 235 05	0. 004 04	58. 16	<. 000 1	0
age	1	− 0. 005 88	0. 004 61	− 1. 28	0. 202	1. 894 05
duration	1	0. 201 13	0. 002 96	68. 03	<. 000 1	1. 017 64
campaign	1	− 0. 004 28	0. 004 27	− 1	0. 316 1	1. 056 63
pdays	1	− 0. 021 91	0. 009 48	− 2. 31	0. 020 8	15. 018 84
previous	1	0. 003 72	0. 006 5	0. 57	0. 566 9	5. 054 42
emp_var_rate	1	− 0. 569 19	0. 043 51	− 13. 08	<. 000 1	160. 735 49
cons_price_idx	1	0. 210 44	0. 027 64	7. 61	<. 000 1	63. 533 81

变量	自由度	参数估计	标准误差	t 值	Pr > │t│	方差膨胀
cons_conf_idx	1	0.003 48	0.007 68	0.45	0.650 7	5.313 32
euribor3m	1	0.264 18	0.043 68	6.05	<.000 1	159.413 55
nr_employed	1	0.006 28	0.042 42	0.15	0.882 2	174.027 99
housing_new	1	0.000 585 51	0.003 76	0.16	0.876 3	1.019 22
loan_1	1	0.007 11	0.003 77	1.89	0.059 1	1.007 71
education_new	1	0.007 97	0.004 97	1.6	0.108 7	1.786 66
job_1	1	−0.010 89	0.010 58	−1.03	0.303 4	8.264 92
job_2	1	−0.024 88	0.010 36	−2.4	0.016 3	7.161 18
job_3	1	−0.011 22	0.005 71	−1.97	0.049 3	2.183 51
job_4	1	−0.004 72	0.005 25	−0.9	0.368 7	1.944 63
job_5	1	−0.010 84	0.006 93	−1.57	0.117 5	3.604 65
job_6	1	0.005 66	0.005 93	0.95	0.340 6	3.420 04
job_7	1	−0.002 86	0.005 56	−0.51	0.607 1	2.308 74
job_8	1	−0.016 05	0.007 77	−2.07	0.038 9	3.929 32
job_9	1	0.002 34	0.004 44	0.53	0.598 6	2.022 86
job_10	1	−0.011 05	0.009 26	−1.19	0.232 8	6.002 11
marital_1	1	−0.004 75	0.006 1	−0.78	0.435 9	2.707 56
marital_2	1	−0.002 69	0.006 44	−0.42	0.676 1	3.096 79
contact_1	1	0.041 61	0.006 85	6.08	<.000 1	3.107 08
month_1	1	−0.018 33	0.009 08	−2.02	0.043 7	7.536 14
month_2	1	0.037 37	0.011 08	3.37	0.000 7	8.431 76
month_3	1	0.000 659 65	0.003 16	0.21	0.834 7	1.427
month_4	1	−0.020 31	0.013 63	−1.49	0.136 2	12.694
month_5	1	−0.061 58	0.016 52	−3.73	0.000 2	19.749 73
month_6	1	0.032 2	0.003 92	8.22	<.000 1	2.315 38
month_7	1	−0.076 09	0.014 8	−5.14	<.000 1	14.574 87
month_8	1	−0.054 57	0.010 11	−5.4	<.000 1	7.103 45
month_9	1	−0.007 6	0.004 39	−1.73	0.083 3	2.615 61
day_of_week_1	1	0.002 5	0.004 85	0.52	0.606 6	1.669 09
day_of_week_2	1	0.006 02	0.004 8	1.25	0.210 2	1.699 47
day_of_week_3	1	0.006 46	0.004 79	1.35	0.177 4	1.655 78
day_of_week_4	1	0.012 77	0.004 83	2.64	0.008 2	1.642 49
poutcome_1	1	−0.025 73	0.006 09	−4.22	<.000 1	2.830 41
poutcome_2	1	0.003 89	0.008 79	0.44	0.657 9	13.161 01

　　删除多重共线性比较严重的变量之后，则可以进行建模了。可以使用 stepwise 技术再次对变量进行筛选，代码如下所示，输出结果见表 11-17。从逐步选择结果来看，在引入和剔除变量的显著水平阈值为 0.01 时，共计 18 个变量进入模型之中，18 个变量的显著性水平均小于 0.01。

```
/* 拟合 logistic 模型,采用 stepwise 逐步回归方法筛选变量* /
proc logistic data = sasdata. banking_6_std_DEV
      descending
      outest = formul
      NAMELEN =100
      model y = &logistic_varlist.
      /stepwise sls = 0.01 sle = 0.01 maxstep = 50 ;
      output out = sasdata. lout_dev;
      score  out = sasdata. score_dev;
run;
```

表 11-17　逐步回归选择过程

步骤	变量		自由度	个数	评分卡方	Pr > 卡方
	已输入	已删除				
1	duration		1	1	2 128.769 2	<.000 1
2	previous		1	2	647.395	<.000 1
3	cons_price_idx		1	3	382.018 8	<.000 1
4	poutcome_1		1	4	237.089	<.000 1
5	month_6		1	5	177.562 8	<.000 1
6	month_9		1	6	121.149 6	<.000 1
7	contact_1		1	7	96.287	<.000 1
8	month_5		1	8	121.242 6	<.000 1
9	month_1		1	9	75.861 1	<.000 1
10	cons_conf_idx		1	10	102.926 4	<.000 1
11	job_2		1	11	48.616 4	<.000 1
12	job_6		1	12	27.349 9	<.000 1
13	month_2		1	13	25.067 8	<.000 1
14	job_9		1	14	18.885 2	<.000 1
15	month_8		1	15	15.631 3	<.000 1
16	month_8		1	16	12.951 8	0.000 3
17	education_new		1	17	12.900 8	0.000 3
18	month_3		1	18	9.973 9	0.001 6

　　更进一步，如果我们觉得选择进入模型的变量过于多了，则可以根据卡方指标删除部

分变量，比如变量 month_3、education_new、month_8、month_8、job_9 等。一般我们的最终模型会选取 10 个左右的变量，当然需要具体问题具体对待。代码如下所示。

```
ODS graphics on;
proc logistic data = sasdata.banking_6_std_DEV
        descending
        outest = formul
        NAMELEN = 100
        PLOTS(ONLY MAXPOINTS = NONE) = ROC;
        model y = duration
                previous
                cons_price_idx
                poutcome_1 month_6
                month_9
                contact_1
                month_5
                month_1
                cons_conf_idx
                job_2
                job_6
                month_2 /stepwise sls = 0.01 sle = 0.01 maxstep = 50 ;
        output out = sasdata.lout_dev;
        score  out = sasdata.score_dev;
run;
ODS graphics off;
```

运行上述程序，结果见表 11-18 和图 11-2，表 11-18 给出了进入模型的变量的极大似然估计与显著性检验结果，图 11-2（其中横坐标为 1 - 特异度，纵坐标为灵敏度）给出了 ROC 曲线及其面积为 0.916 7。

表 11-18　参数的极大似然估计

参数	自由度	估计	标准误差	Wald 卡方	Pr > 卡方
Intercept	1	− 1.535 1	0.041 6	1 364.515 3	<.000 1
duration	1	1.454	0.037 5	1 504.445 6	<.000 1
previous	1	0.723 8	0.041 8	299.866 1	<.000 1
cons_price_idx	1	− 0.361 1	0.038 5	88.173 3	<.000 1
poutcome_1	1	− 0.511 7	0.042 2	147.312 7	<.000 1
month_6	1	0.322 2	0.023 5	187.384 8	<.000 1
month_9	1	0.229 6	0.027	72.361 3	<.000 1

续表

参数	自由度	估计	标准误差	Wald 卡方	Pr ＞卡方
contact_1	1	0.653 8	0.049 8	172.634 5	＜.000 1
month_5	1	0.436 1	0.036 9	139.337 9	＜.000 1
month_1	1	0.302 8	0.028 7	111.185	＜.000 1
cons_conf_idx	1	0.363 6	0.038 4	89.700 9	＜.000 1
job_2	1	－0.250 6	0.038 1	43.260 2	＜.000 1
job_6	1	0.136 2	0.026 8	25.715 9	＜.000 1
month_2	1	－0.196	0.039 3	24.932 8	＜.000 1

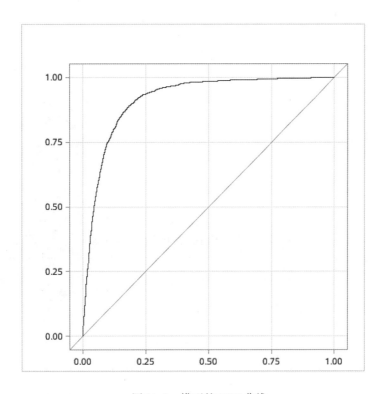

图 11-2　模型的 ROC 曲线

　　模型对建模数据集中的样本进行打分之后，我们根据分数的分布对样本进行等量分箱，并统计每个分组的目标客户分布，结果见表 11-19，当样本评分大于等于 0.402 38 时，目标客户数量累计占比达到 82.45% 。由于此案例为精准营销领域的课题，我们比较关注于模型的召回率，可以设置阈值分数为 0.4 。

表 11-19　分数段中目标客户分布数据

组号	客户数	最低分	平均分	最高分	目标客户数量	目标客户数量占比	目标客户数量累计占比	每个分数段的目标客户占比
1	1 548	0. 805 46	0. 931 04	0. 999 98	1 359	45. 79%	45. 79%	87. 79%
2	1 548	0. 402 38	0. 603 34	0. 805 37	1 088	36. 66%	82. 45%	70. 28%
3	1 548	0. 140 19	0. 249 08	0. 401 69	431	14. 52%	96. 97%	27. 84%
4	1 549	0. 064 59	0. 096 17	0. 140 12	67	2. 26%	99. 23%	4. 33%
5	1 547	0. 006 41	0. 037 65	0. 064 55	23	0. 77%	100. 00%	1. 49%
Total	7 740	0. 006 41	0. 383 45	0. 999 98	2 968	100. 00%	—	38. 35%

　　根据分数阈值 0.4 对模型打分结果进行划分，代码如下所示，结果见表 11-20，模型的召回率为 82.61%，判断为目标客户的准确率为 79.02%。

```
data sasdata. score_ks_data_dev_stat;
set   sasdata. score_ks_data_dev ;
if scc > 0. 4 then p_y = 1;
else p_y = 0;
run;
PROC FREQ DATA = sasdata. score_ks_data_dev_stat
ORDER = INTERNAL
;
TABLES p_y* y /   SCORES = TABLE;
RUN;
```

表 11-20　模型在建模数据集上的分类矩阵

表 - p_y * y				
		y		合计
		0	1	
p_y				
0	频数	4 121	516	4 637
	百分比	53. 24	6. 67	59. 91
	行百分比	88. 87	11. 13	
	列百分比	86. 36	17. 39	
1	频数	651	2 452	3 103
	百分比	8. 41	31. 68	40. 09
	行百分比	20. 98	79. 02	
	列百分比	13. 64	82. 61	
合计	频数	4 772	2 968	7 740
	百分比	61. 65	38. 35	100

11.3.4 模型评估

首先我们评估模型在测试数据集上的效果。根据上节中模型的结果，我们利用 logistic 回归公式对测试样本进行打分，程序如下所示，结果见表 11-21，模型的召回率为 83.39%，判断为目标客户的准确率为 78.43%。

```
/* 测试数据集上的效果*/
data sasdata.banking_6_std_VAL_2;
set sasdata.banking_6_std_VAL;
logit =      -1.494345723    +
duration   *   1.393859773   +
previous   *   0.744829734   +
cons_price_idx*   -0.385249268   +
poutcome_1*   -0.451006052  +
month_6    *   0.346691396   +
month_9    *   0.28869592    +
contact_1  *   0.620173247   +
month_5    *   0.477675407   +
month_1    *   0.366753954   +
cons_conf_idx *   0.464021386   +
job_2      *   -0.226662963  +
job_6      *   0.114103812   +
month_2    *   -0.235123697
;
score = exp(logit)/(1+exp(logit));
run;
/* 从数据集 SASDATA.BANKING_6_STD_VAL. 读取了 3 316 个观测*/
/* 数据集 SASDATA.BANKING_6_STD_VAL_2 有 3 316 个观测和 56 个变量。*/
data sasdata.banking_6_std_VAL_2_stat;
set  sasdata.banking_6_std_VAL_2 ;
if score >0.4 then p_y=1;else p_y=0;
run;
PROC FREQ DATA = sasdata.banking_6_std_VAL_2_stat
ORDER = INTERNAL
;
TABLES p_y* y /  SCORES = TABLE;
RUN;
```

表 11-21　测试数据集上的混淆矩阵

		表 - p_y * y		
		y		合计
		0	1	
p_y				
0	频数	1 799	205	2 004
	百分比	54. 25	6. 18	60. 43
	行百分比	89. 77	10. 23	
	列百分比	86. 41	16. 61	
1	频数	283	1 029	1 312
	百分比	8. 53	31. 03	39. 57
	行百分比	21. 57	78. 43	
	列百分比	13. 59	83. 39	
合计	频数	2 082	1 234	3 316
	百分比	62. 79	37. 21	100

　　由于数据不平衡，我们采用欠抽样的方法对数据进行再平衡，所以我们需要对模型在整体样本数据上的效果进行测试，代码如下所示，结果见表 11-22，模型的召回率为83.3%，判断为目标客户的准确率为42.6%，相比建模数据及上的准确率，下降幅度较大。

```
/* 全量数据集上的效果* /
data sasdata. banking_6_std_2;
set sasdata. banking_6_std;
logit =      -1.494345723   +
duration  *  1.393859773   +
previous  *  0.744829734   +
cons_price_idx*  -0.385249268   +
poutcome_1*   -0.451006052 +
month_6  *  0.346691396   +
month_9  *  0.28869592   +
contact_1 *  0.620173247   +
month_5  *  0.477675407   +
month_1  *  0.366753954   +
cons_conf_idx *  0.464021386  +
job_2   *  -0.226662963 +
job_6   *  0.114103812  +
month_2  *  -0.235123697
;
```

```
score = exp(logit)/(1 + exp(logit));
run;
/* NOTE:从数据集 SASDATA. BANKING_6_STD. 读取了 38 245 个观测* /
/* NOTE:数据集 SASDATA. BANKING_6_STD_2 有 38 245 个观测和 56 个变量。* /
data sasdata. banking_6_std_2_stat;
set   sasdata. banking_6_std_2 ;;
if score > 0.4 then p_y = 1;
else p_y = 0;
run;
PROC FREQ DATA = sasdata. banking_6_std_2_stat
ORDER = INTERNAL
;
TABLES p_y* y /   SCORES = TABLE;
RUN;
```

表 11-22　全量样本上的分类矩阵

表 - p_y * y				
		y		合计
		0	1	
p_y				
0	频数	29 208	711	29 919
	百分比	76. 37	1. 86	78. 23
	行百分比	97. 62	2. 38	
	列百分比	85. 94	16. 7	
1	频数	4 779	3 547	8 326
	百分比	12. 5	9. 27	21. 77
	行百分比	57. 4	42. 6	
	列百分比	14. 06	83. 3	
合计	频数	33 987	4 258	38 245
	百分比	88. 87	11. 13	100

11.4　模型应用

11.4.1　产品自动化推荐系统

金融理财产品的推荐可以看作一个典型的机器学习二分类问题，基于历史营销数据、客户交易行为、浏览行为等数据来训练模型，可以让模型自动学习到客户购买的产品偏好，并预测客户下次购买理财产品的概率。对模型预测出所有客户对所有产品的响应概率进行排序，可选择客户购买概率最高的若干个产品推荐给客户。

金融理财产品种类繁多，产品迭代速度很快，客户在繁多的产品中难以快速找到适合自己的产品，因此有必要基于本章的精准营销模型建立一个自动化推荐系统，计算客户与产品的二维偏好矩阵，随时随地地给客户推荐最适合的产品。

11.4.2 易受到市场环境等各种因素的影响

精准营销，顾名思义就是在合适的时间、合适的地点，把合适的产品或信息推荐给合适的人。如图 11-3 所示，整个精准营销中涉及 4 个"精准"环节，即合适的时间、合适的地点、合适的产品以及合适的人。本章中的案例仅仅给大家展示了产品与客户的偏好关系，只解决了整个精准营销流程中的两个节点，合适的时间、合适的地点对产品精准营销的影响同样巨大。

除了时间、地点、产品、客户等要素之外，整个市场环境的情况对产品营销，尤其是对金融类产品的营销影响巨大，精准营销模型的应用效果也会跟随市场行情的波动而波动。

最合适的时间　　　　最合适的地点　　　　最合适的信息　　　　最合适的人

图 11-3　精准营销涉及的"精准"环节

11.4.3 人群特征漂移需要不断优化模型

我们在建立精准营销模型的时候，依据的是客户的历史行为数据。随着时间的推移，精准营销模型的预测力会减弱，因为经济环境、市场状况和客户群的构成在不断变化，同时，公司整体客户服务策略的变化也要求营销模型适时调整，所以精准营销模型在建立后需要持续监控，在应用一段时间以后必须适当重新调整或重建，具体模型优化迭代周期需要根据具体业务情况确定。

第 12 章

通信客户流失预警模型

随着通信业务的发展和体制改革的不断深化，国内通信行业内部各大运营商之间的竞争日趋激烈，尤其是对客户的争夺越来越激烈，这一趋势在国内移动通信业内表现得尤为突出。移动通信运营商为了获取更多的客户资源和占有更大的市场份额往往采取"简单"的价格竞争和"此起彼伏"的广告宣传战，其弊端显而易见。面对日益激烈的市场竞争环境，通信企业传统的被动式服务体系已无法满足客户需要、应对对手挑战。为了留住有价值的客户，需要开展有效的保留活动，而数据挖掘技术可以帮助通信企业识别将要流失的客户，提前进行客户干预，降低流失率，提高客户生命周期时长，从而提升企业的竞争力。

12.1 项目背景

随着通信体制的改革和不断深化，国内通信行业内部各大运营商之间的竞争日趋激烈。通信运营商为了获取更多的客户资源和占有更大的市场份额，往往采取名目繁多的促销活动和层出不穷的广告宣传来吸引新客户。然而，统计发现，发展一个新客户比保持一个老客户的费用要高 5 倍，而如果"用户保持率"增加 5%，将有望为运营商带来 85% 的利润增长。无论是客户流失还是话务量流失都将对运营商的经营产生深远的影响，因此，对老客户的保留直接关系到运营商的利益。针对这一问题，目前国内外通信界应用最为广泛的解决方案是应用数据挖掘技术，研究流失客户的特征，从而对流失进行预测、并对流失的后果进行评估，采取客户保留措施，防止因客户流失而引发的经营危机，提升公司的竞争力。

具体说来，客户流失是指客户终止与企业的服务合同或转向其他公司提供的服务，客户流失分析是以客户的历史通话行为数据、客户的基础信息、客户拥有的产品信息为基础，通过适当的数据挖掘手段，综合考虑流失的特点和与之相关的多种因素，从中发现与流失密切相关的特征，在此基础上建立可以在一定时间范围内预测用户流失倾向的预测模型，为相关业务部门提供有流失倾向的用户名单和这些用户的行为特征，以便相关部门制订恰当的营销策略，采取针对性措施，开展客户挽留工作。

12.1.1　客户流失分析要解决的问题

从业务角度考虑客户流失课题中需要解决的问题，具体来说可能有如下几个问题要分析清楚，从而得到确定性的答案。

（1）哪些现有客户可能流失

预测客户流失的可能性，识别高可能流失的客户群，以便后续能精准地对这些客户进行干预，主要对每一个客户流失倾向性的大小进行预测。

（2）现有客户可能在何时流失

如果某一客户可能流失，他会在多长时间内流失。

（3）客户为什么流失

哪些因素造成了客户的流失，客户流失的重要原因是什么，主要对引起客户流失的诸因素进行预测和分析

（4）客户流失的影响

客户流失对客户自身会造成什么影响，客户流失对电信运营商的影响如何，对可能流失客户进行价值评估，该客户的价值影响了运营商将要付出多大的成本去保留该客户。

（5）客户保留措施

针对电信公司需要保留的客户，如何制订客户和执行保留措施。

12.1.2　分析客户流失的类型

为了避免客户流失造成的损失，必须找出那些有流失危险和最有价值的客户，并开展客户保留活动，首先就要从业务上确定什么行为的客户才算作流失客户。一般情况，电信行业的客户流失现象可以分为以下三种情况：

（1）公司内客户转移

客户转移至本电信公司的不同网络或不同业务，主要是电信公司增加新业务，或者资费调整引发的业务转移，例如从普通的固定电话转至 IP 电话，这种情况下，虽然就某个业务单独统计来看存在客户流失，并且会影响到公司的收入，但对公司整体而言客户没有流失，所以，这类客户不是我们关注的对象。

（2）客户被动流失

表现为电信运营商由于客户欺诈或恶意欠费等行为而主动终止客户使用网络和业务，这是由于电信运营商在客户开发的过程中忽视了客户质量造成的，所以，这类客户同样不是我们关注的对象。

（3）客户主动流失

客户主动流失可分为两种情况，一种是客户不再使用任何一家电信运营商的电信业务；另一种是客户选择了另一家运营商，即所谓的"客户跳网"。"客户跳网"的原因主要是客

户认为公司不能提供他所期待的价值，即公司为客户提供的服务价值低于另一家通信运营商，这可能是客户对业务和服务不满意，也可能是客户仅仅想尝试一下别家公司提供而本公司未提供的新业务。这种客户流失形式是研究的主要内容，这才是我们所要关注的"流失"。

12.1.3　如何进行客户流失分析

对于客户流失行为预测来说，需要针对客户流失的不同种类分别定义预测目标，即明确定义何为流失，进而区别处理。预测目标的准确定义对于预测模型的建立是非常重要的，是客户流失分析项目能否成功的决定性因素，它建立在对运营商的商业规则和业务流程的准确把握的基础之上。在客户流失分析中有两个核心变量：财务原因和非财务原因，主动流失和被动流失，对不同的流失客户可以按该原则加以区分，进而制订不同的流失标准，例如，非财务原因主动流失的客户往往是高价值的客户，他们会正常支付服务费用并容易对市场活动有所响应，这种客户是通信企业真正需要保留的客户。而对于非财务原因被动流失的客户，预测其行为的意义不大。

研究哪些客户即将流失时，是一个分类问题，可以将现有客户分为流失和不流失两类，选择适量的历史上流失客户和未流失客户的属性数据组成训练数据集，包括客户的历史通话行为数据、客户的基础信息、客户拥有的产品信息等，基于上述这些数据，利用 SAS 系统提供的决策树、Logistic 回归等模型来建立客户流失的分类模型。

关于流失用户特征的分析，即找到有具体什么特征的客户会流失，可以利用 SAS 中的决策树方法，来发现与客户是否流失关系最为紧密的用户属性特征。由于不同类型的客户可能具有不同的流失特征，因此，在进行深入的客户流失分析时，需要先进行客户细分，再对细分之后的客户群分别进行挖掘。

在预测客户流失时，一个很重要的问题是流失的时间问题，即一个客户即将要流失，那么它可能什么时候会流失。生存分析可以解决这类问题，生存分析不仅可以告诉分析人员在何种情况下客户可能流失，而且还可以告诉分析人员，在这种情况下客户在何时会流失。生存分析以客户流失的时间为响应变量进行建模，以客户的人口统计学特征和行为特征为自变量，对每个客户计算出初始生存率，随着时间和客户行为的变化，客户的生存率也发生变化，当生存率达到一定的阈值后，客户就可能流失。

分析客户流失对客户自身的影响时，主要可以考虑客户的流失成本和客户流失的受益分析。客户流失成本可以考虑流失带来的人际关系损失等因素，通过归纳客户的通话特征来表征。减少客户流失的一个手段就是增加客户的流失成本。客户流失的受益分析就是判断客户流失的动机，是价格因素还是为了追求更好的服务等，这方面内容丰富，需作具体分析。

分析客户流失对通信公司的影响时，不仅要着眼于对收入的影响，而且要考虑其他方面的影响。单个的客户流失对通信公司的影响可能是微不足道的，此时需要研究流失客户群对电信公司收入或业务的影响。这时候可能需要对流失客户进行聚类分析和关联分析，归纳客户流失的原因，有针对性地制订防止客户流失的措施。

在预测出有较大流失可能性的客户后，分析该客户流失对电信公司的影响，评估保留客户后的收益和保留客户的成本。如果收益大于成本，客户是高价值客户，则采取措施对其进行保留；至于低价值客户，不妨任其流失甚至劝其流失。

总之，在利用数据挖掘研究客户流失问题时，需要明确并深入理解业务目标，在明确的业务目标的基础上准备数据、建模，模型评估，最后将模型部署到业务生成之中。

12.2 数据说明

本案例我们分析的数据集为 cellular. sas7bdat，如图 12-1 所示。该假设数据文件涉及某便携式电话公司在减少客户流失方面的举措，每个客户被打上了客户流失倾向分，分数范围从 0 ~ 100，得到 50 分或更高分数的账户可能会更换提供商，需要进行客户挽留。

	Avg monthly minutes	Average monthly bill	Pct used for business	Years using our service	Household income (1998)	Propensity to leave
1	276.4638433	48.433696115	28.112631063	3.4993095969	68.856033139	64.975633342
2	189.00908206	61.931486335	22.573861353	2.4153763212	77.314413124	52.649641055
3	197.49417827	47.903155947	27.481915807	2.4172060659	56.887614824	63.719259206
4	256.77147079	66.923260169	44.837924485	2.3383512044	75.228627878	72.105289109
5	274.82289293	72.779733471	37.559447175	3.3787907055	87.603680904	83.445785443
6	207.28593678	55.829312095	36.889488751	3.1792492215	72.717801045	70.40846319
7	182.76989259	49.774582812	32.276282578	2.4514776084	55.295498213	55.663484566
8	226.49974235	69.777943299	38.203808691	3.0204570403	65.931505613	71.043706078
9	252.38077139	76.849235082	33.869922059	3.2290616787	34.820890981	60.765818648
10	184.65134273	65.212676864	35.517124278	2.3988667184	66.833293574	62.742253044
11	201.02118617	62.637252281	21.785125944	2.2326913237	57.069841011	78.292278528
12	186.51157682	90.165008089	23.310932461	2.099660713	59.40226226	61.651833632
13	230.52277416	70.856465222	41.912216743	2.5737877813	60.509915262	73.466087317

图 12-1　数据集 cellular. sas7bdat

表 12-1 展示了各个字段的说明。

表 12-1　数据集 cellular. sas7bdat 的字段说明

变量	类型	长度	说明
BILL	数值	2	每月平均消费额
BUSINESS	数值	3	为商业所使用的占比
INCOME	数值	5	家庭收入
LOS	数值	4	使用我们服务的年限
MINUTES	数值	1	每月平均分钟数
flag	数值	6	是否流失

该文件包含 250 位客户的财务和人口统计信息，电信公司需要按高或低的离网风险对

他进行分类，以对离网概率较高的用户实施一对一的营销策略。

12.3　因变量定义

本案例涉及业务较简单，仅是判断一个账户的离网概率，且数据集中的变量 flag 已经给出了因变量，不需要再根据客户行为特征进行判断，表 12-2 给出了离网账户的占比为 20%。

表 12-2　账户违约占比

Default	样本量	占比
1	50	20.00%
0	200	80.00%

12.4　样本抽取

样本抽取主要是创建模型开发样本数据集 development_sample 和模型验证样本数据集 validation_sample，表 12-3 给出了开发样本和验证样本的说明。

表 12-3　开发和验证样本说明

总样本	样本类型	开发/验证样本	违约样本	违约率
250	模型开发	150	31	20.67%
	模型验证	100	19	19.00%

样本抽取的 SAS 程序如下。

```
/* 建立逻辑库* /
libname SASDATA  "D:\SASDATA";
proc contents data = sasdata.CELLULAR;
run;
data  cellular_flag;
set sasdata.CELLULAR;
if score > =50 then flag =1;
else flag =0;
run;
proc freq data =cellular_flag;
table flag;
run;
```

```
/*                              累积        累积* /
/* flag        频数      百分比      频数      百分比* /
/* -------------------------------------------------------* /
/*    0        200     80.00       200      80.00* /
/*    1         50     20.00       250     100.00* /
data cellular_flag_id;
set  cellular_flag;
ID = _N_;
RUN;
proc surveyselect data = cellular_flag_id
    method = srs n =150
/* srs 代表指定要用 simple random sampling,所以每个样本是以相同的几率被抽且不置换* /
    out = development_sample;
/* 输出到数据集 SampleSRS* /
run;
/* 选取验证样本* /
proc sql;
    create table validation_sample as
    select a. *
    from  cellular_flag_id a
    left join  development_sample b
    on a. id =b. id
    where b. id =. ;
quit;
/* 统计负样本的占比* /
/* 建模样本的负样本占比* /
proc freq data = development_sample;
table flag;
run;
/* 验证样本的负样本占比* /
proc freq data = validation_sample;
table flag;
run;
```

12.5 数据探索

数据探索是对数据进行初步研究，以便更好地理解它的特殊性质，有助于选择合适的数据预处理和数据分析技术。

　　本案例中的数据探索主要有样本数、缺失值、最大值、最小值、百分位数等统计量的计算，结果见表 12-4 及表 12-5。

表 12-4　模型开发样本数据分布

变量	N	缺失值个数	均值	1% 百分点	99% 百分点	最小值	最大值
MINUTES	150	0	162.736	66.500	299.378	53.642	326.251
BILL	150	0	64.319	16.672	108.514	14.774	121.244
BUSINESS	150	0	32.930	14.823	53.499	13.939	54.980
LOS	150	0	2.683	1.291	4.161	1.095	4.368
INCOME	150	0	61.044	34.969	81.008	30.153	87.596
SCORE	150	0	41.971	19.603	73.466	16.711	81.219
flag	150	0	0.207	0	1	0	1
ID	150	0	120.567	3	248	2	250

表 12-5　模型验证样本数据分布

变量	N	缺失值个数	均值	1% 百分点	99% 百分点	最小值	最大值
MINUTES	100	0	161.360	81.074	275.643	74.703	276.464
BILL	100	0	62.012	8.927	119.302	8.006	120.487
BUSINESS	100	0	32.317	7.016	57.048	5.649	59.228
LOS	100	0	2.674	1.170	3.757	1.020	3.888
INCOME	100	0	62.408	33.942	92.708	33.063	95.439
SCORE	100	0	40.892	21.662	80.869	21.536	83.446
flag	100	0	0.190	0	1	0	1
ID	100	0	132.900	3	248	1	249

　　计算的 SAS 程序如下所示。

```
/* 计算开发样本的均值、最大值、最小值等 */
ods html file = 'development_sample.xls';
proc means data = development_sample n nmiss mean p1 p99 min max;
run;
ods html close;
/* 计算验证样本的均值、最大值、最小值等 */
ods html file = 'validation_sample.xls';
proc means data = validation_sample n nmiss mean p1 p99 min max;
run;
ods html close;
```

12.6 模型开发

12.6.1 变量衍生

此模型中的变量都是连续性的，可以不进行变量衍生。

12.6.2 变量选择

SAS 提供了若干种不同的变量选择方法，对于目标变量是二分类的模型，变量选择可以提供多种方法，本案例中我们使用回归方法和共线性一起处理来选择变量。

12.6.3 相关性处理

相关性分析是指对两个或多个具备相关性的变量元素进行分析，从而衡量两个变量因素的相关密切程度，计算相关系数的 SAS 程序如下。

```
/* 计算变量之间的相关系数* /
proc corr data = development_sample outp = pearson outs = spearman;
run;
```

运行上述的程序，结果见表 12-6，从表中可知变量 BILL 和变量 MINUTES、变量 BUSINESS 和变量 BILL 之间的相关系数分别为 0.526、0.510，相关系数表明此 3 个变量之间有很强的相关性。

表 12-6　变量之间的相关系数

变量	MINUTES	BILL	BUSINESS	LOS	INCOME	flag
MINUTES	1.000	0.526	0.302	0.368	0.343	0.637
BILL	0.526	1.000	0.510	0.336	0.242	0.253
BUSINESS	0.302	0.510	1.000	0.278	0.170	0.061
LOS	0.368	0.336	0.278	1.000	0.230	0.121
INCOME	0.343	0.242	0.170	0.230	1.000	0.216
flag	0.637	0.253	0.061	0.121	0.216	1.000

所谓多重共线性（Multicollinearity）是指线性回归模型中的解释变量之间由于存在精确相关关系或高度相关关系而使模型估计失真或难以估计准确。

SAS 中调用 REG 过程来识别共线性，从而逐步地选择进入模型的变量，reg 过程中的选项为 vif 和 collinoint，SAS 程序如下所示，结果如图 12-2、图 12-3 所示。

```
/* 共线性的处理* /
ods html file = 'collinoint_output. html';
proc reg data = development_sample;
     model flag = BILL
               BUSINESS
               INCOME
               LOS
               MINUTES   /vif collinoint;
run;
ods html close;
```

Parameter Estimates								
Variable	Label	DF	Parameter Estimate	Standard Error	t Value	Pr > |t|	Variance Inflation	
Intercept	Intercept	1	−0.46275	0.18015	−2.57	0.0112	0	
BILL	Average monthly bill	1	−0.00085579	0.00168	−0.51	0.6120	1.72621	
BUSINESS	Pct used for business	1	−0.00522	0.00348	−1.50	0.1357	1.37674	
INCOME	Household income (1998)	1	0.00084180	0.00265	0.32	0.7508	1.15410	
LOS	Years using our service	1	−0.06933	0.04563	−1.52	0.1309	1.22676	
MINUTES	Avg monthly minutes	1	0.00634	0.00068170	9.29	<.0001	1.54954	

图 12-2　方差膨胀因子

Collinearity Diagnostics (intercept adjusted)							
Number	Eigenvalue	Condition Index	Proportion of Variation				
			BILL	BUSINESS	INCOME	LOS	MINUTES
1	2.35412	1.00000	0.06702	0.05856	0.04357	0.05902	0.06827
2	0.89199	1.62455	0.05585	0.23473	0.57188	0.00858	0.02000
3	0.73100	1.79455	0.02888	0.07878	0.16865	0.82736	0.00004435
4	0.62664	1.93824	0.06281	0.31565	0.19517	0.09614	0.45798
5	0.39625	2.43742	0.78543	0.31228	0.02073	0.00891	0.45371

图 12-3　条件指数结果

从图 12-2 中可以看出，方差膨胀因子 Variance Inflation 全部小于 2，所以变量之间没有明显的共线性情况；但是从图 12-3 中可以看出，Number 等于 5 时，条件指数 Condition Index 大于 1.5。因此，从条件指数的角度来说，此 4 个变量之间有较强的共线性，建议在后续变量选择阶段进行筛选。

12. 6. 4　模型结果

调用 Logistic 过程进行模型拟合，使用 stepwise 逐步回归方法选项最终的变量，分数输出至 score 数据集中，程序如下。

```
/* 拟合 logistic 模型*/
ods html file = 'logistic_output.html';
proc logistic data = development_sample descending  outest = formul ;
        model flag =  BILL
                   BUSINESS
                   INCOME
                   LOS
                   MINUTES
/stepwise  sls = 0.01
           sle = 0.01
           maxstep = 20
        LACKFIT
;
        output out = lout;
        score  out = score ;
run;
ods html close;
```

运行上述程序，模型拟合结果见表 12-7、表 12-8，首先给出的是模型整体显著性检验。

表 12-7　模型整体显著性检验结果

Testing Global Null Hypothesis：BETA = 0			
Test	Chi – Square	DF	Pr > ChiSq
Likelihood Ratio	75. 142 4	1	<. 000 1
Score	60. 944 3	1	<. 000 1
Wald	27. 498 5	1	<. 000 1

从表 12-7 中可知，p - value 均小于 0. 000 1，拒绝原假设，说明回归系数对模型有显著性的影响。

然后，从表 12-8 中可知，仅有变量 MINUTES 通过了 Wald Chi – Square 检验（P 值的阈值为 0. 01），并进入模型，说明其他系数在统计上是不显著的，所以最终的拟合方程如下。

```
P = exp( -12. 9206 + 0. 0635 * MINUTES)/(1 + exp( -12. 9206 + 0. 0635 * MINUTES));
```

表 12-8　模型拟合结果

Analysis of Maximum Likelihood Estimates

Parameter	Estimate	Standard Error	Wald Chi – Square	Pr ＞ ChiSq
Intercept	– 12. 920 6	2. 314 9	31. 151 8	<. 000 1
MINUTES	0. 063 5	0. 012 1	27. 498 5	<. 000 1

在各回归系数以及整体模型都通过了显著性检验后，并不能确定模型一定是正确的，我们还得检验所设定的函数形式是否正确。

由 SAS 程序中的关键字 LACKFIT 得到的检验结果如下表 12-9 所示，从表中我们可以看到 p-value = 0. 723 3 > 0. 05，接受原假设，即我们设定的函数形式是正确的。

表 12-9　Hosmer – Lemeshow 检验结果

Hosmer and Lemeshow Goodness-of-Fit Test

Chi-Square	DF	Pr ＞ ChiSq
5. 316	8	0. 723 3

12.7　模型评估

模型拟合完毕以后需要对模型的拟合效果进行测试，包括开发样本上的模型性能和验证样本上的模型性能，模型性能的评估标准有 ROC、KS 曲线、GINI 系数等。

12.7.1　开发样本上的模型性能

开发样本上的模型拟合结果保存在数据集 score 中，所以根据结果可以计算违约概率，程序如下所示。

```
data ks_data ;
    set score;
    score = int(P_1* 10);
scc = P_1;
    keep score ID DEFAULT P_1 scc;
run;
```

然后根据本章前文介绍的 KS 定义进行计算，结果见表 12-10，KS 等于 71. 97%，LIFT 约为 4.4。

表 12-10　开发样本的 KS 结果

Rank	#Total	Min Score	Mean Score	Max Score	#Bad	% Total Bad	Cum % Total Bad	Interval Bad Rate	Pred-Actual	K-S
1	15	0.80	0.92	1.00	14	45.16%	45.16%	93.33%	−1.82%	44.32%
2	15	0.37	0.54	0.80	8	25.81%	70.97%	53.33%	0.73%	64.25%
3	15	0.21	0.29	0.37	5	16.13%	87.10%	33.33%	−4.17%	71.97%
4	15	0.11	0.16	0.20	2	6.45%	93.55%	13.33%	2.44%	67.50%
5	15	0.06	0.08	0.11	1	3.23%	96.77%	6.67%	1.29%	58.96%
6	15	0.03	0.04	0.06	0	0.00%	96.77%	0.00%	4.40%	46.35%
7	15	0.02	0.02	0.03	0	0.00%	96.77%	0.00%	2.08%	33.75%
8	15	0.01	0.01	0.02	1	3.23%	100.00%	6.67%	−5.50%	25.21%
9	15	0.00	0.00	0.01	0	0.00%	100.00%	0.00%	0.45%	12.61%
10	15	0.00	0.00	0.00	0	0.00%	100.00%	0.00%	0.10%	0.00%
Total	150	0.00	0.21	1.00	31	100.00%	—	20.67%	0.00%	71.97%

开发样本上的 ROC 曲线可以直接调用 SAS 关键字 plots（only）＝roc 获取，程序如下。

```
/* 绘制 ROC 曲线* /
ods graphics on;
proc logistic data = development_sample plots(only) = roc;
        model flag = MINUTES ;
run;
ods graphics off;
```

运行程序得到的 ROC 曲线如图 12-4 所示（其中横坐标为 1-Specificity，纵坐标为 Sensitivity），为本章上文所定义。从图 12-4 中可以得到 ROC 曲线下面的面积为 0.923 6。

12.7.2　验证样本上的模型性能

开发样本上的模型拟合结果保存在数据集 score 中，所以根据结果可以计算违约概率，程序如下所示。

```
data score_val;
set  Validation_sample;
logit = -12.9206 +0.0635* MINUTES ;
score = exp(logit)/(1 +exp(logit));
run;
```

然后根据本章前文介绍的 KS 定义进行计算，结果见表 12-11，KS 等于 86.42%，LIFT 约为 5.2。

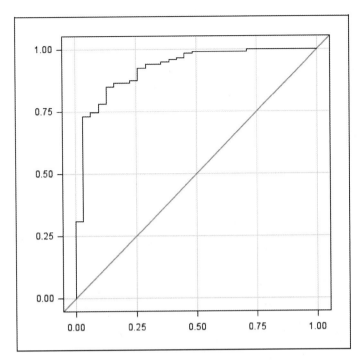

图 12-4　开发样本的 ROC 曲线

表 12-11　验证样本的 KS 结果

Rank	#Total	Min Score	Mean Score	Max Score	#Bad	% Total Bad	Cum % Total Bad	Interval Bad Rate	Pred-Actual	K-S
1	10	0.90	0.95	0.99	10	52.63%	52.63%	100.00%	−4.87%	52.63%
2	10	0.46	0.68	0.88	6	31.58%	84.21%	60.00%	7.54%	79.27%
3	10	0.20	0.27	0.39	3	15.79%	100.00%	30.00%	−2.51%	86.42%
4	10	0.09	0.13	0.20	0	0.00%	100.00%	0.00%	12.83%	74.07%
5	10	0.04	0.06	0.08	0	0.00%	100.00%	0.00%	5.85%	61.73%
6	10	0.02	0.03	0.04	0	0.00%	100.00%	0.00%	2.84%	49.38%
7	10	0.01	0.02	0.02	0	0.00%	100.00%	0.00%	1.74%	37.04%
8	10	0.01	0.01	0.01	0	0.00%	100.00%	0.00%	0.99%	24.69%
9	10	0.00	0.00	0.01	0	0.00%	100.00%	0.00%	0.36%	12.35%
10	10	0.00	0.00	0.00	0	0.00%	100.00%	0.00%	0.09%	0.00%
Total	100	0.00	0.21	0.99	19	100.00%	—	19.00%	2.49%	86.42%

如图 12-5 所示是 ROC 曲线，为本章上文所定义。

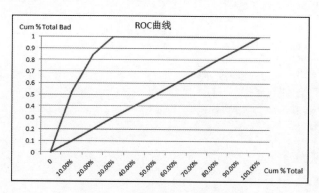

图 12-5　验证样本上的 ROC 曲线

12.8　模型应用

　　模型应用是指根据数据建模结果进行业务上的应用，具体到本案例中的商业问题，则需要业务人员根据经验及历史预测概率值选取对应的账户群体，提交给客服或者营销部门进行一对一或者其他挽留的措施，减少高离网概率账户的流失。

第 13 章
银行贷款用户风险分析

银行信贷业务又称为信贷资产或贷款业务，是商业银行最重要的一个资产业务，通过放款收回本金和利息，扣除成本后获得利润，所以信贷是商业银行的主要赢利手段。由于放款脱离了银行的控制，不能按时收回本息的风险较大，所以对信贷应在遵守合同法和贷款通则的基础上，建立严格的贷款制度。其中借贷人的信用风险度量是主要的风险防控内容。

从银行角度来考察，贷款风险是指贷款人在经营贷款业务过程中面临的各种损失发生的可能性。贷款风险通常是对贷款人而言的，贷款风险具有可测性，可以通过综合考察一些因素，在贷款发放之前或之后，测算出贷款本息按期收回的概率。

所谓贷款风险度就是指衡量贷款风险程度大小的尺度。贷款风险度是一个可以测算出来的具体的量化指标，它通常大于 0 小于 1，贷款风险度越大，说明贷款本息按期收回的可能性越小；反之，贷款风险度越小，说明贷款本息按期收回的可能性越大。所以，衡量贷款人的风险程度，及时发现风险，防患于未然，是一项极为重要的工作。

本章主要讲述如何利用 SAS 系统中的 PROC Logistic 过程实现银行贷款用户的风险分析。

13.1 案例背景

本案例的数据集来源于某家银行的信贷记录数据，虽然数据量较少，但是可以作为一般银行贷款业务来进行分析。SAS 系统中的 PROC Logistic 过程可以实现 Logistic 回归模型的分析。本案例所分析的数据集为 bankloan. sas7bdat.，此数据集为银行贷款的用户信用记录数据，数据集 bankloan. sas7bdat 的数据格式如图 13-1 所示。

该假设数据文件涉及某银行在降低贷款拖欠率方面的举措，该文件包含 850 位过去和潜在客户的财务和人口统计信息，前 700 个个案是以前曾获得贷款的客户，剩下的 150 个个案是潜在客户，银行需要按高或低信用风险对他进行分类。表 13-1 展示了各个字段的说明。

	Age in years	Level of education	Years with current employer	Years at current address	Household income in thousands	Debt to income ratio (x100)	Credit card debt in thousands	Other debt in thousands	Previously defaulted
1	41	3	17	12	176	9.3	11.359392	5.008608	1
2	27	1	10	6	31	17.3	1.362202	4.000798	0
3	40	1	15	14	55	5.5	0.856075	2.168925	0
4	41	1	15	14	120	2.9	2.65872	0.82128	0
5	24	2	2	0	28	17.3	1.787436	3.056564	1
6	41	2	5	5	25	10.2	0.3927	2.1573	0
7	39	1	20	9	67	30.6	3.833874	16.668126	0
8	43	1	12	11	38	3.6	0.128592	1.239408	0
9	24	2	3	4	19	24.4	1.358348	3.277652	1
10	36	1	0	13	25	19.7	2.7777	2.1473	0

图 13-1　数据集 bankloan. sas7bdat

表 13-1　数据集 bankloan. sas7bdat 的字段说明

变量	类型	长度	说明
ADDRESS	数值	4	在当前的住址住多少年
AGE	数值	1	年龄
CREDDEBT	数值	7	信用卡借款
DEBTINC	数值	6	债务和收入之比
DEFAULT	数值	9	是否违约, 1 表示违约, 0 表示未违约
ED	数值	2	教育水平, 1 表示没有完成高中, 2 表示高中毕业, 3 表示大专生, 4 表示本科生, 5 表示研究生
EMPLOY	数值	3	和当前的老板一起工作多少年
INCOME	数值	5	家庭总收入
OTHDEBT	数值	8	其他债务

13.2　因变量定义

本案例涉及的业务较简单, 仅是判断一个账户的违约概率, 且数据集中的变量 DE-FAULT 已经给出了因变量, 表 13-2 给出了账户违约占比为 26.14%。

表 13-2　账户违约占比

Default	样本量	占比
1	183	26.14%
0	517	73.86%

13.3　样本抽取

样本抽取主要是创建模型开发样本数据集 development_ sample 和模型验证样本数据集 validation_ sample，表 13-3 给出了开发和验证数据集上的样本分布情况。

表 13-3　开发和验证样本说明

总样本	样本类型	开发/验证样本	违约样本	违约率
700	模型开发	400	101	24.75%
	模型验证	300	84	28.00%

样本抽取的 SAS 程序如下。

```
/* 设置逻辑库*/
libname SASDATA   "D:\SASDATA";
/* 删除不需要的变量*/
data bankloan_0 ;
set SASDATA.bankloan;
drop PREDDEF1   PREDDEF2   PREDDEF3;
run;
/* 选取建模样本*/
data smaple_nomissing;
set bankloan_0 ;
if default^ =. then output;
run;
data   smaple_nomissing_id;
set   smaple_nomissing;
ID = _N_ ;
RUN;
/* 选取模型开发样本*/
proc surveyselect data = smaple_nomissing_id
    method = srs n =400
/* srs 代表指定要用 simple random sampling,所以每个样本是以相同的概率被抽且不置换*/
    out =development_sample;
/* 输出到数据集 SampleSRS*/
run;
/* 选取模型验证样本*/
proc sql;
    create table validation_sample as
```

```
      select a.*
      from   smaple_nomissing_id a
      left join   development_sample b
      on a.id=b.id
      where b.id=.;
  quit;
  /* 统计负样本的占比* /
  /* 建模样本的负样本占比* /
  proc freq data=development_sample;table default;run;
  /* 验证样本的负样本占比* /
  proc freq data=validation_sample;table default;run;
```

13.4 数据探索

13.4.1 为什么要进行数据探索

数据探索是对数据进行初步研究，以便更好地理解它的特殊性质，有助于选择合适的数据预处理和数据分析技术。一般而言，数据探索要解决的具体任务如下：

- 发现错误和丢失的数据；
- 绘制数据的底层结构；
- 确定最重要的变量；
- 列出异常和异常值；
- 测试与具体模型相关的假设/检查假设；
- 建立一个简约的模型（可用于用最小预测变量来解释数据的模型）；
- 估计参数并计算相关的置信区间或误差范围。

其中了解数据的类型、数据的质量以及数据的分布情况是必须要做的工作。

1. 数据的类型

要了解哪些数据是分类型变量，哪些是连续型变量，比如客户 ID、性别、教育水平、所属地区等，属于分类型变量，这些数据如果需要进入模型，则需要对其进行预处理；比如交易次数、收入、收益、比率等，则属于连续型变量。

2. 数据的质量

数据质量分析的主要任务是检查原始数据中是否存在脏数据，脏数据一般指的是不符合要求以及不能直接进行相应分析的数据。数据的质量分析侧重于脏数据的发现，而数据清洗则是对这些脏数据的修正或者丢弃。一般情况下，数据的质量分析与数据清洗是相伴而行的，在分析出脏数据的时候伴随着对数据的清洗。

缺失值产生的原因有很多，一般而言有如下几种情况，一是有些信息无法获取，比如客户年龄，考虑到客户隐私，客户一般不会告知年龄；二是系统收集信息时出现遗漏情况；三是变量属性值本身就不存在，比如未结婚的配偶姓名等。有些情况下，缺失值并不意味着数据有错误，对一些对象来说某些属性值是不存在的。

遇到数据缺失的情况，就要先对缺失值进行处理，否则数据集中出现缺失值会直接影响建模过程。

3．数据的分布

数据分布分析的目的是查看变量是否存在极端值，或者叫作离群值，离群值往往会扭曲预测结果并影响模型精度。回归模型（线性回归、广义线性回归）中离群值的影响尤其大，使用该模型时我们需要对其进行检测和处理。

检测到离群值之后，一般需对离群值进行处理，通常情况用变量的 P1、P99 分位点进行截断，或者不对离群值进行处理，可以选择对极端值不敏感的模型，比如 KNN 模型，决策树模型等。

13.4.2　数据分布情况

本案例中的数据探索主要对变量的缺失情况、分布情况进行分析，计算样本统计量的 SAS 程序如下所示。

```
/* 计算开发样本的均值、最大值、最小值等* /
ods html file = 'development_sample.xls';
proc means data = development_sample n nmiss mean p1 p99 min max;
run;
ods html close;
/* 计算验证样本的均值、最大值、最小值等* /
ods html file = 'validation_sample.xls';
proc means data = validation_sample n nmiss mean p1 p99 min max;
run;
ods html close;
```

运行上述程序，结果见表 13-4 和表 13-5，分别展示了开发和验证数据集上的变量数分布。通过对表 13-4 和表 13-5 的观察，可知建模数据集和测试数据集中没有变量存在缺值、变量分布较正常，所以不用进行缺失值替换及极端值截断的处理。

表 13-4　模型开发样本数据分布

变量	N	缺失值	均值	1% 百分点	99% 百分点	最小值	最大值
AGE	400	0	34.755	21	54	20	56
ED	400	0	1.717 5	1	4	1	5

变量	N	缺失值	均值	1% 百分点	99% 百分点	最小值	最大值
EMPLOY	400	0	8.332 5	0	27.5	0	31
ADDRESS	400	0	8.27	0	26.5	0	31
INCOME	400	0	45.61	14	168	14	446
DEBTINC	400	0	10.185	0.9	33.35	0.4	41.3
CREDDEBT	400	0	1.562 532 8	0.029 655	9.738 54	0.011 696	16.031 47
OTHDEBT	400	0	3.082 844 7	0.165 982 5	17.501 395	0.045 584	27.033 6
DEFAULT	400	0	0.247 5	0	1	0	1
ID	400	0	366.765	9	692.5	2	699

表 13-5 模型验证样本数据分布

变量	N	缺失值	均值	1% 百分点	99% 百分点	最小值	最大值
AGE	300	0	35	22.5	53	21	55
ED	300	0	1.73	1	4	1	5
EMPLOY	300	0	8.463 333 3	0	28	0	31
ADDRESS	300	0	8.29	0	26.5	0	34
INCOME	300	0	45.59	15.5	227.5	14	253
DEBTINC	300	0	10.361 333 3	0.95	29.3	0.6	30.7
CREDDEBT	300	0	1.541 579 5	0.048 254	12.795 42	0.024 576	20.561 31
OTHDEBT	300	0	3.025 360 5	0.139 851	16.926 339	0.089 488	23.104 224
DEFAULT	300	0	0.28	0	1	0	1
ID	300	0	328.813 333 3	7.5	694.5	1	700

13.5 模型建设

模型能够描述违约的客户所应具有的综合"特征"，通过对这些"特征"进行量化的判断，可以从统计学的角度上得到具有这些"特征"的客户的违约概率，然后根据概率的高低来确定哪些客户的违约风险是比较高的。

13.5.1 变量衍生

大多数不好的模型的问题根源来自没有很好地处理变量衍生。对分类变量处理方法不当有三种类型：包含了太多的分类层次（Level）；包含很少有值的分类层次；或者包含一类数据，这类数据占整体数据的很大比例。

一般来说，一个 k 层的分类变量在模型中需要 $k-1$ 个参数来表示，而一个连续性变量只需要一个参数来表示，所以一个 k 层分类变量需要 $k-1$ 个连续性变量对应。参数越多需要的数据量也越大，对性能的影响也越来越大。

考虑到变量 ED（教育水平）为水平分类变量，故不能直接进行 Logistic 模型建模，需要对此变量进行衍生。

首先看一下变量 ED 有几个水平，SAS 程序如下。

```
/* 考虑到 ED 变量属于分类变量,需要对 ED 变量进行衍生处理 */
ODS RTF;
proc freq data = development_sample;
table ED;
run;
ODS RTF CLOSE;
```

运行后结果如表 13-6 所示。

表 13-6　变量 ED 的水平分类情况

Level of education				
ED	频数	百分比（%）	累积频数	累积百分比（%）
1	211	52.75	211	52.75
2	114	28.5	325	81.25
3	55	13.75	380	95
4	17	4.25	397	99.25
5	3	0.75	400	100

从表 13-6 可知，变量 ED 有 5 个水平分类，故需要 4 个变量来表示。设 4 个变量为 ED_1、ED_2、ED_3、ED_4，SAS 程序如下。

```
/* 对变量 ED 进行衍生 */
DATA   development_sample02;
SET development_sample;
IF ED = 1 THEN ED_1 = 1;ELSE ED_1 = 0;
IF ED = 2 THEN ED_2 = 1;ELSE ED_2 = 0;
IF ED = 3 THEN ED_3 = 1;ELSE ED_3 = 0;
IF ED = 4 THEN ED_4 = 1;ELSE ED_4 = 0;
RUN;
```

13.5.2　变量选择

在数据抽样和数据分割之后，尤其是变量衍生完成之后，要进行变量选择。变量选择就是从大量的候选变量中识别出对模型比较重要的变量子集。

SAS 提供了若干种不同的变量选择方法，对于目标变量是分类型的模型，变量选择可以提供多种方法，比如 R 方、卡方、IV 值等统计量，或者使用决策树和回归方法。本案例中我们使用回归方法来选择变量。

选择变量的 SAS 程序如下，调用 proc reg 过程来执行。

```
proc reg data = development_sample;
    model dep = ADDRESS AGE CREDDEBT DEBTINC ED_1 ED_2
            ED_3   ED_4 OTHDEBT INCOME
            EMPLOY   /selection = stepwise;
run;
```

13.5.3 共线性处理

所谓多重共线性（Multicollinearity）是指线性回归模型中的解释变量之间由于存在精确相关关系或高度相关关系而使模型估计失真或难以估计准确。

SAS 中调用 REG 过程来识别共线性，从而逐步地选择进入模型的变量。REG 过程中的选项为 vif 和 collinoint，SAS 程序如下。结果见表 13-7 和图 13-2。

```
/* 共线性的处理* /
ods html file = 'collinoint_output.xls';
proc reg data =  development_sample02 ;
    model DEFAULT = ADDRESS AGE CREDDEBT  DEBTINC
                ED_1 ED_2 ED_3 ED_4 OTHDEBT INCOME
                EMPLOY  /vif collinoint;
run;
ods html close;
```

表 13-7 方差膨胀因子

Parameter Estimates					
Variable	Parameter Estimate	Standard Error	t Value	Pr > |t|	Variance Inflation
Intercept	0. 187 7	0. 243 39	0. 77	0. 441 1	0
ADDRESS	− 0. 009 54	0. 003 3	− 2. 89	0. 004 1	1. 562 93
AGE	0. 002 29	0. 003 21	0. 72	0. 474 9	2. 080 75
CREDDEBT	0. 034 47	0. 014 96	2. 3	0. 021 8	2. 826 68
DEBTINC	0. 023 09	0. 004 95	4. 66	<. 000 1	3. 533 12
ED_1	− 0. 108 83	0. 217 43	− 0. 5	0. 617	35. 434 88
ED_2	− 0. 027 2	0. 216 71	− 0. 13	0. 900 2	28. 778 03
ED_3	− 0. 057 02	0. 219 25	− 0. 26	0. 794 9	17. 144 31
ED_4	− 0. 114 43	0. 231 43	− 0. 49	0. 621 3	6. 554 59
OTHDEBT	− 0. 011 46	0. 010 56	− 1. 09	0. 278 2	3. 884 28
INCOME	0. 001 97	0. 001 04	1. 9	0. 058 8	4. 512 86
EMPLOY	− 0. 024 8	0. 004 09	− 6. 06	<. 000 1	2. 218 72

从表 13-7 可知，严格情况下，方差膨胀因子 Variance Inflation 小于 2，则会避免出现多

重共线性情况。从图 13-2 中可以看出哪些变量之间具有共线性，比如，当 number = 11 时，条件指数 Condition Index 大于 1.5，且变量 ED_1、ED_2、ED_3、ED_4 对应的方差比例均大于 0.5，则此 4 个变量之间具有很强的共线性。

另外，方差膨胀因子 Variance Inflation 和条件指数 Condition Index 的阈值根据具体情况而定，不同的业务、模型对应的阈值是不一样的，这点务必知悉。图 13-2 展示了各个变量的条件指数结果。

Number	Eigenvalue	Condition Index	ADDRESS	AGE	CREDDEBT	DEBTINC	ED_1	ED_2	ED_3	ED_4	OTHDEBT	INCOME	EMPLOY
1	3.34963	1.00000	0.01501	0.02040	0.01846	0.00420	0.00007525	0.00000208	0.00013378	0.00007968	0.01512	0.01286	0.01953
2	1.75633	1.38101	0.00343	0.00853	0.00010921	0.00070111	0.00822	0.00571	0.00182	0.00230	0.00118	0.00032415	0.01606
3	1.57409	1.45876	0.04572	0.03179	0.02155	0.06126	0.00039202	0.00223	0.00026600	0.00448	0.01255	0.00263	0.02153
4	1.20863	1.66476	0.00321	0.00020552	0.00287	0.01288	0.00038131	0.00706	0.03163	0.00014524	0.00077358	0.00083930	0.00076565
5	1.06375	1.77452	0.05332	0.00381	0.00162	0.00292	0.00006124	0.00090172	0.00298	0.11136	0.00311	0.0001017	0.00553
6	0.88394	1.94665	0.25702	0.04960	0.00420	0.05593	0.00003312	0.00009585	0.00064301	0.00595	0.00021819	0.06015	0.04088
7	0.40389	2.87982	0.27622	0.24853	0.35595	0.01409	0.00016455	0.00006594	0.00000187	0.00531	0.09835	0.00493	0.01092
8	0.33812	3.14749	0.20401	0.14190	0.10287	0.02602	0.00185	0.00014873	0.00251	0.01042	0.21463	0.08553	0.25242
9	0.30951	3.28974	0.13885	0.48566	0.10474	0.02986	0.00037298	0.00002595	0.00078125	0.00395	0.01225	0.03129	0.61284
10	0.10042	5.77538	0.00243	0.00380	0.37685	0.79108	6.827661E-7	0.00034225	0.00002411	0.00458	0.64181	0.78390	0.00674
11	0.01169	16.92386	0.00078181	0.00579	0.01079	0.00106	0.98846	0.98341	0.95922	0.85141	0.00000529	0.01744	0.01278

图 13-2　条件指数结果

13.5.4　模型结果

调用 Logistic 过程进行模型拟合，使用 proc stepwise 逐步回归方法选择最终的变量，分数输出至 score 数据集中，程序如下。

```
/* 拟合 logistic 模型* /
ods html file = 'logistic_output.xls';
proc logistic data = development_sample02 descending  outest = formul ;
     model default = ADDRESS AGE CREDDEBT
                DEBTINC ED_1 ED_2 ED_3 ED_4
                OTHDEBT INCOME
                EMPLOY /stepwise sls = 0.01
sle = 0.01
maxstep = 20
;
     output out = lout;
     score  out = score ;
run;
ods ht                 ml close;
```

运行上述程序，模型拟合结果见表 13-8、表 13-9，首先给出的是模型整体显著性检验。对模型的整体显著性进行检验的方法很多，如似然比检验、得分检验及 Wald 检验。我们在这里采用得分检验。

表 13-8　模型整体显著性检验结果

Testing Global Null Hypothesis：BETA = 0			
Test	Chi-Square	DF	Pr > ChiSq
Likelihood Ratio	144. 398 9	4	< . 000 1
Score	115. 364	4	< . 000 1
Wald	72. 704 8	4	< . 000 1

从表 13-8 可知，p – value < 0.000 1，拒绝原假设，说明回归系数对模型有显著性的影响，由似然比检验与 Wald 检验我们可以得出相同的结论。

然后，从下表 13-9 可知，各回归系数都通过了 Wald Chi – Square 检验（P 值的阈值为 0.01），说明各系数在统计上是显著的，所以最终的拟合方程如下。

```
P = exp( - 1.0808 - 0.078 * ADDRESS + 0.5091 * CREDDEBT + 0.1119 * DEBTINC + 0.2475 * EM-
PLOY)/

(1 + exp( - 1.0808 + 0.078 * ADDRESS + 0.5091 * CREDDEBT + 0.1119 * DEBTINC + 0.2475 * EM-
PLOY));
```

表 13-9　模型拟合结果

Analysis of Maximum Likelihood Estimates				
Parameter	Estimate	Standard Error	Wald Chi – Square	Pr > ChiSq
Intercept	– 1. 080 8	0. 326 4	10. 961 5	0. 000 9
ADDRESS	– 0. 078	0. 025 4	9. 399 2	0. 002 2
CREDDEBT	0. 509 1	0. 111 3	20. 914 2	< . 000 1
DEBTINC	0. 111 9	0. 025 4	19. 434 1	< . 000 1
EMPLOY	– 0. 247 5	0. 039 4	39. 543 5	< . 000 1

在各回归系数以及整体模型都通过了显著性检验后，并不能确定模型一定是正确的，我们还得检验所设定的函数形式是否正确。由于此数据属于分组数据，我们要用 Hosmer-Lemeshow 法来检验，假设

$$H_0 : E\{Y_i\} = \left[1 + \exp(\beta_0 + \beta_1 X_{1i} + \beta_2 X_{2i}) \right]^{-1}$$

$$H_1 : E\{Y_i\} \neq \left[1 + \exp(\beta_0 + \beta_1 X_{1i} + \beta_2 X_{2i}) \right]^{-1}$$

由 SAS 程序得到的检验结果见表 13-10。

表 13-10　Hosmer – Lemeshow 检验结果

Hosmer and Lemeshow Goodness – of – Fit Test		
Chi-Square	DF	Pr > ChiSq
13. 308 3	8	0. 101 7

从表 13-10 中我们可以看到 $p-value = 0.1017 > 0.05$，接受原假设，即我们设定的函数形式是正确的。

此模型得到的机会比率的结果见表 13-11。

表 13.11　模型的机会比率

Odds Ratio Estimates			
Effect	Point Estimate	95% Wald Confidence Limits	
ADDRESS	0.925	0.88	0.972
CREDDEBT	1.664	1.338	2.069
DEBTINC	1.118	1.064	1.175
EMPLOY	0.781	0.723	0.843

从表 13-11 可知，ADDRESS 的机会比率为 0.925，表示每增长一年，违约的概率会减少 7.5%；CREDDEBT 的机会比率为 1.664，表示每增加一个单位，违约的概率会增加 66.4%；DEBTINC 和 EMPLOY 可以同样解释。

对 400 个观测值进行预测，其预测值与真实值之间的列联表见表 13-12，cutoff 的取值为 0.1、0.2、0.3 一直到 0.9，可以根据此分类表来确定合适的阈值，即 cutoff 点。

表 13-12　分类表

Classification Table									
Prob Level	Correct		Incorrect		Percentages				
	Event	Non-Event	Event	Non-Event	Correct	Sensitivity	Specificity	FALSEPOS	FALSENEG
0.1	93	153	148	6	61.5	93.9	50.8	61.4	3.8
0.2	84	211	90	15	73.8	84.8	70.1	51.7	6.6
0.3	76	244	57	23	80	76.8	81.1	42.9	8.6
0.4	60	261	40	39	80.3	60.6	86.7	40	13
0.5	48	279	22	51	81.8	48.5	92.7	31.4	15.5
0.6	35	287	14	64	80.5	35.4	95.3	28.6	18.2
0.7	25	293	8	74	79.5	25.3	97.3	24.2	20.2
0.8	16	298	3	83	78.5	16.2	99	15.8	21.8
0.9	8	300	1	91	77	8.1	99.7	11.1	23.3
1	0	301	0	99	75.3	0	100	.	24.8

13.6　模型性能评估

模型拟合完毕以后需要对模型的拟合效果进行测试，包括开发样本上的模型性能和验证样本上的模型性能。模型性能的评估标准有 ROC 曲线、KS 曲线、GINI 系数等。

13.6.1 开发样本上的模型性能

开发样本上的模型拟合结果保存在数据集 score 中，所以根据结果可以计算违约概率，程序如下所示。

```
data ks_data ;
    set score;
    score = int(P_1* 10);
    scc = P_1;
    keep score ID DEFAULT P_1 scc;
run;
```

然后根据本章前文介绍的 KS 定义进行计算，结果见表 13-13，KS 等于 60.94%，LIFT 约为 2.7。

表 13-13　开发样本的 KS 结果

Rank	#Total	Min Score	Mean Score	Max Score	#Bad	% Total Bad	Cum % Total Bad	Interval Bad Rate	Pred- Actual	K-S
1	40	0.659	0.811	0.999	30	30.30%	30.30%	75.00%	6.11%	26.98%
2	40	0.456	0.552	0.650	23	23.23%	53.54%	57.50%	−2.33%	44.57%
3	40	0.353	0.400	0.454	20	20.20%	73.74%	50.00%	−9.99%	58.12%
4	40	0.217	0.282	0.353	12	12.12%	85.86%	30.00%	−1.78%	60.94%
5	40	0.132	0.179	0.215	6	6.06%	91.92%	15.00%	2.92%	55.71%
6	40	0.094	0.113	0.129	3	3.03%	94.95%	7.50%	3.80%	46.44%
7	40	0.056	0.075	0.093	1	1.01%	95.96%	2.50%	5.05%	34.50%
8	40	0.028	0.043	0.056	3	3.03%	98.99%	7.50%	−3.21%	25.24%
9	40	0.007	0.016	0.028	1	1.01%	100.00%	2.50%	−0.92%	13.29%
10	40	0.001	0.004	0.007	0	0.00%	100.00%	0.00%	0.36%	0.00%
Total	400	0.001	0.248	0.999	99	100.00%	—	24.75%	0.00%	60.94%

开发样本上的 ROC 曲线可以直接调用 SAS 关键字 plots 获取，程序如下。

```
ods graphics on;
proc logistic data = development_sample02 plots(only) = roc;
    model default = ADDRESS
                    CREDDEBT
                    DEBTINC
                    EMPLOY
;
run;
ods graphics off;
```

图 13-3 是 ROC 曲线（其中横坐标为 1-Specificity，纵坐标为 Sensitivity），为本章上文所定义，从图中可以看到，ROC 下面的面积为 0.8662。

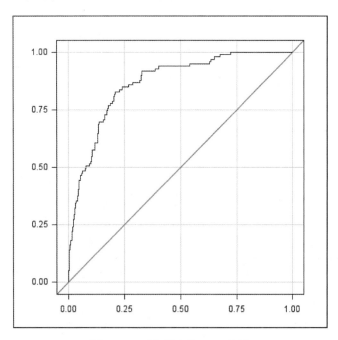

图 13-3　开发样本的 ROC 曲线

13.6.2　验证样本上的模型性能

开发样本上的模型拟合结果保存在数据集 score 中，所以根据结果可以计算违约概率，程序如下所示，结果见表 13-14 和图 13-4。

```
data score_val;
set  Validation_sample;
logit =
-1.0808         +
-0.078* ADDRESS   +
0.5091* CREDDEBT +
0.1119* DEBTINC  +
-0.2475* EMPLOY
;
score = exp(logit)/(1+exp(logit));
run;
```

然后根据本章前文介绍的 KS 定义进行计算，结果见表 13-14，KS 等于 49.60%，LIFT 约为 3。

表 13.14　验证样本的 KS 结果

Rank	#Total	Min Score	Mean Score	Max Score	#Bad	% Total Bad	Cum % Total Bad	Interval Bad Rate	Pred-Actual	K-S
1	30	0.66	0.80	0.97	26	30.95%	30.95%	86.67%	-6.44%	29.10%
2	30	0.46	0.56	0.66	19	22.62%	53.57%	63.33%	-7.15%	46.63%
3	30	0.31	0.38	0.46	10	11.90%	65.48%	33.33%	4.90%	49.27%
4	30	0.23	0.26	0.29	6	7.14%	72.62%	20.00%	6.21%	45.30%
5	30	0.17	0.20	0.23	11	13.10%	85.71%	36.67%	-16.80%	49.60%
6	30	0.10	0.14	0.17	5	5.95%	91.67%	16.67%	-3.01%	43.98%
7	30	0.05	0.07	0.10	3	3.57%	95.24%	10.00%	-2.85%	35.05%
8	30	0.02	0.04	0.05	3	3.57%	98.81%	10.00%	-6.31%	26.12%
9	30	0.01	0.02	0.02	1	1.19%	100.00%	3.33%	-1.74%	13.89%
10	30	0.00	0.00	0.01	0	0.00%	100.00%	0.00%	0.37%	0.00%
Total	300	0.00	0.25	0.97	84	100.00%	.	28.00%	-3.28%	49.60%

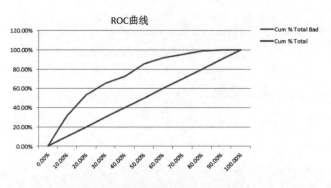

图 13-4　验证样本上的 ROC 曲线

13.7　模型应用

模型应用是指根据数据建模结果进行业务上的应用。在本章中的案例中，客户的违约风险概率分数被计算出来之后，在贷款的审批环节，将会对不同风险分数等级的客户进行不同的业务策略操作，比如，如果是某客户的违约概率分数较高，则银行信贷人员可以直接拒绝贷款；如果某客户的违约概率分数较低，则银行信贷人员可以结合客户的其他材料审慎批准放贷。总之，在得到了每个客户的违约概率之后，就可以及时防控贷款风险，降低坏账率。

第 14 章

信用风险评分卡开发

　　银行信用评分是指银行根据客户的各种历史信用资料，利用一定的信用评分模型，得到的客户不同等级的信用分数。根据客户的信用分数，授信者可以通过分析客户按时还款的可能性，并据此决定是否给予授信以及授信的额度和利率。虽然授信者通过人工分析客户的历史信用资料，同样可以得到这样的分析结果，但利用信用评分却更快速、更客观、更具有一致性。

14.1　信用评分模型简介

　　信用评分最早始于 19 世纪 40 年代末至 50 年代初，当时，美国有些银行开始进行了一些有关信用评分方法的试验，目的是提供一种可以处理大量信贷申请的工具。1956 年，工程师 Bill Fair 和数学家 Earl Isaac 共同发明了著名的 FICO 评分方法，并成立了 Fair Isaac 公司，成为世界上第一家提供信用评分数学模型的公司。1958 年，Fair Isaac 公司发布了第一套信用评分系统。20 世纪 60 年代，相继出现了许多专门提供客户信用报告和信用分数的信用管理局，如美国著名的三大信用管理局（Experian、Equifax 和 TransUnion）。尤其在最近 10 年，全球信用评分市场领域得到更加蓬勃的发展，出现了许多信用评分公司和信用管理局，极大地提高了银行对用户进行信用评估的准确性、有效性和一致性。

　　信用评分模型是欧美银行和信用卡公司最重要的核心管理技术之一，它运用先进的数据挖掘技术和统计分析方法，对目标客户和现有客户的信用历史记录和行为特征进行系统的分析，以发掘符合自身市场目标的客户和预测其未来的信用表现。信用评分模型能给信用卡管理人员提供大量的具有高度预测力的信息，帮助管理人员制订符合银行经营宗旨的管理策略，以较高的精度有效地开拓市场、控制风险、挖掘收益，实现经营管理的高效益。

　　信用评分模型的类型较多，下面通过在信用卡产品的生命周期中各个阶段建立相应的信用评分模型进行风险管理为例来说明。

- 信用局风险评分：在客户获取期，建立信用局风险评分，预测客户带来违约风险的概率大小。

- 申请评分卡：在客户申请处理期，建立申请风险评分模型，预测客户开户后一定时期内违约拖欠的风险概率，有效排除了信用不良客户和非目标客户的申请，一般叫作 A 卡。

- 行为评分模型：在账户管理期，建立行为评分模型，通过对持卡人交易行为的监控，对其风险、收益、流失倾向做出预测，据此采取相应的风险控制策略，一般叫作 B 卡。

- 另外还可以通过建立交易欺诈预测模型，预测客户刷卡交易为欺诈行为的概率大小，一般叫作 F 卡。

- 催收评分卡：建立催收评分模型，对逾期账户预测催收策略反应的概率，从而采取相应的催收措施，一般叫作 C 卡。

以上是主要的信用评分模型，其他信用评分模型还有预测收益的收益评分模型，预测客户对营销策略反应概率的市场响应评分模型，预测客户流失概率的流失倾向评分模型，等等。

14.2　信用卡模型的开发过程

本节将关注如何实施信用评分卡的过程。信用评分卡通常被理解为统计模型在信用决策过程中的应用，开发过程在许多统计教科书中都有说明（图 14-1），我们必须要注意每一步都依赖于前一步所做事情的有效性。

一般信用评分卡开发过程包括：

（1）项目准备：包括项目目标确定、可行性研究和参与者确定。

（2）数据获取：包括获取存量客户及潜在客户的数据。

（3）数据质量检验：这个阶段的主要目的是确定评分卡开发的底层数据质量情况，初步判断评分卡开发是否可行。

（4）项目参数设定：为项目设置高级参数，这些参数包括排除规则、目标定义和模型开发与测试窗口。

（5）数据探索及预处理：该步骤主要是获取样本总体的大概情况，以便制订样本总体的数据预处理方法，描述样本总体情况的指标主要有缺失值情况、异常值情况、平均值、中位数、最大值、最小值、分布情况等。数据预处理的主要工作包括数据清洗、缺失值处理、异常值处理，主要是为了将获取的原始数据转化为可用做模型开发的格式化数据。

（6）变量选择：该步骤主要是通过统计学的方法，筛选出对违约状态影响最显著的指标。

（7）模型开发：该步骤主要包括变量分段、变量的 WOE（证据权重）变换和逻辑回归估算三部分。

（8）模型评估：该步骤主要是评估模型的区分能力、预测能力、稳定性，并形成模型评估报告，得出模型是否可以使用的结论。

（9）评分卡创建：该步骤主要是在模型通过评估检验之后，需要转换成标准的评分卡的形式。

（10）评分卡实施：即评分模型的部署和应用。

（11）监测与报告：该步骤主要工作是定期检测模型的使用情况，并关注和定期检验模型的区分能力与预测能力的变化及模型稳定性的变化，在出现模型可能不能满足业务需求的情况时，反馈至模型开发团队，及时进行模型更新或重新开发。

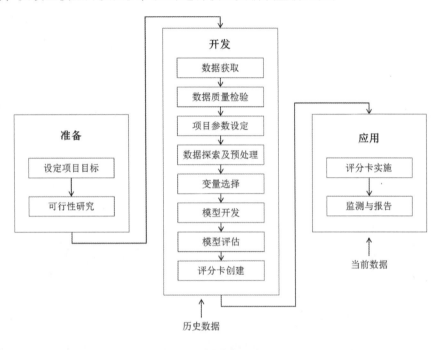

图 14-1 评分卡开发过程

14.3 案例背景及项目目标确定

14.3.1 项目背景说明

近年来，随着居民消费水平不断升级，我国信用卡业务进入爆发式增长阶段，信用卡不仅为客户和商户提供了收付款便利，也成为银行提供全面金融服务、提升盈利水平的重要工具。据中国银行业协会发布的《中国银行卡产业发展蓝皮书（2018）》，截至 2017 年年末，我国信用卡累计发卡量 7.9 亿张，当年新增 1.6 亿张，同比增长 25.9%，活卡率（180 天）达 73.1%，人均持卡数自 2014 年起持续上涨至 0.57 张，未偿信贷余额为 5.56 万亿元，同比增长 36.8%；逾期半年未偿信贷总额 663.1 亿元，同比增长 23.8%，信用卡延滞率为 0.41%，较上年同期下降 0.11 个百分点，以年率计的当前损失率为 1.17%，较上年下降 0.53 个百分点。另外，信用卡欺诈损失排名前三的分别为伪卡、虚假申请和互联网欺诈。

又据央行发布的《2017 年支付体系运行总体情况》，截至 2017 年末，全国信用卡和借贷合一卡在用发卡数量共计 5.88 亿张，同比增长 26.35%，远高于 2016 年的 7.6%，2017 年新增发卡量 1.23 亿张，人均持有信用卡 0.39 张，同比增 25.82%。

随着金融市场全面开放，外资银行将携技术和经验的优势进入中国，市场竞争将更加激烈，各个银行在信用卡客户管理中都面临着从业务到技术环节的挑战。信用卡发卡量的增加，在为消费信贷产业带来巨大机遇的同时，也给金融管理带来了深刻的挑战，特别是在信用风险、收益提升、欺诈管理等方面。以信用评分模型方式来进行信用卡客户管理策略，将模型与业务融合，运用信用评分模型技术进行批量化、智能化、自动化的管理成为十分迫切的需要。本章内容将以申请评分卡开发的过程为案例，全面介绍评分卡开发过程中的每一个关键细节，供读者学习。

14.3.2 确定项目目标

此步骤为整个项目的关键阶段，直接影响项目的目标及后续的模型开发过程，涉及项目目标的确定、开发模型以及业务问题的定义。

（1）确定评分卡的开发目标

本章是基于 Kaggle 网站上的 Give Me Some Credit 项目，通过对消费者的人口特征、信用历史记录、交易记录等大量数据进行系统的分析，挖掘数据蕴含的行为模式、信用特征，发展出预测的模式，结合信用卡评分的构建原理，采用 SAS 语言完成数据的清洗，主要包括缺失数据的填充、异常的删除和数据的分箱；调用 Logistic 回归模型建立信用卡评分的基础模型，借助自变量的证据权重转换（WOE）创建信用卡评分卡，并开发一个简单的信用评分系统。

（2）选择合适的模型建立方法

建立模型可采用的方法很多，主要有线性回归、逻辑回归、神经网络、遗传算法、决策树等，不同的算法有不同的优缺点。本章采用业内通常使用的逻辑回归方法建立信用卡申请评分模型。

（3）确定好、坏客户的定义

好、坏客户的定义必须与银行总体政策、管理目标一致，综合考虑发卡目标、风控策略、催收策略、业务历史、样本数量的需要。本章案例中由于已经给定了目标变量，所以无须再对好、坏客户进行定义。但是在一般的项目中，均需要从业务角度出发，自主进行好、坏客户的定义。

14.4　数据获取

数据来自 Kaggle 网站上的 Give Me Some Credit 项目，训练数据集大约有 15 万条的样本数据，表 14-1 为数据集的字段信息描述。此数据属于个人消费类贷款，包括客户基本属性、偿债能力、信用往来、财产状况等信息。

表 14-1　数据集字段说明

变量名称	变量说明
SeriousDlqin2yrs	是否有超过 90 天或更长时间逾期未还的不良行为
RevolvingUtilizationOfUnsecuredLines	无担保放款的循环利用：除了不动产和像车贷那样除以信用额度总和的无分期付款债务的信用卡和个人信用额度总额
age	借款人借款时的年龄
NumberOfTime30～59DaysPastDueNotWorse	35～59 天逾期的次数
DebtRatio	负债比率：月债务支出、赡养费、生活费除以总收入（毛收入）
MonthlyIncome	月收入
NumberOfOpenCreditLinesAndLoans	公开贷款（如汽车和抵押的分期）和信用上线（比如信用卡）数量
NumberOfTimes90DaysLate	90 天逾期次数：借款者有 90 天或更高逾期的次数
NumberRealEstateLoansOrLines	抵押和房地产数量（包括房屋净值信用额度）
NumberOfTime60～89DaysPastDueNotWorse	60～89 天逾期但不糟糕次数：借款人在过去两年内有 60～89 天逾期还款的次数
NumberOfDependents	家属数量：不包括本人在内的家属数量

调用 SAS 过程导入 csv 数据进入 SAS 系统，代码如下所示。

```
/* 建立 SAS 逻辑库,存放数据* /
libname SASDATA  "D:\SASDATA";
/* 调用 PROC IMPORT 过程,导入数据* /
PROC IMPORT OUT = SASDATA.CS_TRAINING
           DATAFILE = "D:\SASDATA\CS_TRAINING.csv"
           /* 指定数据文件地址* /
           DBMS = CSV
           /* 数据文件格式* /
           REPLACE;
       GETNAMES = YES;
       DATAROW = 2;
RUN;
```

这里需要说明的是，数据准备是任何数据挖掘项目的关键工作，数据准备是整个开发周期中最具挑战性和耗时的阶段，项目总时间中至少有70%，有时多于80%是用于专门进行数据准备。数据准备涉及数据收集、聚合、转换、清理，并查看数据的广度和深度，以获得对数据清晰的理解，并将不同数据源的数据转换为高质量的建模数据，从而为后续的数据探索和模型建设打下坚实的基础。

数据源一般包括外部和内部数据源。数据并不是越多越好，所使用的数据必须是相关的、准确的、及时的、一致的和完整的，同时具有足够多样的数量以提供有用的分析结果。对于内部数据量有限的申请评分卡，外部数据普遍存在。相比之下，行为评分卡会使用更多的内部数据，并且在预测能力方面通常较高。

14.5 数据质量检验

该阶段首先从质量和数量的角度解决数据可用性问题，评分卡的开发需要可靠和干净的数据，否则"垃圾进去、垃圾出来"，最少要有可接受数量的"好客户"和"坏客户"。

不同的业务场景下所需的数据量各不相同，但总的来说，应该满足统计显著性和随机性的要求，在这个阶段，确切的数字并不重要，因为这取决于下一阶段要设定的"坏客户"定义。然而，根据经验，应该有大约2 000个"坏客户"和2 000个"好客户"，可以从一组在规定时间范围内开立的账户中随机选择用于评分卡建模；对于要执行拒绝推断的申请评分卡，可能还需要另外2 000个拒绝的申请账户。

在此阶段结束时，在确定可以获得的内部和外部数据的质量和数量的情况下，可以开始项目参数的初始化定义。

原始数据诊断过程，是对数据的质量和适宜性进行分析，进行必要的剔除和修补，确保收集的数据能够用于数据挖掘工作。对于不同的变量有不同的诊断方法：

- 分类变量（Categorical Variables）的频数分析（Frequency Analysis）；
- 连续变量（Continuous Variables）的单变量分析（Univariate Analysis）。

以便实现如下工作，为变量转换提供事实依据。

- 检查每一个变量是否被应用，是否被正确应用；
- 检查如果该变量被应用，其值分布是否合理；
- 找出奇异值和缺省值，发现出现的原因。

首先我们查看数据字段的类型、长度等信息，结果见表14-2，发现有2个变量MonthlyIncome和NumberOfDependents是字符型变量，与业务实际不符，需要转换成数值型变量，程序代码如下所示。

```
/* 查看数据集信息* /
proc contents data = sasdata.CS_TRAINING;
run;
```

表 14-2　导入 SAS 系统中的数据集字段描述

变量名称	类型	长度	输出格式	输入格式
DebtRatio	数值	8	BEST11.	BEST11.
MonthlyIncome	字符	7	$ CHAR7.	$ CHAR7.
NOfOpenCreditLinesAndLoans	数值	8	BEST2.	BEST2.
NOfTime30−59DaysPastDueNotWorse	数值	8	BEST2.	BEST2.
NOfTime60−89DaysPastDueNotWorse	数值	8	BEST2.	BEST2.
NOfTimes90DaysLate	数值	8	BEST2.	BEST2.
NRealEstateLoansOrLines	数值	8	BEST2.	BEST2.
NumberOfDependents	字符	2	$ CHAR2.	$ CHAR2.
RevUtilizationOfUnsecuredLines	数值	8	BEST11.	BEST11.
SeriousDlqin2yrs	数值	8	BEST1.	BEST1.
age	数值	8	BEST3.	BEST3.
custno	数值	8	BEST6.	BEST6.

变量 MonthlyIncome 和 NumberOfDependents 转换成数值型变量的代码如下所示，并生成新的变量 MonthlyIncome_02、NumberOfDependents_02，以及新的数据集。

```
/* 变量类型转换* /
data sasdata.CS_TRAINING_02;
set sasdata.CS_TRAINING;
/* 设置变量类型为数值类型* /
format MonthlyIncome_02 BEST12.;
format NumberOfDependents_02 BEST3.;
/* 如果原始变量取值为'NA',则新变量为缺失值,否则等于原始变量的值* /
IF MonthlyIncome = 'NA' then MonthlyIncome_02 =.;
else MonthlyIncome_02 =MonthlyIncome;
IF NumberOfDependents = 'NA' then NumberOfDependents_02 =.;
else NumberOfDependents_02 =NumberOfDependents;
run;
```

替换原始变量名称，并删除原始变量 MonthlyIncome 和 NumberOfDependents，代码如下。

```
/* 替换原始变量名称t* /
data sasdata.CS_TRAINING_03;
set sasdata.CS_TRAINING_02;
rename
NOfOpenCreditLinesAndLoans       = NOfOpenCreditLines
NOfTime30_59DaysPastDueNotWorse = NOfTime30_59Days
NOfTime60_89DaysPastDueNotWorse = NOfTime60_89Days
```

```
NOfTimes90DaysLate              = NOfTimes90DaysLate
NRealEstateLoansOrLines         = NRealEstateLoans
RevUtilizationOfUnsecuredLines  = RevUtiOfUnsecuredLines
;
drop NumberOfDependents MonthlyIncome;
run;
```

14.6 项目参数设定

项目参数主要包括"好客户"和"坏客户"的定义，建立模型开发和验证时间窗口，以及定义用于生成开发样本和开发过程本身的数据排除规则。

14.6.1 排除规则确定

评分卡开发过程中需要排除某些类型的账户。一般来说，用于评分卡开发的账户应该是那些在日常信贷发放操作中会得到评分的账户，以及那些会构成你预期客户的账户。对于表现异常的账户，比如欺诈账户，以及一些具有特殊特征的账户，都不应该成为开发样本的一部分，比如员工账户、VIP 账户、出国账户、预先批准账户、遗失/被盗账户、死亡账户、未成年账户以及在使用窗口时间内客户自愿销户的账户。

对于排除规则的另外一个理解是，这些被排除规则删除的账户可以看成是一种样本偏差的案例，比如你开发的评分卡模型只针对城市人口，那开发样本中则不能包含任何非城市人口。总体来说，如果一个客户群，在未来的业务应用上是不会被评分的，那这些样本是不应该加入模型开发中的。

本章案例中没有涉及客户类型的一些信息，故不需要考虑客户排除规则。

14.6.2 表现和观察窗口

评分卡是根据"未来表现将反映过去表现"的假设开发的，基于这一假设，对历史开立账户的客户业绩进行分析，可以预测未来客户的业绩。为了实现这一分析，我们需要收集特定时间段内开设账户的数据，然后在另一段特定时间内监控这些账户的表现，以确定它们是好是坏，收集的数据（变量）以及好/坏分类（目标）构成了评分卡的开发样本。

因此，样本观察期就是客户在申请时点之前的需要纳入观察的行为活动数据的时间，简单说就是回溯。样本表现窗口（Performance Window）指的是为了确定账户分类（好的还是坏的）而监控账户行为的时间窗口。图 14-2 比较清晰地展示了样本观察期和表现期的关系。需要注意的是观察期和表现期不能重叠或交叉，而且表现期必须在观察期之后。

对于如何确定样本窗口和表现窗口，常见的方法是 Vintage 分析，通过观察不同表现窗口，观察不良率曲线是否达到稳定，一般选取达到稳定期的时间窗口。

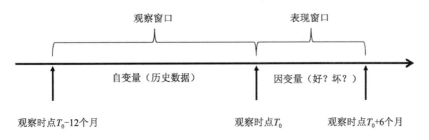

图 14-2　时间窗口说明

14.6.3　确定"坏"的定义

账户的表现需要被分为三个主要类别:"坏客户""好客户"和"中间客户"。对于破产、押记或欺诈,坏的定义相当简单。但是破产、欺诈行为是一种相对直接的坏账户定义方式,而不是唯一方式。对"坏客户"的不同定义直接影响评分卡的结果,所以确定"坏客户"的定义时,必须考虑多种因素。

定义"坏客户"需要考虑的几个因素:

- 定义必须符合公司业务目标。
- 定义必须和评分卡的目的保持一致,例如破产、欺诈、索赔(索赔超过 10 000 元)和收款(在 3 个月内收回的不到 50 %)。
- 更严格的定义可能会导致样本量较少,例如"注销"或"拖欠 120 天"提供了更精确的区别,但在某些情况下可能会产生较小的样本量。
- 更宽松的定义,例如拖欠 30 天,会产生更多的样本账户。但可能模型不足以区分好账户和坏账户,因此会产生一个区分度较弱的评分卡。
- 定义必须易于解释和跟踪,例如对于拖欠 90 天、破产、确认欺诈、索赔超过 10 000 元,诸如"3 次 30 天拖欠或两次 60 天拖欠,或一次 90 天或更糟"的定义可能更准确,但是缺点是难以跟踪,可能不适用于所有公司。选择更简单的定义有助于更容易地进行管理和决策,比如 4 % 的坏账率意味着 4 % 的账户在其周期内拖欠了 90 天。

"坏客户"定义涉及风险、营销和运营领域的各种利益相关部门,需要根据相关业务的经验和运营情况,综合考虑并就"坏客户"的最佳定义达成共识。

本章案例中的坏客户定义为 SeriousDlqin2yrs 变量取值为 1 的坏客户,其他为好客户,好、坏客户的整体分布由如下程序测得,结果见表 14-3,从表中可知坏客户样本占比为 6.68%。

```
/*    对数据集 Local:SASDATA. CS_TRAINING_03 排序   */
PROC SQL;
CREATE VIEW WORK. SORT AS
    SELECT T. SeriousDlqin2yrs
FROM SASDATA. CS_TRAINING_03 as T
;
```

```
QUIT;
PROC FREQ DATA = WORK. SORT
ORDER = INTERNAL
;
TABLES SeriousDlqin2yrs /  SCORES = TABLE;
RUN;
/*    任务代码的结尾。   * /
RUN;
QUIT;
```

表 14-3   好坏样本的分布

SeriousDlqin2yrs	频数	百分比	累积频数	累积百分比
0	139 974	93. 32	139 974	93. 32
1	10 026	6. 68	150 000	100

14.6.4 滚动率分析

在信用评分卡中，我们的根本目的是识别坏用户，通过历史数据，抓取坏客户显著区别于正常客户的特征，并以此为标准去预测未来的坏客户。用户的好坏其实很难定义，不能说逾过期的用户就是坏用户，有的时候，"适当"的逾期还能增加公司的逾期利息收入，所以我们所关注的目标客户是坏到某一程度的"坏客户"，也就是逾期等级较高且不还款的客户。

滚动率则是从行为程度上判断客户的好坏，它可以帮助我们判断某些逾期客户是否还可以再抢救一下，收回一些成本。滚动率，简单地说就是以某一时间点为观察节点，观察客户在该点前一段时间内（比如半年）最坏逾期阶段，并追踪其在观察点之后的一段时间向其他逾期阶段发展的情况，特别是向更坏程度发展的情况。

14.6.5 客户分群

在一般情况下，按不同场景构建不同评分卡模型可能更有效。一个大的客户群体由不同小的子客户群组成，一个评分卡不可能对所有的子客户群体有效，即我们假设需要不同的特征来预测我们业务中不同子客户群体的风险，识别这些子客户群体需要我们进行客户分群。客户分群一般有两种主要方式，第一种是基于经验和行业知识的客户细分方法，比如人口统计学规则、产品类型、获客来源、申请类型等；第二种是使用统计分析技术，如聚类或决策树分割客户群。至于选择什么划分方式，需要综合考虑开发代价、实现代价、监控策略等。

14.7 数据探索

数据探索包括单变量和双变量分析，范围从单变量统计和频率分布到相关性、交叉列表和特征分析。

在探索性数据分析之后，需要根据数据探索结果对数据进行处理以提高质量，数据清理需要良好的业务和数据理解，才能以正确的方式解读数据。而且这是一个反复的过程，旨在消除不规则行为，并酌情替换、修改或删除这些不规则数据。

数据不干净的两个主要问题是缺失值和异常值，这两者都会严重影响模型的准确性，因此必须细心干预。

14.7.1 数据分布分析

首先我们考察目标变量 SeriousDlqin2yrs 的分布情况，调用 PROC FREQ 过程，结果见表 14-4。其中 SeriousDlqin2yrs = 1 的样本，也即违约样本数为 10 026，占总体样本的 6.68%，所以建模数据集较不平衡，需要对样本进行分层抽样。程序代码如下所示。

```
/*     对数据集 Local:SASDATA.CS_TRAINING_03 排序   */
PROC SQL;
CREATE VIEW WORK.SORT AS
    SELECT T.SeriousDlqin2yrs
FROM SASDATA.CS_TRAINING_03 as T
;
QUIT;
PROC FREQ DATA = WORK.SORT
ORDER = INTERNAL
;
TABLES SeriousDlqin2yrs /  SCORES = TABLE;
RUN;
/*     任务代码的结尾。   */
RUN;
QUIT;
```

表 14-4   目标变量的分布情况

SeriousDlqin2yrs	频数	百分比	累积频数	累积百分比
0	139 974	93.32	139 974	93.32
1	10 026	6.68	150 000	100

由于违约样本占比较低，所以我们下一步对正样本进行抽样，程序如下所示。抽取

10% 的负样本，和正样本组合成新的建模数据集。整合后的违约样本分布情况见表 14-5。

```
/* 分层抽样* /
data SASDATA.CS_TRAINING_03_1 SASDATA.CS_TRAINING_03_0;
set SASDATA.CS_TRAINING_03;
if SeriousDlqin2yrs =1 then output sasdata.CS_TRAINING_03_1;
if SeriousDlqin2yrs =0 then output sasdata.CS_TRAINING_03_0;
run;
/* 从数据集 SASDATA.CS_TRAINING_03. 读取了 150000 个观测* /
/* 数据集 SASDATA.CS_TRAINING_03_1 有 10026 个观测和 14 个变量。* /
/* 数据集 SASDATA.CS_TRAINING_03_0 有 139974 个观测和 14 个变量。* /
/* 随机抽取10% 的负样本* /
PROC SURVEYSELECT DATA = sasdata.CS_TRAINING_03_0()
OUT = sasdata.CS_TRAINING_03_0_random
METHOD = SRS
RATE =% SYSEVALF(10/100);
RUN;
QUIT;
/* 数据集 SASDATA.CS_TRAINING_03_0_RANDOM 有13998 个观测和14 个变量。* /
/* 抽样后的样本合并* /
data sasdata.CS_TRAINING_03_1_0_random;
set sasdata.CS_TRAINING_03_1
    sasdata.CS_TRAINING_03_0_random;
run;
/* 从数据集 SASDATA.CS_TRAINING_03_1. 读取了 10026 个观测* /
/* 从数据集 SASDATA.CS_TRAINING_03_0_RANDOM. 读取了 13998 个观测* /
/* 数据集 SASDATA.CS_TRAINING_03_1_0_RANDOM 有 24024 个观测和 14 个变量。* /
```

表 14-5　抽样后的目标变量分布

SeriousDlqin2yrs	频数	百分比	累积频数	累积百分比
0	13 998	58. 27	13 998	58. 27
1	10 026	41. 73	24 024	100

14.7.2　缺失值的处理

数据缺失在许多研究领域都是一个复杂的问题。对数据挖掘来说，空值的存在造成了以下影响：首先，系统丢失了大量的有用信息；第二，系统中所表现出的不确定性更加显著，系统中蕴含的确定性成分更难把握；第三，包含空值的数据会使挖掘过程陷入混乱，导致不可靠的输出。

造成数据缺失的原因有多种，概括起来，一是有些信息暂时无法获取，或者获取信息的代价太大。二是有些信息是被遗漏的，可能是因为输入时认为不重要、忘记填写了或对数据理解错误而遗漏，也可能是由于数据采集设备的故障、存储介质的故障、传输媒体的故障、一些人为因素等原因而丢失了。三是有些对象的某个或某些属性是不可用的。也就是说，对于这个对象来说，该属性值是不存在的，如未婚者的配偶姓名、儿童的固定收入状况等。

概括大部分缺失值的情况，缺失值经常在下列一些情况出现：

- 拒绝回答问题；
- 没有答案；
- 调查研究中的损耗；
- 从多个数据源中合并数据。

缺失值的存在意味着分析结果可能会有偏差，较少的有效个案导致估计精度下降，所以必须对缺失值进行处理。缺失值的处理一般主要有两种方式：一是删除对应的记录，二是进行插值处理。不过在一般情况下，我们都是直接删除对应的记录。

调用 Proc Means 过程计算变量的最大值、最小值、均值、分位数以及缺失值，程序代码如下。

```
/* 缺失数据获取* /
proc means data = SASDATA. CS_TRAINING_03 n nmiss min max mean p1 p99;
run;
```

运行上述程序，结果见表 14-6。从表 14-6 中的缺失值个数可知，数据集有缺失数据的变量为 MonthlyIncome_02 和 NumberOfDependents_02，其中变量 MonthlyIncome_02 的缺失值约为 20%；可以进行填补，变量 NumberOfDependents_02 的缺失值较少，可以考虑删除这些样本。

表 14-6　变量描述性统计量

变量	N	缺失值个数	最小值	最大值	均值	P1	P99
RevUtiOfUnsecuredLines	24 024	0	0	20 514	4. 937	0	1. 422 867 5
age	24 024	0	21	109	49.84	24	86
NOfTime30_ 59Days	24 024	0	0	98	1. 171	0	6
DebtRatio	24 024	0	0	101 320	318.9	0	4 999
NOfOpenCreditLines	24 024	0	0	57	8. 241	0	25
NOfTimes90DaysLate	24 024	0	0	98	0.958	0	6
NRealEstateLoans	24 024	0	0	29	1. 006	0	5
NOfTime60_ 89Days	24 024	0	0	98	0.843	0	4
MonthlyIncome_ 02	19 639	4 385	0	251 608	6 213	0	24 090
NumberOfDependents_ 02	23 476	548	0	10	0.83	0	4

14.7.3 极端值的处理

在数据中，极端值是另一种影响模型性能的关键因素，因为极端值的存在会违背我们开发模型的统计假设。一旦确定数据集中存在极端值，在做任何处理之前，一定要理解极端值存在的原因。有些极端值可能是正常的，比如，极端值可能是交易欺诈检测中有价值的信息来源。因此，用平均值或中值代替极端值可能不是最好的方法。

一般来说，应该使用单变量和多变量分析来分析极端值，我们可以使用诸如直方图、箱形图、散点图、平均值、标准偏差等方法来检测。对于什么应该被视为极端值的判断并不像判断缺失值那么简单，应该基于特定统计标准来判断，比如，任何超出第 5 ~ 95 百分位范围的值将可以被标记为极端值。在实际的数据过程中，一般我们认为超出第 1 ~ 99 百分位范围的值被视为极端值，并进行截断操作。

表 14-6 给出了变量的最大、最小、P1、P99 分位数，从数据结果可以看出，变量 age 字段中包含有为 0 的值，通常认为该值为异常值，查看数据可以发现仅有一条数据年龄为 0，因此可以直接删除。

从业务上考虑，变量 NOfTime30_59Days、NOfTimes90DaysLate、NOfTime60_89Days 不应当出现这样高的次数，这里同样删除掉这些异常数据。

综合上述缺失值和极端值的处理方案，最终得到的数据集 SASDATA. CS_TRAINING_04 如下所示。这里需要特别注意的是，我们使用的模型是 Logistic 回归模型，如果要使用决策树等模型，则无须删除缺失值的样本。

```
/* 缺失值与极端值处理* /
data SASDATA.CS_TRAINING_04;
set SASDATA.CS_TRAINING_03_1_0_RANDOM;
/* 缺失值用均值替换* /
format MonthlyIncome_03 BEST12.;
if MonthlyIncome_02 =. then MonthlyIncome_03 =6220;
else MonthlyIncome_03 =MonthlyIncome_02;
/* 缺失值删除* /
if NumberOfDependents_02 =. then delete;
/* 极端值删除* /
if NOfTime30_59Days >90 then delete;
if NOfTimes90DaysLate >90  then delete;
if NOfTime60_89Days >90  then delete;
if age =0 then delete;
if DebtRatio >4962 then DebtRatio =4962;
run;
/* 从数据集 SASDATA.CS_TRAINING_03_1_0_RANDOM. 读取了 24024 个观测* /
```

```
/* 数据集 SASDATA.CS_TRAINING_04 有 23309 个观测和 16 个变量。*/
/* 分割建模数据集和测试数据集*/
```

不平衡数据进行分层抽样调整之后，正负样本的分布更加平衡了，且缺失值与极端值业已处理完毕，所以在进行模型开发之前，我们需要对数据集进行分割，随机抽取 70% 作为建模数据集，其余的 30% 为测试数据集，代码如下所示。

```
/* 随机抽取 70% 的样本为建模样本*/
PROC SURVEYSELECT DATA = sasdata.CS_TRAINING_04()
OUT = sasdata.CS_TRAINING_04_dev
METHOD = SRS
RATE = % SYSEVALF(70/100);
RUN;
QUIT;
/* 数据集 SASDATA.CS_TRAINING_04_DEV 有 16331 个观测和 13 个变量。*/
PROC SQL;
CREATE TABLE sasdata.CS_TRAINING_04_VAL as
select a.*
from sasdata.CS_TRAINING_04 a
left join sasdata.CS_TRAINING_04_dev b
on a.custno = b.custno
where b.custno = .;
quit;
/* NOTE:表 SASDATA.CS_TRAINING_04_VAL 创建完成,有 6998 行,13 列。*/
```

14.8　模型开发

评分卡开发描述了如何将数据转化为评分卡模型，假设数据准备已经完成，并且已过滤的训练数据集可用于模型构建过程，则模型开发过程包含五个主要部分：变量选择、变量转换、使用逻辑回归的模型训练、模型验证和缩放。

14.8.1　证据权重（WOE）

第一步就是评估每个特征的预测性能，这也被称为单变量筛选，其目的是筛选不相关或不合逻辑的特征，变量的预测性能采用 WOE（证据权重）。

证据权重度量每个属性（或分组属性）在区分好账户和坏账户上的强度，它衡量的是好账户和坏账户在每个属性中所占比例的不同，其计算公式如下：

$$\text{WOE}_{attribute} = \log\left(\frac{\text{p\_good}_{attribute}}{\text{p\_bad}_{attribute}}\right)$$

$$p\_good_{attribute} = \frac{\# good_{attribute}}{\# good}$$

$$p\_bad_{attribute} = \frac{\# bad_{attribute}}{\# bad}$$

其中，$WOE_{attribute}$ 表示属性的证据权重值，$\# good_{attribute}$ 表示属性中好账户的个数，$\# good$ 表示所有好账户的个数，$\# bad_{attribute}$ 表示属性中坏账户的个数，$\# bad$ 表示所有坏账户的个数。好账户意味着不违约，坏账户意味着违约。这里要强调一下，有时计算 WOE 时，分母使用的是 $p\_good_{attribute}$，其实这是没有影响的，因为计算 WOE 的目的其实是通过 WOE 去计算 IV，从而达到预测的目的。在计算 IV 的时候，会通过好、坏样本的占比相减后乘以 WOE 的方式把负号给抵消掉，所以不管哪个做分子，哪个做分母，最终的 IV 预测结果是不变的。

WOE 是用来评估一个特征的不同属性的相对风险，它是一个非常有用的工具，变量分组时一般具有相似风险级别的属性通常合并。

本章案例中，我们以变量 age 为例来说明 WOE 的计算过程。首先我们根据样本等分原则，把样本分为 10 组。

```
/* 根据变量 age 的分布对样本进行分组* /
data SASDATA.CS_TRAINING_05;
set SASDATA.CS_TRAINING_04;
if age < =31 then age_groupid =1;
else if age > =32 and age < =36 then age_groupid =2;
else if age > =37 and age < =41 then age_groupid =3;
else if age > =42 and age < =45 then age_groupid =4;
else if age > =46 and age < =48 then age_groupid =5;
else if age > =49 and age < =52 then age_groupid =6;
else if age > =53 and age < =57 then age_groupid =7;
else if age > =58 and age < =62 then age_groupid =8;
else if age > =63 and age < =68 then age_groupid =9;
else if age > =69    then age_groupid =10 ;
run;
/* 计算好样本、坏样本、样本数,并赋给宏变量 tot_good tot_bad tot_both* /
proc sql;
select sum(case when SeriousDlqin2yrs =1 then 1 else 0 end),
      sum(case when SeriousDlqin2yrs =0 then 1 else 0 end),
      count(* ) into :tot_bad, :tot_good, :tot_both
from SASDATA.CS_TRAINING_05;
quit;
% PUT &tot_bad. ;
% PUT &tot_good. ;
```

```
proc sql;
create table sasdata.cs_age_woe as
select a.age_groupid,
      count(*) as custcnt,
   sum(case when a.SeriousDlqin2yrs=0  then 1 else 0 end) as good_cnt,
   &&tot_good. as good_all,
      sum(case when a.SeriousDlqin2yrs=1  then 1 else 0 end) as bad_cnt,
   &&tot_bad. as bad_all
  from SASDATA.CS_TRAINING_05 a
group by a.age_groupid
order by a.age_groupid
;
quit;
```

根据上述 WOE 的计算公式即可得到每个属性的证据权重，比如，我们计算 WOE_1 的值，计算公式如下：

$$WOE_1 = \ln\left(\dfrac{\dfrac{769}{9\,537}}{\dfrac{951}{6\,794}}\right) = \ln\left(\dfrac{769}{9\,537}\right) - \ln\left(\dfrac{951}{6\,794}\right) = -0.552$$

同样，我们可以依次计算出变量 age 的其他分组的 WOE，结果见表 14-7。

表 14-7　变量 age 的分组的 WOE

变量名称	分组	客户数	好客户数	坏客户数	WOE	属性说明
age	1	1 720	769	951	− 0. 552	age≤31
age	2	1 463	665	798	− 0. 521	age≥32 且 age≤36
age	3	1 862	948	914	− 0. 303	age≥37 且 age≤41
age	4	1 599	855	744	− 0. 200	age≥42 且 age≤45
age	5	1 361	716	645	− 0. 235	age≥46 且 age≤48
age	6	1 720	945	775	− 0. 141	age≥49 且 age≤52
age	7	1 822	1 060	762	− 0. 009	age≥53 且 age≤57
age	8	1 648	1 130	518	0. 441	age≥58 且 age≤62
age	9	1 463	1 099	364	0. 766	age≥63 且 age≤68
age	10	1 673	1 350	323	1. 091	age≥69

根据表 14-7 中的客户数和 WOE 的值，我们可以利用 Excel 绘制变量 age 的分组 WOE 的变化趋势图，结果见图 14-3，从图中可以看到，变量 age 的 WOE 数值基本上是单调增的，是符合业务逻辑，可以考虑 WOE 相近的部分组合并，简化模型复杂度。

如下程序给出了计算所有自变量的分组 WOE，请读者参考。

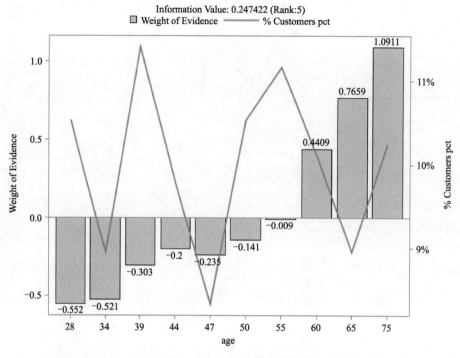

图 14-3　变量 age 的 WOE 直方图

```
/* 获取所有变量的 WOE 值,并根据 WOE 值进行分组微调* /
libname dataloc "D:\SASDATA";   /*  SAS 逻辑库,指定数据存放路径 * /
% let inset = CS_TRAINING_04_dev; /* 数据集名称 * /
% let target = SeriousDlqin2yrs; /* 目标变量 (y) * /
% let libout = D:\SASDATA; /* 文件输出地址 * /
% let varall = RevUtiOfUnsecuredLines
age
NOfTime30_59Days
DebtRatio
NOfOpenCreditLines
NOfTimes90DaysLate
NRealEstateLoans
NOfTime60_89Days
NumberOfDependents_02
MonthlyIncome_03
; /* 自变量清单* /
% let tiermax = 10; /* 变量的分箱数量 * /
% let ivthresh = 0; /*  IV 值的筛选阈值,设置为 0 可以获取所有变量输出 * /
% let outgraph = iv_woe_graph; /* 输出 pdf 图形文档 * /
```

```
%let ivout = iv_ranked; /* 输出 IV 值的 txt 文件 */
%let woeout = woe_ranked; /* 输出 WOE 的 txt 文件 */
%let libdata = dataloc; /* 数据集存储的 SAS 逻辑库 */
%let outcome = pct_bad; /* 坏账率 */
/* 计算变量的水平数 */
ods output nlevels = checkfreq;
proc freq data = &libdata..&inset nlevels;
tables &varall/noprint;
run;
ods output close;
/* 给变量编号 */
data varcnt;
set checkfreq;
varcnt +1;
run;
/* 获取重要的宏变量,并与后续系统化对变量进行操作 */
/* 把变量名赋给宏变量 varmore,并用空格分开 */
proc sql;
select tablevar
into :varmore separated by ' '
from varcnt
;
quit;
%put &varmore.;
/* 获取变量的个数 */
proc sql;
create table vcnt as
select count(*) as vcnt
from varcnt
;
quit;
/* 把变量个数赋给宏变量 vmcnt */
data _null_;
set vcnt;
call symputx('vmcnt', vcnt); run;
%put &vmcnt.;
/* 把变量按顺序 赋给 宏变量 V1 到 V10 */
proc sql;
```

```
select tablevar
into :v1 - :v&vmcnt
from varcnt
;
quit;
% put &v1.;
% put &v2.;
/* 把变量总个数,变量名 &x1 至 &x1 赋给 varcount,tempvar * /
proc sql;
select max(varcnt), compress('&x'||put(varcnt, 10.))
into :varcount, :tempvar separated by ' '
from varcnt
order by varcnt;
quit;
% put &varcount.;
% put &tempvar.;
/* 把所有变量赋给宏变量 x1,x2,,,,* /
proc sql;
select tablevar
into :x1 - :x10
from varcnt;
quit;
% put &x1.;
/* 计算样本总数,并赋给 obscnt* /
proc sql;
select count(* )
into :obscnt
from &libdata..&inset;
quit;
% put &obscnt.;
/* 对变量进行等距分组的宏程序* /
% macro CalcVarBin;
% do i =1 % to &vmcnt;
data v&i;
length tablevar $ 32.;
set &libdata..&inset(keep = &&v&i rename = (&&v&i = origvalue));
tablevar = "&&v&i";
format tablevar $ 32.;
```

```
attrib _all_ label = '';
run;
/* 调用 rank 过程进行分组操作* /
proc rank data = v&i groups = &tiermax out = v&i;
by tablevar;
var origvalue;
ranks rankvmore;
run;
proc means data = v&i median mean min max nway noprint;
class tablevar rankvmore; /* 按照变量、群组序号进行统计* /
var origvalue; /* 对变量的原始值计算统计数据* /
output out = vmoreranked&i(drop = _type_ _freq_)
/* 变量均值、最大、最小、中位数数据输出至此数据集中* /
median = med_origv/* 中位数* /
mean = mean_origv /* 均值* /
min = min_origv /* 最小值* /
max = max_origv/* 最大值* /
;
run;
% end;
% mend;
% CalcVarBin;
/* 把各个变量的分组结果合并* /
data sasdata.VarBin;
set vmoreranked1 - vmoreranked&vmcnt;
run;
/* 对自变量进行等距分组,并生成数据集 try_model* /
proc rank data = &libdata..&inset groups = &tiermax out = try_model(keep = &tempvar
&target);
var &varmore;
ranks &varmore;
run;
/* 计算变量 WOE 和信息值 IV* /
% macro CalcWOEandIV;
/* 按变量顺序循环* /
% do i = 1 % to &varcount;
/* 处理缺失值* /
data try_model;
```

```
set try_model;
if &&x&i =. then &&x&i = -1000000000;
run;
/* 计算好样本、坏样本、样本数,并赋给宏变量 tot_good、tot_bad 、tot_both* /
proc sql;
select sum(case when &target =1 then 1 else 0 end),
       sum(case when &target =0 then 1 else 0 end),
       count(* ) into :tot_bad, :tot_good, :tot_both
from try_model;
quit;
proc sql;
select count(* ) into :nonmiss
from try_model
where &&x&i ne -1000000000;
quit;
/* 计算 WOE* /
proc sql;
create table woe&i as
(select "&&x&i" as tablevar,
        &&x&i  as tier,
        count(* ) as cnt,
        count(* )/&tot_both as cnt_pct,
        sum(case when &target =0 then 1 else 0 end) as sum_good,
        sum(case when &target =0 then 1 else 0 end)/&tot_good as dist_good,
        sum(case when &target =1 then 1 else 0 end) as sum_bad,
        sum(case when &target =1 then 1 else 0 end)/&tot_bad as dist_bad,
        log((sum(case when &target =0 then 1 else 0
end)/&tot_good)/(sum(case when
            &target =1 then 1 else 0 end)/&tot_bad))* 1 as woe,
        ((sum(case when &target =0 then 1 else 0
end)/&tot_good) - (sum(case when
         &target =1 then 1 else 0 end)/&tot_bad))
          * log((sum(case when &target =0 then 1 else 0
          end)/&tot_good)/(sum(case when &target =1 then 1 else 0
end)/&tot_bad)) as pre_iv,
        sum(case when &target =1 then 1 else 0 end)/count(* ) as&outcome
   from try_model
  group by "&&x&i", &&x&i
```

```
)
order by &&x&i;
quit;
/* 计算 IV* /
proc sql;
create table iv&i as
select "&&x&i" as tablevar,
      sum(pre_iv) as iv,
      (1 - &nonmiss/&obscnt) as pct_missing
from woe&i;
quit;
% end;
% mend CalcWOEandIV;
% CalcWOEandIV;
/* 合并各个变量的 WOE 和 IV 值* /
data &libdata..ivall; set iv1 - iv10; run;
data &libdata..woeall; set woe1 - woe10; run;
```

14.8.2　信息值（IV）

IV（information value）衡量的是某一个变量的信息量，公式如下：

$$IV = \sum_{i=1}^{N} (Good\% - Bad\%) \times WOE_i$$

其中 N 为变量分组的组数，WOE_i 为变量第 i 个分组的证据权重，Good% 表示分组中 Good 样本占总 Good 样本的比例，Bad% 表示分组中 Bad 样本占总 Bad 样本的比例。IV 可用来表示一个变量的预测能力，但是并不完全是 IV 值越大越好，还需要考虑变量分组数量是否合适。当 IV 值大于 0.5 时，我们还需要对特征进行业务检视，因为它过于太好而显得不一定符合业务逻辑。一般情况下我们会选择 IV 值在 0.1 至 0.5 这个范围的特征。

在变量每个分组的 WOE 计算完成之后，根据上述计算公式即可容易地得到变量的 IV 值，表 14-8 给出了 IV 值的预测能力分级。变量 IV 值计算的 SAS 程序，见上节 WOE 的计算程序中所述，已经包含在内。

表 14-8　信息值的预测能力

IV	预测能力	IV	预测能力
<0.03	无预测能力	0.3 - 0.49	高
0.03 - 0.09	低	≥0.5	极高且可疑
0.1 - 0.29	中	—	—

14.8.3 变量选择

数据经过整理后下一步进行数据分析，找出数据内在的关联性，并经过对样本变量的分组、合并和转换，选择符合建模条件、具有较强预测能力的变量。

如果是连续变量，则要寻找合适的切割点把变量分为几个区间段以使其具有最强的预测能力，例如客户年龄就是连续变量。在这一步就是要研究年龄变量需要分成几组、每组切割点在哪里预测能力是最强的。这一步是评分模型非常重要也是最耗费时间的步骤。如果是离散变量，每个变量值都有一定的预测能力，但是考虑到可能几个变量值有相近的预测能力，因此分组就是不可避免而且十分必要的。

通过对变量的分割、分组和合并转换，最终剔除掉预测能力较弱的变量，筛选出符合信用卡实际业务需求、具有较强预测能力的变量，使建立的模型更加有效。

变量选择是在模型训练期间从所有候选模型变量中选择显著性的变量的过程。变量选择是一个降维过程。候选模型变量也被称为自变量、预测变量、属性、模型因子、回归因子、特征等。

变量选择是一个简化过程，旨在确定最大增益预测变量（预测准确度）的最小集合，这种方法与数据准备刚好相反。

关键目标是找到一组正确的变量，因此评分卡模型不仅能够根据客户坏账的可能性对客户进行排名，而且还能够估计他们坏账的可能性。这通常意味着在预测模型中要选择具有统计意义的变量，并要具有一组平衡的预测变量。

变量选择方法有很多种，随着机器学习的进步，方法越来越多，表 14-9 给出了目前一些变量选择的方法。

表 14-9 评分卡建模过程中典型的变量选择方法

变量选择类型	选择方法
预测模型外的监督型变量选择	信息值
	卡方统计量
	Gini 系数
预测模型外的非监督型变量选择与抽取	相关分析
	聚类分析
	主成分分析
	神经网络
预测模型内的监督型变量选择	递归特征选择：前向、后向与逐步
	正则化技术，如 AIC/BIC、lasso、ridge
	组合模型技术，如随机森林和梯度提升算法
	交叉验证技术

在信用风险建模中，最常用的两种变量选择方法是在模型训练之前基于信息值进行过

滤，以及在逻辑回归模型训练期间逐步选择变量选择。尽管两者都受到了从业者的批评，但重要的是要认识到，没有理想的方法存在，因为每种变量选择方法都有其优点和缺点，使用哪一个以及如何最好地将它们组合起来并不是一件容易解决的任务，并且需要扎实的领域知识、对数据的良好理解以及丰富的建模经验。

本章案例我们采用 IV 信息值进行变量筛选。根据上述的 IV 计算的 SAS 程序，得出的变量的信息值见表 14-10，每个变量的 IV 值均大于 0.03，所以我们不需要删除变量。

表 14-10　变量的信息值

变量名	IV 值
RevUtiOfUnsecuredLines	1.090 5
NOfTimes90DaysLate	0.819 5
NOfTime30_59Days	0.721 8
NOfTime60_89Days	0.541 1
age	0.247 4
MonthlyIncome_03	0.077 8
NOfOpenCreditLines	0.071 0
DebtRatio	0.066 1
NRealEstateLoans	0.044 3
NumberOfDependents_02	0.032 2

14.8.4　变量分组

变量属性分组的目的是根据每个变量的原始类别设置分箱的数量，以优化每个变量的预测能力。对变量进行分箱，使得分箱后的结果更优，是一个迭代优化的过程，需要耗费大量的时间成本。

如何对变量分箱进行优化，下面给出了对分箱进行优化的关键准则：
- 一定要符合业务规则，以及完毕考虑业务运营的情况。
- WOE 曲线必须是单调、凹或者凸的，两组间的坏账率应该有显著差异。
- 样本量限制：每组的客户样本数量不应该太低，一般占比应该超过 5%。
- 缺失值：如果存在缺失值，最好是单独分组。
- 每个分组都应该包含好样本和坏样本，以便能计算坏账率，并比较组之间的坏账率。

变量分箱过程的主要步骤为：
- 首先对变量进行初始化分箱，比如等距分箱、根据分位数对样本进行分箱等。
- 调整初始分箱使得分箱结果满足业务逻辑规则。
- 调整每组的 WOE 值，使得组与组之间的 WOE 和坏账率具有显著的差异性。
- 对变量进行稳定性分析，检视变量分箱后在不同时间窗口的样本上的人群漂移情况。

本案例中，变量 age 的初始分箱见表 14-7，共计分为 10 组，从图 14-3 中的 WOE 曲线可以看出，WOE 曲线是单调增的，符合业务逻辑。但是 age 的分箱可以进一步调整，可以把 10 个组缩减至 6 个组，以减少分组数量，使得相近的 WOE 可以合并。程序代码如下所示，结果见表 14-11。

```
/* 根据变量 age 的 WOE 对分组进行调整* /
data SASDATA.CS_TRAINING_05;
set SASDATA.CS_TRAINING_04_DEV;
if age < 30 then age_groupid =1;
else if age > =30 and age < 40 then age_groupid =2;
else if age > =40 and age < 50 then age_groupid =3;
else if age > =50 and age < 60 then age_groupid =4;
else if age > =60 and age < 70 then age_groupid =5;
else if age > =70    then age_groupid =6 ;
run;
/* 计算好样本、坏样本、样本数,并赋给宏变量 tot_good tot_bad tot_both* /
proc sql;
select sum(case when SeriousDlqin2yrs =1 then 1 else 0 end),
      sum(case when SeriousDlqin2yrs =0 then 1 else 0 end),
      count(* ) into :tot_bad, :tot_good, :tot_both
from SASDATA.CS_TRAINING_05;
quit;
% PUT &tot_bad. ;
% PUT &tot_good. ;
proc sql;
create table sasdata.cs_age_woe_2 as
select a.age_groupid,
      count(* ) as custcnt,
  sum(case when a.SeriousDlqin2yrs =0   then 1 else 0 end) as good_cnt,
  &&tot_good. as good_all,
      sum(case when a.SeriousDlqin2yrs =1   then 1 else 0 end) as bad_cnt,
  &&tot_bad. as bad_all
  from SASDATA.CS_TRAINING_05 a
group by a.age_groupid
order by a.age_groupid
;
quit;
```

表 14-11 给出了变量 age 分为 6 个组后的 WOE，相比分为 10 个组，组与组之间的 WOE

差异更大，同时 age 的分组更加符合业务逻辑。其他变量的分组同样需要逐步优化，以最终使得变量的分组达到最优的状态，并且符合业务运营的规则，此处不再赘述。

表 14-11　变量 age 调整分组后的 WOE

变量名称	分组	客户数	好客户数	坏客户数	WOE
age	1	1 210	539	671	−0.558
age	2	3 039	1 442	1 597	−0.441
age	3	4 219	2 215	2 004	−0.239
age	4	3 701	2 177	1 524	0.017
age	5	2 640	1 942	698	0.684
age	6	1 522	1 222	300	1.065

如下程序给出了经过调整的变量的分组以及 WOE，可以看到，每个变量的 WOE 均满足单调增、单调减、凸或者凹的变化趋势，而且变化趋势符合业务的理解。表 14-12 给出了所有变量的 WOE 值。

```
/* 根据粗分类的结果,对变量的分组进行调整* /
data SASDATA.CS_TRAINING_06;
set SASDATA.CS_TRAINING_04_DEV;
if age <30 then age_bin =0;
else if age > =30 and age <40 then age_bin =1;
else if age > =40 and age <50 then age_bin =2;
else if age > =50 and age <60 then age_bin =3;
else if age > =60 and age <70 then age_bin =4;
else if age > =70   then age_bin =5 ;
if DebtRatio < =0.22 then DRatio_bin =0;
else if DebtRatio >0.22 and DebtRatio < =0.38 then DRatio_bin =1;
else if DebtRatio >0.38 and DebtRatio < =0.64 then DRatio_bin =2;
else if DebtRatio >0.64   then DRatio_bin =3;
if MonthlyIncome_03 <4000 then MIncome_bin =0;
else if MonthlyIncome_03 > =4000 and MonthlyIncome_03 <6000 then MIncome_bin =1;
else if MonthlyIncome_03 > =6000 and MonthlyIncome_03 <8000 then MIncome_bin =2;
else if MonthlyIncome_03 > =8000   then MIncome_bin =3;
if NOfOpenCreditLines < =5 then NOfLines_bin =0;
else if NOfOpenCreditLines >5 and NOfOpenCreditLines < =8 then
NOfLines_bin =1;
else if NOfOpenCreditLines >8 then NOfLines_bin =2;
if NOfTime30_59Days =0 then NOf30_59_bin =0;else NOf30_59_bin =1;
if NOfTime60_89Days =0 then NOf60_89_bin =0;else NOf60_89_bin =1;
```

```
if NOfTimes90DaysLate = 0 then NOf90Late_bin = 0;else NOf90Late_bin = 1;
if NRealEstateLoans = 0 then NRealLoans_bin = 0;
else if NRealEstateLoans > 0 and NRealEstateLoans < = 2 then
NRealLoans_bin = 1;
else if NRealEstateLoans > 2   then NRealLoans_bin = 2;
if NumberOfDependents_02 = 0 then NOfDep_02_bin = 0;
else if NumberOfDependents_02 > 0 and NumberOfDependents_02 < = 2
then NOfDep_02_bin = 1;
else if NumberOfDependents_02 > 2   then NOfDep_02_bin = 2;
if RevUtiOfUnsecuredLines < 0.1 then RevLines_bin = 0;
else if RevUtiOfUnsecuredLines > = 0.1 and RevUtiOfUnsecuredLines < 0.4 then RevLines_bin = 1;
else if RevUtiOfUnsecuredLines > = 0.4 and RevUtiOfUnsecuredLines < 0.8 then RevLines_bin = 2;
else if RevUtiOfUnsecuredLines > = 0.8 and RevUtiOfUnsecuredLines < 1.0 then RevLines_bin = 3;
else if RevUtiOfUnsecuredLines > = 1.0   then RevLines_bin = 4;
run;
/* 计算变量分组调整之后的 WOE* /
proc contents data = sasdata.cs_training_06;
run;
data SASDATA.CS_TRAINING_07;
set SASDATA.CS_TRAINING_06;
keep DRatio_bin
MIncome_bin
NOf30_59_bin
NOf60_89_bin
NOf90Late_bin
NOfDep_02_bin
NOfLines_bin
NRealLoans_bin
age_bin
RevLines_bin
SeriousDlqin2yrs
;
run;
/* 计算变量 WOE 和信息值 IV* /
libname dataloc "D:\SASDATA";
% let inset = CS_TRAINING_07; /* 数据集名称 * /
% let target = SeriousDlqin2yrs; /* 目标变量 (y) * /
% let libout = D:\SASDATA; /* 文件输出地址 * /
```

```
%let varall = DRatio_bin
MIncome_bin
NOf30_59_bin
NOf60_89_bin
NOf90Late_bin
NOfDep_02_bin
NOfLines_bin
NRealLoans_bin
age_bin
RevLines_bin
; /* 自变量清单*/
%let libdata = dataloc; /* 数据集存储的 SAS 逻辑库*/
%let outcome = pct_bad; /* 坏账率*/
/* 计算变量的水平数*/
ods output nlevels = checkfreq;
proc freq data = &libdata.. &inset nlevels;
tables &varall/noprint;
run;
ods output close;
/* 给变量编号*/
data varcnt; set checkfreq; varcnt +1; run;
/* 获取重要的宏变量,并与后续系统化对变量进行操作*/
/* 把变量名赋给宏变量 varmore,并用空格分开*/
proc sql;
select tablevar into :varmore separated by ' ' from varcnt;
quit;
%put &varmore. ;
/* 获取变量的个数*/
proc sql; create table vcnt as select count(*) as vcnt from varcnt; quit;
/* 把变量个数赋给宏变量 vmcnt*/
data _null_; set vcnt; call symputx('vmcnt', vcnt); run;
%put &vmcnt. ;
/* 把变量按顺序 赋给 宏变量 V1 到 V10*/
proc sql; select tablevar into :v1 - :v&vmcnt from varcnt; quit;
%put &v1. ;
%put &v2. ;
/* 把变量总个数,变量名 &x1 至 &x1 赋给 varcount, tempvar*/
proc sql;
```

```
select max(varcnt), compress('&x'||put(varcnt, 10.))
into :varcount, :tempvar separated by ' '
from varcnt
order by varcnt;quit;
% put &varcount.;
% put &tempvar.;
/* 把所有变量赋给宏变量 x1,x2,,,,* /
proc sql;
select tablevar into :x1 - :x10
from varcnt; quit;
% put &x1.;
/* 计算样本总数,并赋给 obscnt* /
proc sql;
select count(* ) into :obscnt
from &libdata..&inset; quit;
% put &obscnt.;
% macro CalcWOEandIV_bin;
/* 按变量顺序循环* /
% do i =1 % to &varcount;
/* 处理缺失值* /
data try_model;
set sasdata.CS_TRAINING_07;
run;
/* 计算好样本、坏样本、样本数,并赋给宏变量 tot_good、tot_bad 、tot_both* /
proc sql;
select sum(case when &target =1 then 1 else 0 end),
      sum(case when &target =0 then 1 else 0 end),
      count(* ) into :tot_bad, :tot_good, :tot_both
from try_model;
quit;
proc sql;
select count(* ) into :nonmiss
from try_model
quit;
/* 计算 WOE* /
proc sql;
create table bin_woe&i as
(select "&&x&i" as tablevar,
```

```
        &&x&i  as tier,
        count(*) as cnt,
        count(*)/&tot_both as cnt_pct,
        sum(case when &target=0 then 1 else 0 end) as sum_good,
        sum(case when &target=0 then 1 else 0 end)/&tot_good as dist_good,
        sum(case when &target=1 then 1 else 0 end) as sum_bad,
        sum(case when &target=1 then 1 else 0 end)/&tot_bad as dist_bad,
        log((sum(case when &target=0 then 1 else 0 end)/&tot_good)/(sum(case when
            &target=1 then 1 else 0 end)/&tot_bad))*1 as woe,
        ((sum(case when &target=0 then 1 else 0 end)/&tot_good) - (sum(case when
          &target=1 then 1 else 0 end)/&tot_bad))
          * log((sum(case when &target=0 then 1 else 0
          end)/&tot_good)/(sum(case when &target=1 then 1 else 0
end)/&tot_bad)) as pre_iv,
        sum(case when &target=1 then 1 else 0 end)/count(*) as &outcome
  from try_model
  group by "&&x&i", &&x&i
)
order by &&x&i;
quit;
/* 计算 IV*/
proc sql;
create table bin_iv&i as
select "&&x&i" as tablevar,
      sum(pre_iv) as iv,
      (1 - &nonmiss/&obscnt) as pct_missing
from woe&i;
quit;
% end;
% mend CalcWOEandIV_bin;
% CalcWOEandIV_bin;
/* 合并各个变量的 WOE 和 IV 值*/
data &libdata..ivall_bin;
set bin_iv1 - bin_iv10;
run;
data &libdata..woeall_bin;
set bin_woe1 - bin_woe10;
run;
```

表 14-12　变量分组调整后的 WOE 值

变量名称	分组	样本数	好样本	坏样本	WOE	坏账率
DRatio_bin	0	4 827	2 973	1 854	0.13	38.4%
DRatio_bin	1	3 330	2 131	1 199	0.24	36.0%
DRatio_bin	2	3 299	1 794	1 505	−0.16	45.6%
DRatio_bin	3	4 875	2 639	2 236	−0.17	45.9%
MIncome_bin	0	4 801	2 410	2 391	−0.33	49.8%
MIncome_bin	1	3 421	1 905	1 516	−0.11	44.3%
MIncome_bin	2	4 861	3 019	1 842	0.15	37.9%
MIncome_bin	3	3 248	2 203	1 045	0.41	32.2%
NOf30_59_bin	0	11 612	8 190	3 422	0.53	29.5%
NOf30_59_bin	1	4 719	1 347	3 372	−1.26	71.5%
NOf60_89_bin	0	14 200	9 213	4 987	0.27	35.1%
NOf60_89_bin	1	2 131	324	1 807	−2.06	84.8%
NOf90Late_bin	0	13 744	9 203	4 541	0.37	33.0%
NOf90Late_bin	1	2 587	334	2 253	−2.25	87.1%
NOfDep_02_bin	0	9 141	5 668	3 473	0.15	38.0%
NOfDep_02_bin	1	5 478	3 016	2 462	−0.14	44.9%
NOfDep_02_bin	2	1 712	853	859	−0.35	50.2%
NOfLines_bin	0	5 342	2 810	2 532	−0.23	47.4%
NOfLines_bin	1	4 046	2 577	1 469	0.22	36.3%
NOfLines_bin	2	6 943	4 150	2 793	0.06	40.2%
NRealLoans_bin	0	6 462	3 423	3 039	−0.22	47.0%
NRealLoans_bin	1	8 626	5 449	3 177	0.20	36.8%
NRealLoans_bin	2	1 243	665	578	−0.20	46.5%
age_bin	0	1 210	539	671	−0.56	55.5%
age_bin	1	3 039	1 442	1 597	−0.44	52.6%
age_bin	2	4 219	2 215	2 004	−0.24	47.5%
age_bin	3	3 701	2 177	1 524	0.02	41.2%
age_bin	4	2 640	1 942	698	0.68	26.4%
age_bin	5	1 522	1 222	300	1.07	19.7%
RevLines_bin	0	5 019	4 220	799	1.33	15.9%
RevLines_bin	1	3 392	2 441	951	0.60	28.0%
RevLines_bin	2	3 078	1 537	1 541	−0.34	50.1%
RevLines_bin	3	3 830	1 189	2 641	−1.14	69.0%
RevLines_bin	4	1 012	150	862	−2.09	85.2%

14.8.5　变量相关性分析

在许多情况下，客户行为特征之间会具有较强的相关性，特别是那些使用相同或类似逻辑计算的特征，这将导致潜在的多重共线性。变量之间的多重共线性关系使得变量的回归系数混乱，并产生业务无法理解的情况，所以在进行模型开发时，应极力避免多重共线性情况的产生。相关分析是一种可以进行变量筛选的工具，它的强大之处在于能够提取一组相互关联的特征，从而得到一组较小的不相关特征。

根据如下程序计算变量之间的相关性，得知所有变量之间的相关系数均小于 0.5，由于篇幅所限，由表 14-13 给出了相关系数大于 0.3 的变量列表。本案例不需要对变量进行筛选。

```
/* 计算变量的相关系数* /
proc corr data = SASDATA. CS_TRAINING_05
outp = SASDATA. CS_TRAINING_05_corr;;
var  SeriousDlqin2yrs
DebtRatio
MonthlyIncome_03
NOfOpenCreditLines
NOfTime30_59Days
NOfTime60_89Days
NOfTimes90DaysLate
NRealEstateLoans
NumberOfDependents_02
RevUtiOfUnsecuredLines
age
;
run;
```

表 14-13　变量之间相关系数大于 **0.3** 的变量

变量	NOfOpenCreditLines	NOfTime30_59Days	NOfTime60_89Days
NOfTime60_89Days	− 0. 04	0. 33	1
NOfTimes90DaysLate	− 0. 15	0. 23	0. 31
NRealEstateLoans	0. 46	0. 05	− 0. 02

14.8.6　模型迭代开发

将经过相关性分析及 IV 值筛选出来的变量输入回归模型中，根据我们设置的选择标准，对这些变量反复进行筛选。然后按照下述原则最后确定哪些是最终预测变量：

- 该变量具备很强的预测功能；
- 该变量具有普遍性和代表性；
- 该变量与目标变量的关系符合观测到的规律；
- 该变量可以与业务管理经验结合起来；
- 该变量在时间上相对稳定；
- 该变量易于从生产系统中抽取。

这一过程就是数据挖掘中最重要的步骤，产生的结果就是我们需要的模型方程。首先我们用变量的 WOE 替换原有变量进行模型拟合，代码如下所示。

```
/* 用变量的 WOE 替换原有变量*/
data SASDATA.CS_TRAINING_WOE;
set SASDATA.CS_TRAINING_06;
IFDRatio_bin =  0      THEND  Ratio_woe =    0.13 ;
IFDRatio_bin =  1      THEN   DRatio_woe =    0.24 ;
IFDRatio_bin =  2      THEN   DRatio_woe =   -0.16;
IFDRatio_bin =  3      THEN   DRatio_woe =   -0.17;
IFMIncome_bin  =  0    THEN   MIncome_woe  =  -0.33 ;
IFMIncome_bin  =  1    THEN   MIncome_woe  =  -0.11 ;
IFMIncome_bin  =  2    THEN   MIncome_woe  =   0.15 ;
IFMIncome_bin  =  3    THEN   MIncome_woe  =   0.41 ;
IFNOf30_59_bin =  0    THEN   NOf30_59_woe =   0.53 ;
IFNOf30_59_bin =  1    THEN   NOf30_59_woe =  -1.26 ;
IFNOf60_89_bin =  0    THEN   NOf60_89_woe =   0.27 ;
IFNOf60_89_bin =  1    THEN   NOf60_89_woe =  -2.06 ;
IFNOf90Late_bin=  0    THEN   NOf90Late_woe=   0.37 ;
IFNOf90Late_bin=  1    THEN   NOf90Late_woe=  -2.25 ;
IFNOfDep_02_bin=  0    THEN   NOfDep_02_woe=   0.15 ;
IFNOfDep_02_bin=  1    THEN   NOfDep_02_woe=  -0.14 ;
IFNOfDep_02_bin=  2    THEN   NOfDep_02_woe=  -0.35 ;
IFNOfLines_bin =  0    THEN   NOfLines_woe =  -0.23 ;
IFNOfLines_bin =  1    THEN   NOfLines_woe =   0.22 ;
IFNOfLines_bin =  2    THEN   NOfLines_woe =   0.06 ;
IFNRealLoans_bin  =  0    THEN  NRealLoans_woe  =  -0.22 ;
IFNRealLoans_bin  =  1    THEN  NRealLoans_woe  =   0.20 ;
IFNRealLoans_bin  =  2    THEN  NRealLoans_woe  =  -0.20 ;
IFage_bin      =  0    THEN   age_woe      =  -0.56 ;
IFage_bin      =  1    THEN   age_woe      =  -0.44 ;
IFage_bin      =  2    THEN   age_woe      =  -0.24 ;
```

```
IFage_bin    =  3      THEN  age_woe   =   0.02  ;
IFage_bin    =  4      THEN  age_woe   =   0.68  ;
IFage_bin    =  5      THEN  age_woe   =   1.07  ;
IFRevLines_bin  =  0   THEN  RevLines_woe  =   1.33  ;
IFRevLines_bin  =  1   THEN  RevLines_woe  =   0.60  ;
IFRevLines_bin  =  2   THEN  RevLines_woe  =  -0.34 ;
IFRevLines_bin  =  3   THEN  RevLines_woe  =  -1.14 ;
IFRevLines_bin  =  4   THEN  RevLines_woe  =  -2.09 ;
run;
```

然后进入模型拟合阶段，这里我们选择使用逐步选择法来筛选变量。逐步选择法是评分卡开发中最常用的变量筛选方法，通过将 SELECTION 的值设置为 STEPWISE 即可在 MODEL 语句中调用逐步选择法，选项 SLE 和 SLS 分别设置了允许进入和保留在模型中的显著性水平。这里我们选择设置 SLE 和 SLS 均为 0.001 （一般情况下设置为 0.05 即可），模型拟合程序如下所示。

```
/* 开始进行模型拟合 */
options notes;
/* 把自变量赋给 VarList */
% let VarList = DRatio_woe
MIncome_woe
NOf30_59_woe
NOf60_89_woe
NOf90Late_woe
NOfDep_02_woe
NOfLines_woe
NRealLoans_woe
age_woe
RevLines_woe
;
/* 模型输出结果 */
ODS graphics on;
proc logistic data = SASDATA. CS_TRAINING_WOE
          OUTEST = sasdata. Model_Params
          PLOTS(ONLY MAXPOINTS = NONE) = ROC
          NAMELEN =100;
model SeriousDlqin2yrs(event = '1') = &VarList / selection = stepwise
  sls = 0.001 sle = 0.001 maxstep = 50 ;
```

```
output out = sasdata. Pred_Probs P = Pred_Status;

score   out = sasdata. score_dev;

run;

ODS graphics off;
```

结果见表 14-14，最终选择了 8 个变量进入模型之中，均通过了显著性的假设检验。表 14-15 给出了最终进入模型的各变量的最大似然估计。图 14-4 给出了逐步选择过程的各个模型的 ROC 曲线，最终的模型 ROC 曲线下的面积为 0.848 1。

表 14-14　逐步选择过程汇总

<table>
<tr><td colspan="8" align="center">逐步选择汇总</td></tr>
<tr><td rowspan="2">步骤</td><td colspan="2">变量</td><td rowspan="2">自由度</td><td rowspan="2">个数</td><td rowspan="2">评分卡方</td><td rowspan="2">Wald 卡方</td><td rowspan="2">Pr ＞卡方</td></tr>
<tr><td>已输入</td><td>已删除</td></tr>
<tr><td>1</td><td>RevLines_woe</td><td></td><td>1</td><td>1</td><td>3 664. 405 6</td><td></td><td>＜. 000 1</td></tr>
<tr><td>2</td><td>NOf90Late_woe</td><td></td><td>1</td><td>2</td><td>1 225. 335 8</td><td></td><td>＜. 000 1</td></tr>
<tr><td>3</td><td>NOf30_59_woe</td><td></td><td>1</td><td>3</td><td>826. 984 3</td><td></td><td>＜. 000 1</td></tr>
<tr><td>4</td><td>NOf60_89_woe</td><td></td><td>1</td><td>4</td><td>333. 356 2</td><td></td><td>＜. 000 1</td></tr>
<tr><td>5</td><td>age_woe</td><td></td><td>1</td><td>5</td><td>148. 729</td><td></td><td>＜. 000 1</td></tr>
<tr><td>6</td><td>DRatio_woe</td><td></td><td>1</td><td>6</td><td>75. 610 1</td><td></td><td>＜. 000 1</td></tr>
<tr><td>7</td><td>NRealLoans_woe</td><td></td><td>1</td><td>7</td><td>42. 775 9</td><td></td><td>＜. 000 1</td></tr>
<tr><td>8</td><td>MIncome_woe</td><td></td><td>1</td><td>8</td><td>17. 772 6</td><td></td><td>＜. 000 1</td></tr>
</table>

表 14-15　变量的参数估计结果

<table>
<tr><td colspan="6" align="center">最大似然估计分析</td></tr>
<tr><td>参数</td><td>自由度</td><td>估计</td><td>标准误差</td><td>Wald 卡方</td><td>Pr ＞卡方</td></tr>
<tr><td>Intercept</td><td>1</td><td>－0. 315</td><td>0. 020 3</td><td>241. 780 6</td><td>＜. 000 1</td></tr>
<tr><td>DRatio_woe</td><td>1</td><td>－1. 140 3</td><td>0. 118 2</td><td>93. 133 2</td><td>＜. 000 1</td></tr>
<tr><td>MIncome_woe</td><td>1</td><td>－0. 313 6</td><td>0. 074 4</td><td>17. 752 9</td><td>＜. 000 1</td></tr>
<tr><td>NOf30_59_woe</td><td>1</td><td>－0. 606 7</td><td>0. 025 2</td><td>581. 727 6</td><td>＜. 000 1</td></tr>
<tr><td>NOf60_89_woe</td><td>1</td><td>－0. 544</td><td>0. 031 2</td><td>303. 551 8</td><td>＜. 000 1</td></tr>
<tr><td>NOf90Late_woe</td><td>1</td><td>－0. 622 6</td><td>0. 026 2</td><td>564. 466 3</td><td>＜. 000 1</td></tr>
<tr><td>NRealLoans_woe</td><td>1</td><td>－0. 585 4</td><td>0. 100 3</td><td>34. 100 9</td><td>＜. 000 1</td></tr>
<tr><td>age_woe</td><td>1</td><td>－0. 508 4</td><td>0. 043</td><td>139. 786 9</td><td>＜. 000 1</td></tr>
<tr><td>RevLines_woe</td><td>1</td><td>－0. 654 4</td><td>0. 020 3</td><td>1 038. 826 7</td><td>＜. 000 1</td></tr>
</table>

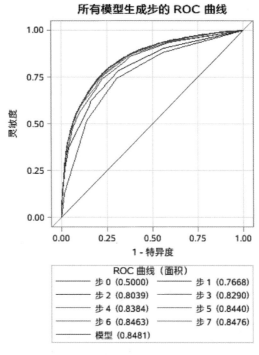

图 14-4　逐步选择过程中各步骤的 ROC 曲线

14.9　模型评估

模型建立后，需要对模型的预测能力、模型稳定性进行检验，合格后才能运用到实际业务中去。申请评分模型的检验方法和标准通常多种，比如交换曲线、K-S 指标、GINI 系数、ROC 曲线等。一般来说，如果模型的 K-S 值达到 30%，则该模型是有效的，超过 30% 以上则模型区分度越高，当然需要根据具体的业务情况确定评估标准。

14.9.1　混淆矩阵

首先我们设置预测样本的分割分数点为 0.5，如果预测分数大于 0.5，则认为是坏样本及违约样本，否则为好样本。计算混淆矩阵的程序如下所示，结果见表 14-16，可以得到，阈值为 0.5 是的模型召回率为 63.92%，坏样本的准确率为 77.64%。

```
/* 设置分数阈值 0.5 * /
data sasdata. score_dev_2;
set sasdata. score_dev;;
if p_1 > 0.5 then p_lable =1;else p_lable =0;
run;
/* 计算混淆矩阵* /
```

```
proc freq data = sasdata. score_dev_2;
tables p_lable* SeriousDlqin2yrs   ;
run;
```

表 14-16   预测分数阈值为 0.5 时的混淆矩阵结果

变量 p_ lable 与 SeriousDlqin2yrs 的混淆矩阵				
		SeriousDlqin2yrs		合计
		0	1	
p_ lable				10 737
0	频数	8 286	2 451	
	百分比	50. 74	15. 01	65. 75
	行百分比	77. 17	22. 83	
	列百分比	86. 88	36. 08	
1	频数	1 251	4 343	5 594
	百分比	7. 66	26. 59	34. 25
	行百分比	22. 36	77. 64	
	列百分比	13. 12	63. 92	
合计	频数	9 537	6 794	
	百分比	58. 4	41. 6	100

　　进一步，我们计算测试样本上的混淆矩阵，以便比较建模样本和测试样本的模型召回率和准确率，代码如下所示，结果见表 14-17，从表中可知，测试数据集上的模型召回率为 64.5%，预测为坏样本的准确率为 78.98%，与开发数据集上的效果基本一致。这里需要特别注意的是，因为建模数据集和测试数据集为同期数据，没有时间差，一般情况下，在相同时间的数据集上，模型的效果基本是一致的，除非模型过拟合特别严重，或者无法拟合出合适的方程。如下的 KS 和 ROC 曲线基本和建模数据集上一致，此处不再赘述。

```
/* 根据粗分类的结果,对变量的分组进行调整* /
data SASDATA. CS_TRAINING_04_VAL_2;
set SASDATA. CS_TRAINING_04_VAL;
if age <30 then age_bin =0;
else if age > =30 and age <40 then age_bin =1;
else if age > =40 and age <50 then age_bin =2;
else if age > =50 and age <60 then age_bin =3;
else if age > =60 and age <70 then age_bin =4;
else if age > =70   then age_bin =5 ;
if DebtRatio < =0.22 then DRatio_bin =0;
else if DebtRatio >0.22 and DebtRatio < =0.38 then DRatio_bin =1;
```

```
else if DebtRatio >0.38 and DebtRatio <=0.64 then DRatio_bin=2;
else if DebtRatio >0.64   then DRatio_bin=3;
if MonthlyIncome_03 <4000 then MIncome_bin=0;
else if MonthlyIncome_03 >=4000 and MonthlyIncome_03 <6000 then
MIncome_bin=1;
else if MonthlyIncome_03 >=6000 and MonthlyIncome_03 <8000 then
MIncome_bin=2;
else if MonthlyIncome_03 >=8000   then MIncome_bin=3;
if NOfOpenCreditLines <=5 then NOfLines_bin=0;
else if NOfOpenCreditLines >5 and NOfOpenCreditLines <=8 then
NOfLines_bin=1;
else if NOfOpenCreditLines >8 then NOfLines_bin=2;
if NOfTime30_59Days=0 then NOf30_59_bin=0;else NOf30_59_bin=1;
if NOfTime60_89Days=0 then NOf60_89_bin=0;else NOf60_89_bin=1;
if NOfTimes90DaysLate=0 then NOf90Late_bin=0;else NOf90Late_bin=1;
if NRealEstateLoans=0 then NRealLoans_bin=0;
else if NRealEstateLoans >0 and NRealEstateLoans <=2 then
NRealLoans_bin=1;
else if NRealEstateLoans >2   then NRealLoans_bin=2;
if NumberOfDependents_02=0 then NOfDep_02_bin=0;
else if NumberOfDependents_02 >0 and NumberOfDependents_02 <=2 then
NOfDep_02_bin=1;
else if NumberOfDependents_02 >2   then NOfDep_02_bin=2;
if RevUtiOfUnsecuredLines <0.1 then RevLines_bin=0;
else if RevUtiOfUnsecuredLines >=0.1 and RevUtiOfUnsecuredLines <0.4
then RevLines_bin=1;
else if RevUtiOfUnsecuredLines >=0.4 and RevUtiOfUnsecuredLines <0.8
then RevLines_bin=2;
else if RevUtiOfUnsecuredLines >=0.8 and RevUtiOfUnsecuredLines <1.0
then RevLines_bin=3;
else if RevUtiOfUnsecuredLines >=1.0   then RevLines_bin=4;
run;
/* 用变量的 WOE 替换原有变量* /
data SASDATA.CS_TRAINING_WOE;
set SASDATA.CS_TRAINING_04_VAL_2;
IFDRatio_bin =  0     THEN   DRatio_woe =   0.13  ;
IFDRatio_bin =  1     THEN   DRatio_woe =   0.24  ;
```

```
    IFDRatio_bin =  2      THEND   Ratio_woe =   -0.16    ;
    IFDRatio_bin =  3      THEN    DRatio_woe = -0.17    ;
    IFMIncome_bin   =  0      THEN    MIncome_woe  =   -0.33   ;
    IFMIncome_bin   =  1      THEN    MIncome_woe  =   -0.11   ;
    IFMIncome_bin   =  2      THEN    MIncome_woe  =   0.15    ;
    IFMIncome_bin   =  3      THEN    MIncome_woe  =   0.41    ;
    IFNOf30_59_bin  =  0      THEN    NOf30_59_woe =   0.53    ;
    IFNOf30_59_bin  =  1      THEN    NOf30_59_woe =   -1.26   ;
    IFNOf60_89_bin  =  0      THE     NNOf60_89_woe =  0.27    ;
    IFNOf60_89_bin  =  1      THEN    NOf60_89_woe =   -2.06   ;
    IFNOf90Late_bin =  0      THEN    NOf90Late_woe =  0.37    ;
    IFNOf90Late_bin =  1      THEN    NOf90Late_woe =  -2.25   ;
    IFNOfDep_02_bin =  0      THEN    NOfDep_02_woe =  0.15    ;
    IFNOfDep_02_bin =  1      THEN    NOfDep_02_woe =  -0.14   ;
    IFNOfDep_02_bin =  2      THEN    NOfDep_02_woe =  -0.35   ;
    IFNOfLines_bin  =  0      THEN    NOfLines_woe =   -0.23   ;
    IFNOfLines_bin  =  1      THEN    NOfLines_woe =   0.22    ;
    IFNOfLines_bin  =  2      THEN    NOfLines_woe =   0.06    ;
    IFNRealLoans_bin   =  0      THEN    NRealLoans_woe = -0.22   ;
    IFNRealLoans_bin   =  1      THEN    NRealLoans_woe = 0.20    ;
    IFNRealLoans_bin   =  2      THEN    NRealLoans_woe = -0.20   ;
    IFage_bin   =  0      THEN    age_woe   =   -0.56   ;
    IFage_bin   =  1      THEN    age_woe   =   -0.44   ;
    IFage_bin   =  2      THEN    age_woe   =   -0.24   ;
    IFage_bin   =  3      THEN    age_woe   =   0.02    ;
    IFage_bin   =  4      THEN    age_woe   =   0.68    ;
    IFage_bin   =  5      THEN    age_woe   =   1.07    ;
    IFRevLines_bin  =  0      THEN    RevLines_woe =   1.33    ;
    IFRevLines_bin  =  1      THEN    RevLines_woe =   0.60    ;
    IFRevLines_bin  =  2      THEN    RevLines_woe =   -0.34   ;
    IFRevLines_bin  =  3      THEN    RevLines_woe =   -1.14   ;
    IFRevLines_bin  =  4      THEN    RevLines_woe =   -2.09   ;
run;
/* 开始计算分数 */
data sasdata.CS_TRAINING_WOE_2;
set sasdata.CS_TRAINING_WOE;
logit =       -0.315026289   +
DRatio_woe*   -1.140262114   +
```

```
MIncome_woe    *   -0.313562159  +
NOf30_59_woe   *   -0.606664899  +
NOf60_89_woe   *   -0.543961733  +
NOf90Late_woe  *   -0.622632081  +
NRealLoans_woe *   -0.585429709  +
age_woe*  -0.508357296  +
RevLines_woe   *   -0.654401824
;
score = exp(logit)/(1+exp(logit));
run;
/* 2\根据模型的输出结果计算混淆矩阵* /
/* 设置分数阈值 0.5* /
data sasdata. score_dev_2;
set sasdata. CS_TRAINING_WOE_2;;
if score >0.5 then p_lable =1;else p_lable =0;
run;
/* 计算混淆矩阵* /
proc freq data = sasdata. score_dev_2;
tables p_lable* SeriousDlqin2yrs   ;
run;
```

表 14-17　测试数据集上的混淆矩阵

变量 p_lable 与 SeriousDlqin2yrs 的混淆矩阵				
		SeriousDlqin2yrs		合计
		0	1	
p_lable				4 615
0	频数	3 579	1 036	
	百分比	51.14	14.8	65.95
	行百分比	77.55	22.45	
	列百分比	87.72	35.5	
1	频数	501	1 882	2 383
	百分比	7.16	26.89	34.05
	行百分比	21.02	78.98	
	列百分比	12.28	64.5	
合计	频数	4 080	2 918	
	百分比	58.3	41.7	100

14.9.2　K-S 统计量

根据第 1 章 1.2.5 中有关 K-S 的定义，K-S 的计算公式如下：

$$D_{KS} = \max \{ abs(cpG - cpB) \}$$

其中，cpG 表示好样本的累积百分比，cpB 表示坏样本的累积百分比，K-S 指标即为好样本的累积百分比减去坏样本的累积百分比的绝对值的最大值。

则我们可以通过程序计算本案例的 K-S 值及绘制 K-S 曲线图，程序如下所示。

```
/* 计算模型的 KS 值* /
/********************************************************/
/* Macro KSStat  * /
/********************************************************/
% macro KSStat(DSin, ProbVar, DVVar, DSKS, M_KS);
/* 对预测概率分数进行排序 * /
proc sort data = &DsIn;
by &ProbVar;
run;
/* 计算 good、bad 样本数,并赋给宏变量 * /
proc sql noprint;
select sum(&DVVar) into:P from &DSin;
select count(* ) into :Ntot from &DSin;
quit;
% let N = % eval(&Ntot - &P); /* Number of negative * /
/* 计算分组的 good、bad 样本数量、占比以及累计占比* /
data &DSKS;
set &DsIn nobs = NN;
by &ProbVar;
retain tile 1  totP  0 totN 0;
Tile_size = ceil(NN/20);
if &DVVar = 1 then totP = totP + &DVVar;
else totN = totN + 1;
PPer = totP/&P;
Nper = totN/&N;
if _N_ = Tile* Tile_Size then
  do;
  output;
   if Tile < 20 then
     do;
```

```
        Tile = Tile +1;
      SumResp = 0;
    end;
  end;
keep Tile PPer Nper;
run;
/* 增加 0 点 */
data temp;
  Tile = 0;
  PPer = 0;
  NPer = 0;
run;
Data &DSKS;
    set temp &DSKS;
run;
/* 增加标签 */
data &DSKS;
set &DSKS;
Tile = Tile/20;
label PPer = 'Percent of Positives';
label NPer = 'Percent of Negatives';
label Tile = 'Percent of population';
/* 计算 good、bad 的累计百分比之差 */
KS = NPer - PPer;
run;
/* 计算 KS 值 */
proc sql noprint;
select max(KS) into :&M_KS from &DSKS;
run; quit;
% mend;
/*******************************************************/
/* 绘制 KS 图形宏程序 */
/*******************************************************/
% macro PlotKS(DSKS);
/* 调用 gplot 绘制 */
  symbol1 value = dot color = red    interpol = join  height = 1;
  legend1 position = top;
  symbol2 value = dot color = blue   interpol = join  height = 1;
```

```
    symbol3 value = dot color = green interpol = join  height = 1;
proc gplot data = &DSKS;
      plot ( NPer PPer KS) * Tile / overlay legend = legend1;
run;
quit;
goptions reset = all;
% mend;
/* 设置宏程序的参数 * /
% let DSin = sasdata. Pred_Probs;
% let ProbVar = Pred_Status;
% let DVVar = SeriousDlqin2yrs;
% let DSKS = DSKS;
% let KS = ;
% KSStat (&DSin, &ProbVar, &DVVar, &DSKS, KS);
% PlotKS (&DSKS);
/* 打印出 KS 数据表 * /
proc print data = &DSKS; run;
```

运行上述程序之后，KS 曲线如图 14-5 所示，从图中可见，KS 等于 0.54，根据行业经验，本案例的模型性能中等。

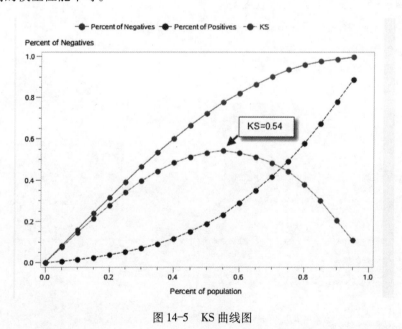

图 14-5　KS 曲线图

14.9.3　ROC 曲线

在模型拟合过程中，通过 plots 关键字可以直接生成 ROC 曲线图，本案例中的最终模型的 ROC 曲线如图 14-6 所示，从图中可见，ROC 曲线下的面积为 0.848 1。

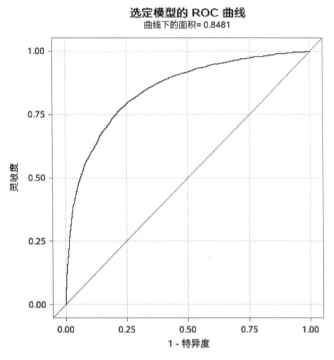

图 14-6　最终模型的 ROC 曲线图

14.10　评分卡创建

开发完成模型之后，需要把模型分数转换成业务人员能够理解的评分卡形式，这就需要进行评分尺度变换期变量的分值分配。

14.10.1　评分尺度变换

将预测的违约概率表示为 p，则对应的预测为正常样本的概率为 $1-p$，因此我们可以得到：

$$\text{Odds} = \frac{p}{1-p}$$

或者：

$$p = \frac{\text{Odds}}{1+\text{Odds}}$$

评分卡设定的分值刻度可以通过将分值表示为比率对数的线性表达式来表示，公式如下：

$$\text{Score} = A - B * \log(\text{Odds})$$

其中，A 和 B 是常数，上述方程的负数可以使得违约概率分数越低，则得分越高。一般情况下，分值的理想方向是高分值代表低风险。

Logistic 回归模型的计算比率公式如下：

$$\text{Log}(Odds) = \beta_0 + \beta_1 x_1 + \beta_2 x_2 + \cdots + \beta_p x_p$$

其中，模型拟合可以得到参数 $\beta_i (i = 0,1,2,\cdots,p)$。

常数项 A 和 B 的值可以通过将两个已知或假设的分值代入公式计算所得。通常，需要有两个假设条件：

- 在某个特定比率设定特定的预期分数；
- 指定比率翻番的分数（PDO）。

首先设定比率为 θ_0 的特定点的分值为 P_0，然后设定比率为 $2\theta_0$ 的点的分值为 $P_0 + \text{PDO}$，代入上述公式即得：

$$P_0 = \text{A} - \text{B} \times \log(\theta_0)$$

$$P_0 + \text{PDO} = \text{A} - \text{B} \times \log(2\,\theta_0)$$

解上述方程，则可以得到 A 和 B 的公式，即：

$$\text{A} = P_0 + \text{B} \times \log(\theta_0)$$

$$\text{B} = \frac{\text{PDO}}{\log 2}$$

如果假设我们想要的评分卡刻度使得比率为 1:50 时的分数为 500 分，PDO = 20，则 A 为 387.12，B 为 28.85，一般情况下，B 成为刻度，A 成为补偿，评分公式如下所示：

$$\text{Score} = 387.12 - 28.85 \times \log(Odds)$$

14.10.2 变量分值分配

根据 Logistic 回归模型的公式：

$$\log(Odds) = \beta_0 + \beta_1 x_1 + \beta_2 x_2 + \cdots + \beta_p x_p$$

我们可以把评分卡的公式写成如下形式：

$$\text{Score} = \text{A} - \text{B} \times (\beta_0 + \beta_1 x_1 + \beta_2 x_2 + \cdots + \beta_p x_p)$$

由于所有变量都已经进行了 WOE 的转换，所以：

$$\text{Score} = \text{A} - \text{B} \times \left\{ \begin{array}{c} \beta_0 \\ + \beta_1(\omega_{11}\,\delta_{11}) + \beta_1(\omega_{12}\,\delta_{12}) + \cdots \\ \cdots \\ + \beta_p(\omega_{p1}\,\delta_{p1}) + \beta_p(\omega_{p2}\,\delta_{p2}) + \cdots \end{array} \right\}$$

其中，ω_{ij} 表示第 j 行第 i 个变量的 woe 值，δ_{ij} 为二元变量，表示变量 i 是否去第 j 个值，则：

$$\text{Score} = (\text{A} + \text{B}\,\beta_0)$$

$$- (\text{B}\,\beta_1\,\omega_{11})\delta_{11} + (\text{B}\beta_1\,\omega_{12})\delta_{12} + \cdots$$

$$\cdots$$

$$+ (\text{B}\beta_p\,\omega_{p1})\,\delta_{p1} + (\text{B}\beta_p\,\omega_{p2})\,\delta_{p2} + \cdots$$

如下程序计算出了本案例中的各个变量的分组分数，表 14-18 展示了计算结果。

```
/* 评分卡生成* /
% let dir = D: \SASDATA;
libname sasdata "&dir";
% let ParamDS = sasdata. Model_Params;
% let DVName = SeriousDlqin2yrs;
% let Lib = sasdata;
% let BasePoints = 500;
% let BaseOdds = 50;
% let PDO = 20;
% let SCDS = SCDS;
/* 计算 A 和 B* /
% let bb = % sysevalf(&PDO / % sysfunc(log(2)));
% let beta  = &bb;
% let alpha = % sysevalf(&BasePoints - &bb *  % sysfunc(log(&BaseOdds)));
% put &beta. ;
% put &alpha. ;
/* 对模型参数估计表进行转置,以便获取变量参数* /
proc transpose data  = &ParamDS out = temp_mpt; run;
/* 计算每个分组的最大值和最小值* /
% macro calcMap(i,varname,varbin);
PROC SQL;
CREATE TABLE varbin_&i. AS
SELECT "&&varname. " as varname,
      "&&varbin. " as varname_bin,
      &varbin. as varbin,
      min(&varname. ) as lower_limits,
      max(&varname. ) as Upper_limits
  FROM SASDATA. CS_TRAINING_06
group by "&&varname. ","&&varbin. ", &varbin.
order by "&&varname. ","&&varbin. ", &varbin.
;
quit;
% mend;
proc contents data = SASDATA. CS_TRAINING_06; run;
% calcMap(1,    DebtRatio,    DRatio_bin);
% calcMap(2,    MonthlyIncome_03 ,    MIncome_bin);
```

```
% calcMap(3,     NOfOpenCreditLines  ,   NOfLines_bin);
% calcMap(4,     NOfTime30_59Days  ,   NOf30_59_bin);
% calcMap(5,     NOfTime60_89Days  ,   NOf60_89_bin);
% calcMap(6,     NOfTimes90DaysLate  ,   NOf90Late_bin);
% calcMap(7,     NRealEstateLoans  ,   NRealLoans_bin);
% calcMap(8,     NumberOfDependents_02  ,   NOfDep_02_bin);
% calcMap(9,     RevUtiOfUnsecuredLines  ,   RevLines_bin);
% calcMap(10,   age,    age_bin);
/* 把各个变量的分组结果合并* /
data VarBinMAP_temp;length varname $50.;
length varname_bin $50.;
set varbin_1 - varbin_10;
run;
data sasdata.VarBinMAP;
set VarBinMAP_temp;
run;
/* proc contents data = sasdata.varbinmap;run;* /
/* proc contents data = sasdata.WOEALL_BIN;run;* /
/* 获取 WOE 值* /
proc sql;
create table sasdata.VarBinMAP_2 as
select a.* ,
       b.woe
  from sasdata.VarBinMAP a
  left join sasdata.WOEALL_BIN b
    on a.varname_bin = b.tablevar and a.varbin = b.tier
;
quit;
/* 变量名称处理,使得表之间可以 join* /
data temp_mptc;
 set temp_mpt;
length VarName $50.;
if _Name_ eq 'Intercept' then do;
  call symput('Intercept', compress(&DVName));
  delete;
  end;
ix = find(upcase(_Name_),'_WOE') -1;
if ix >0 then VarName = substr(_Name_,1,ix);
```

```
Parameter = &DVName;
if _Name_ ne '_LNLIKE_' and &DVName ne . ;
keep VarName  Parameter;
run;
/* 把模型参数关联到 WOE 表上 */
proc sql;
create table sasdata. VarBinMAP_3 as
select a. * ,
      b. parameter
  from sasdata. VarBinMAP_2 a
  left join temp_mptc b
    on substr(a. varname_bin,1,find(upcase(a. varname_bin),'_BIN') -1)
      = b. varname
  where b. parameter is not missing
;
quit;
/* 计算补偿分数 A */
% let SCBase = % sysfunc(int(&alpha + &beta * &Intercept));
/* 把补偿分数赋给评分卡表 */
proc sql noprint;
 create table &SCDS (VarName char (50), Upper_limits num (8),
lower_limits num (8),  Points num);
 insert into &SCDS values('_BasePoints_' , 0    , 0    ,  &SCBase);
run; quit;
/* 合并补偿分数表 */
 data sasdata. VarBinMAP_4;
 set sasdata. VarBinMAP_3
     SCDS;
 run;
/* 计算每个变量分组的取值分数 */
data sasdata. ScoreCard;
  set sasdata. VarBinMAP_4;
  if varname = '_BasePoints_' then ;
else Points = - WOE* Parameter * &beta ;
   drop WOE Parameter;
run;
/* 进行排序 */
```

```
proc sort data = sasdata. ScoreCard;
  by VarName_bin varbin;
  run;
```

表14-18　评分卡结果表

变量名称	分组	最小值	最大值	分数
BasePoints				378
DebtRatio	1	0.00	0.22	4
DebtRatio	2	0.22	0.38	7
DebtRatio	3	0.38	0.64	−5
DebtRatio	4	0.64	4 962.00	−5
NumberOfTime30−59DaysPastDueNotWorse	1	0.00	0.00	9
NumberOfTime30−59DaysPastDueNotWorse	2	1.00	13.00	−22
NumberOfTime60−89DaysPastDueNotWorse	1	0.00	0.00	5
NumberOfTime60−89DaysPastDueNotWorse	2	1.00	11.00	−34
NumberOfTimes90DaysLate	1	0.00	0.00	7
NumberOfTimes90DaysLate	2	1.00	17.00	−44
NumberRealEstateLoansOrLines	1	0.00	0.00	−5
NumberRealEstateLoansOrLines	2	1.00	2.00	5
NumberRealEstateLoansOrLines	3	3.00	29.00	−5
RevolvingUtilizationOfUnsecuredLines	1	0.00	0.10	27
RevolvingUtilizationOfUnsecuredLines	2	0.10	0.40	12
RevolvingUtilizationOfUnsecuredLines	3	0.40	0.80	−7
RevolvingUtilizationOfUnsecuredLines	4	0.80	1.00	−23
RevolvingUtilizationOfUnsecuredLines	5	1.00	2 0514.00	−42
age	1	21.00	29.00	−8
age	2	30.00	39.00	−6
age	3	40.00	49.00	−3
age	4	50.00	59.00	0
age	5	60.00	69.00	10
age	6	70.00	103.00	15

14.11　评分卡实施

　　根据分数的定义，我们知道每一个分数都表示预期的违约可能性，即客户的违约概率。对于业务中分数的实际实现，可以采用分值截断策略，分别确定批准、拒绝和手工审核的分数阈值。首先由申请人提交申请资料，然后通过评分模型进行评分，最后进行分数判断，如果分数大于通过的分数截断点，则通过审批；如果小于拒绝的分数截断点，则直接拒绝。

其他情况需要经过人工审批环节，从而大大降低人工审核工作量，提高审核效率。图 14-7 展示了评分使用的基本流程。

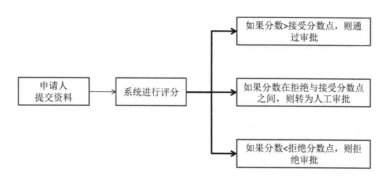

图 14-7　客户提交申请材料的审核流程

这里的关键是如何设置分数截断水平，因为不同的分数极端点对应的如客户接受率、违约率及利润金额等均有所不同，会直接影响评分卡截断水平的确定，而且公司内的不同部门可能有不同的，往往是相互冲突的目标，比如，信用风险部门旨在降低违约率并减少债务金额，而市场部门可能会要求提高分数截断水平以扩大其客户群，所以在设置分数截断点时需要综合考虑各个业务的要求，力争达到一个平衡状态。

14.12　监测与报告

模型实施后，要建立多种报表对模型的有效性、稳定性进行监测，比如，模型稳定性监控报表，比较新申请客户与开发样本客户的分值分布，用以监控模型有效性；不良贷款分析报表，评估不同分数段的不良贷款，并且与开发时的预测进行比较，用以监控客户信贷质量；还有评分分数的分析报表，分析不同分数段的申请人、批准/拒绝以及分数调整的客户分布，用于监控政策执行情况；等等。

另外，随着时间的推移，申请评分卡模型的预测力会减弱，因为经济环境、市场状况和申请者、持卡者的构成在不断变化，同时，银行整体策略和信贷政策的变化也要求评分模型适时调整，所以，申请评分卡在建立后需要持续监控，在应用一段时间（2～3 年）以后必须适当重新调整或重建。

14.13　拒绝推断

如果建模仅基于具有已知性能的可接受总体，则申请评分卡具有自然发生的选择偏差，然而，由于它们未知的表现，从建模过程中排除了一大批被拒绝的客户。为了解决选择偏差问题，申请评分卡模型应该包含两个人群，这意味着需要推断拒绝的未知性能，这是使用拒绝推断方法完成的。

为何要做拒绝推断？因为那些被拒绝的账户样本，也有可能有好的样本以及坏的样本。如果我们只拿申请通过的样本做评分卡模型，那将会产生 sample bias，不能很好地应用于整个申请人群。同时，拒绝推断也是为了方便评分卡模型覆盖之前决策影响，比如10 000 个申请样本中，有 1 000 个是有严重不良行为的，如果拒绝了这 1 000 个样本中的940 个，接受了 60 个，而最后这 60 个样本大多数都是好样本。如果我不采用拒绝推断技术，只采用已知的好、坏样本建立模型，你就会发现一种现象：有严重不良行为的反而是好的信用评分，拒绝推断技术可以中和这种影响。

一般拒绝部分的不良行为率是用比申请通过后的样本不良率高的，这也是衡量拒绝推断技术有效性一个重要指标。

利用上面分组后形成的最新数据集进行逻辑回归运算得到初始回归模型，在回归模型的基础上，通过概率与分数之间的转换算法把概率转换成分数进而得到初始评分卡，下一步要将初始评分卡经过拒绝推论。所谓拒绝推论，即申请被拒绝的客户数据未纳入评分系统，导致样本选取的非随机性，整体信用情况因此被扭曲，信用评分模型的有效性降低。

因为申请风险评分模型是用来评估未来所有信用卡申请人的信用，其样本必须代表所有的信用卡申请群体，而不仅代表信用质量较好、被批准的那部分客户的信用状况，所以样本必须包括历史上申请被拒绝的申请人，否则，样本空间本身就会出现系统性偏差。因为样本排除了较高信用风险的申请人群体（即历史上申请被拒绝的客户），如果仅仅依靠被批准申请人群体的样本开发评分模型，并将其运用到整个申请人群体中去，而被批准和被拒绝群体的行为特征和"坏"的比例往往大相径庭，那么这种以被批准群体代表被拒绝群体的做法将必然在很大程度上弱化模型的预测精度。

进行拒绝推论时，由于这部分被拒绝申请人的好坏表现是不可知的，必须以一定的统计手段来推测。推测的方法有很多，可以利用初始评分卡对这部分被拒绝客户进行评分，从而得出每个被拒绝客户如果被审批成为好客户的概率和坏客户的概率，再按其权重放入模型样本中，这样会尽量减少样本的偏差，同时兼顾拒绝样本的不确定性。我们利用拒绝推论后形成的样本（包括核准和拒绝的）重新对每个变量进行分组，其原理和方法与初始分组相同，然后对第二次分组形成的数据集建立逻辑回归模型，最后在第二次回归模型的基础上，通过概率与分数之间的转换算法把概率转换成分数，进而得到最终评分卡。

14.14　运用评分卡需要注意的事项

（1）开展信用卡业务的历史要长。

评分卡的发展必须以历史数据为依据，如果银行刚开始发行信用卡，还没有历史数据，或虽然已经发卡，但历史太短，数据不充分，则不具备开发评分卡的条件。

（2）发展信用评分卡需要大量的数据，而且数据的质量要好。

如果数据很少，不具有代表性或数据质量很差，有很多错误，那么基于该数据的评分卡就不会准确，那么申请评分卡的发展就会受到制约。

（3）数据的保存要完整。

银行必须把历史上各个时期申请该信用卡的客户申请表信息、当时的信用报告记录、开户的信用卡账户表现好坏等数据保存起来，不仅所有被批准的客户的数据要保存，被拒绝的申请者数据也应该保存，以进行模型的表现推测，而且保存的数据不仅要足以提炼出各种预测变量，还要能够辨别其表现（好、坏等）。

（4）申信用评分卡只是提供了决策依据，不是决策本身。

信用评分卡并不能告诉审批人员某个客户一定是好的或坏的，它只是告诉我们一定的概率，因此，对于有些客户的申请审批决定就必须综合信用报告等其他信息做出判断。

（5）一张申请评分卡很难满足整个人群，需要针对不同人群建立单独的评分卡。

由于客户分布在全国各地，存在着较大的地域差别，各地区经济发展也存在着较大差别，客户消费习惯有较大差异，如果使用一张申请评分卡就会造成信用评分的不真实。

（6）时间越久，信用评分卡的有效性会降低。因为经济环境、市场状况和申请者、持卡者的构成在不断变化，使得样本人群的特质和属性发生改变，特别是在经济高速发展的阶段，人群的生活方式、消费习惯、经济状况等变化很快，申请评分模型在应用一段时间后通常会与初期模型产生偏移，所以需要适当重新调整，必要时还要重新开发，以保证信用评分卡的有效性。

第 15 章

信用卡反欺诈预测模型

随着信用卡业务的迅速扩张和竞争的日趋激烈，近期全国各地有关信用卡方面的投诉、纠纷、案件频发，特别是在当前经济下行的情况下，信用卡业务风险处于多发、高发期。目前，各类欺诈风险在整体信用卡经营风险中已成为最大威胁，特别是虚假申请等往往令发卡银行防不胜防。可以说，信用卡的反欺诈是一个系统性的工程，其中数据挖掘技术已经成为信用卡欺诈检测和贷款投资风控工作的重要手段之一。信用卡风险的识别是控制和管理业务运营过程中潜在风险的重要前提，只有准确地识别风险，分析其风险来源，才能针对性地提出一套较为完善的信用卡管理与防范措施。

本章将介绍如何利用数据挖掘识别信用卡欺诈风险，并阐述 SAS STAT 中的部分数据挖掘过程。

15.1　信用卡欺诈概述

随着我国经济的快速增长，国内信用消费环境日趋成熟，我国信用卡市场近几年得到了爆炸性的大发展。根据 2018 年底人民银行发布《2018 年第三季度支付体系运行总体情况》统计，银行卡发卡量持续增长，截至 2018 年第三季度末，全国银行卡在用发卡数量73.85 亿张，环比增长 2.75%，其中，借记卡在用发卡数量 67.26 亿张，环比增长 2.69%；信用卡和借贷合一卡在用发卡数量共计 6.59 亿张，环比增长 3.36%，全国人均持有银行卡5.31 张，其中，人均持有信用卡 0.47 张。

随着信用卡业务的迅速扩张和竞争的日趋激烈，各类欺诈风险在整体信用卡经营风险中已成为最大威胁，特别是虚假申请等往往令发卡银行防不胜防，信用卡欺诈损失排名前三类型为伪卡、虚假身份和互联网欺诈，这就要求银行信用卡中心在审批流程和方法上与时俱进，采用更加先进的技术，对信用卡申请人的信用资质、真实性等方面进行核查，以防止欺诈行为的发生。

15.1.1　信用卡欺诈的种类

信用卡的欺诈包括身份信息被盗（identity theft，包括欺诈性申请和账户信息被窃取）、伪造（counterfeit）、卡丢失或被盗（lost or stolen）、卡邮寄被盗（mail non-receipt）、卡不在场欺诈（card not present fraud）等。

（1）卡不在场欺诈

卡不在场欺诈又称卡相关信息被盗欺诈，信用卡和持卡人均不在销售终端，只要提供卡的相关信息就可进行欺诈交易，如通过电话、传真、邮件、互联网等渠道使用信用卡。

（2）卡被伪造

伪造的信用卡有两种，一种是本身不是由发卡银行发行而属于纯粹伪造的卡；二是本身由发卡银行发行但被欺诈分子盗取机密信息仿冒伪造和使用的卡。大多数伪造的信用卡是通过一种叫侧录（Skimming）的方式进行的，它通过一定的电子设备读取真实的信用卡磁条上的信息，并以电子方式拷贝到伪造的卡上。

（3）卡丢失或被盗

卡丢失和被盗是欺诈损失的严重一环，往往是在真实的持卡人挂失前被大量地欺诈性使用，由于目前刷卡消费只需要签字，往往无须查验身份证，而签字又非常容易假冒，导致这种欺诈操作起来比较容易。

（4）卡邮寄被盗

由于信用卡通常是邮寄给客户的，如果欺诈分子盗取了邮件，便获得了信用卡，这种欺诈损失虽然占的比例不是特别高，但近年来急剧上升，主要是因为银行在其他方面加强了反欺诈力度，而欺诈分子也不断地探索新的欺诈渠道，盗取邮件便是其中之一。

（5）身份信息被盗

盗取身份信息进行信用卡欺诈包括两种方式：

第一是欺诈性申请，欺诈分子往往通过盗取他人的电话账单、水电费账单、银行对账单等途径获得他人身份信息，然后以盗取的他人身份信息或伪造的他人身份证件，以他人的名义申请信用卡，进行欺诈使用。

第二是窃取信用卡账户，欺诈分子先收集他人的相关信息，然后冒名以持卡人的名义，要求信用卡公司把邮件送到新的通信地址，然后向信用卡公司谎报信用卡丢失了，要求把新的信用卡寄到欺诈分子指定的通信地址，从而获得信用卡进行欺诈性交易。

15.1.2　智能反欺诈管理

利用先进的数理统计技术，如神经网络模型，进行深度的数据挖掘，建立申请欺诈风险评分模型和交易欺诈风险评分模型，来预测信用卡申请或交易为欺诈的概率大小，为制订智能型反欺诈策略提供科学的依据。

（1）制订以申请欺诈风险评分模型为基础的反欺诈策略

申请欺诈风险评分模型是以信用局保存的欺诈记录或嫌疑性的姓名、地址、身份证号码，以及申请表填写信息与信用局记录信息之间的差异来预测信用卡申请为欺诈的概率。

（2）制订以交易欺诈风险评分模型为基础的反欺诈策略

交易欺诈风险评分模型是以持卡人的交易行为模式为分析基础的、以对比当前交易与历史交易模式的差别为分析焦点的、以精密的数理统计模型（典型的是使用机器学习和神经网络模型）为分析手段的、以预测当前交易为欺诈的概率为分析目标的模型。它的建立依据是，虽然欺诈者可以盗取信用卡相关机密信息，也可以盗取、伪造或假冒信用卡，但是无法模仿真实持卡人的历史行为模式，这种历史行为模式往往体现在以大量的交易时间、地点、金额、商户类别、交易频率等信息为基础而提炼出来的数百个个性档案中。

15.1.3　其他反欺诈技术

信用卡的反欺诈是一个系统性的工程，除了以欺诈侦测模型为基础的智能型反欺诈策略和手段以外，欧美的信用卡行业还综合地利用各种技术和手段来反欺诈。

（1）芯片和密码系统

随着欺诈的上升和有组织的欺诈团伙利用高科技手段大规模作案，传统的磁条卡和签名消费的形式遇到了严峻的挑战。为了更有效地反欺诈，必须在交易发生时保证两个根本条件：用于交易的信用卡必须是真实的而不是伪造的卡、交易人必须是真实的持卡人而不是冒名欺诈者，芯片和密码系统就是为了达到这两个条件应运而生的。

（2）防止卡不在场欺诈

卡不在场欺诈，又称卡相关信息被盗欺诈，是通过电话、传真、邮件、或互联网进行的欺诈性交易，是欺诈损失最大的类别之一。

（3）信用卡行业共享档案

这是由众多商户参与的、记录丢失和被盗的信用卡信息的电子档案，当持卡人刷卡交易时，授权系统自动地把相关的卡信息与共享电子档案上的信息对照，如果共享档案显示该卡已丢失或被盗，则授权系统会拒绝该交易而且发出警示信号。

（4）行业携手反欺诈

行业反欺诈信息共享，比如共享欺诈高发地区、高发商店的信息，共享欺诈交易的数据以建立更有预测力的反欺诈模型，共享欺诈性申请的身份信息、地址信息等，以集中力量打击欺诈犯罪。

（5）消费者教育

反欺诈不仅是发卡银行的任务，信用卡持卡人也有责任而且可以发挥相当大的作用，欺诈不仅给银行带来损失，也给持卡人带来损失或不便，所以持卡人有反欺诈的强烈需要，对持卡人进行教育，让其充分了解欺诈的情况，以正确的行为尽量避免欺诈的发生，具有重要意义。

15.2　案例背景

图 15-1 是英国 1995～2004 年信用卡行业的欺诈损失情况，我们可以看出，在过去的 10 年时间里，英国信用卡的欺诈损失额节节上升，这一方面是因为欺诈活动日益猖獗，欺诈作案日益团伙化、技术化；另一方面是发卡量和交易量大幅度增加的结果。2001～2003 年欺诈损失得到了稳定控制，这是因为这几年间英国大部分银行推广使用了智能性反欺诈模型；2004 年欺诈损失再度大幅度攀升近 20%，这是因为有组织的欺诈团伙在英国于 2005 年全面普及芯片卡和密码系统之前大肆进行了欺诈活动。

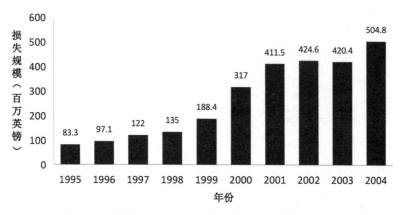

图 15-1　英国 1995—2004 年信用卡行业的欺诈损失情况

本案例对欧洲信用卡的欺诈风险进行分析识别。数据集为欧洲的信用卡持卡人在 2013 年 9 月的 2 天时间里的 284 807 笔交易数据，其中有 492 笔交易是欺诈交易，占比 0.172%。数据采用 SAS 中的 PCA 变换映射为 V1,V2,…,V28 数值型属性，只有交易时间和金额这两个变量没有经过 PCA 变换，输出变量为二值变量，1 为正常，0 为欺诈交易。

另外，数据集只包含作为 PCA 转换结果的数字输入变量，导致我们无法获取有关数据的原始功能和更多背景信息，特征 V1,V2,…,V28 是使用 PCA 获得的变量，没有用 PCA 转换的唯一特征是"Time"和"Amount"，变量"Time"包含数据集中每个事务和第一个事务之间经过的秒数，变量"Class"是响应变量，如果发生被盗刷，则取值 1，否则为 0。

15.3　数据探索

由于本案例的数据集的重要变量均已通过 PCA 转换，所以不需要对变量进行特殊处理。为了模型的交叉验证，把原有数据集分割成建模数据集与测试数据集，抽取 70% 样本作为开发数据集，剩下的 30% 样本为测试数据集，代码如下所示。

```
PROC PRINT DATA = test3;
   TITLE 'SAS Data Set test3';
RUN;
/*  分割数据集  */
/* 随机抽取 70% 的样本作为模型开发数据集 */
PROC SURVEYSELECT DATA = sasdata. creditcard_2()
OUT = sasdata. creditcard_2_DEV
METHOD = SRS
RATE = % SYSEVALF(70/100);
RUN;
QUIT;
/* 数据集 SASDATA. CREDITCARD_2_DEV 有 199365 个观测和 32 个变量。*/
PROC SQL;
CREATE TABLE sasdata. creditcard_2_VAL as
select a. *
from sasdata. creditcard_2 a
left join sasdata. creditcard_2_DEV b
on a. custno = b. custno
where b. custno = .;
quit;
/* NOTE:表 SASDATA. CREDITCARD_2_VAL 创建完成,有 85442 行,32 列。*/
/* 开发样本的变量 class 分布情况 */
PROC SQL;
CREATE VIEW sasdata. creditcard_2_DEV_2 AS
    SELECT T. class
FROM sasdata. creditcard_2_DEV as T
;
QUIT;
PROC FREQ DATA = sasdata. creditcard_2_DEV_2
ORDER = INTERNAL
;
TABLES class /  SCORES = TABLE;
RUN;
/* 验证样本的变量 class 分布情况 */
PROC SQL;
CREATE VIEW sasdata. creditcard_2_VAL_2 AS
    SELECT T. class
FROM sasdata. creditcard_2_VAL as T
```

```
;
QUIT;
PROC FREQ DATA = sasdata.creditcard_2_VAL_2
ORDER = INTERNAL
;
TABLES class /  SCORES = TABLE;
RUN;
```

程序运行结果见表 15-1、表 15-2 给出了建模数据集和测试数据集上的目标变量 class
的分布情况，其中建模数据集有样本 199 365 个，测试数据集有样本 85 442 个，欺诈交易
的占比约为 0.17%。

表 15-1　建模数据集上的 class 分布

Class	频数	百分比	累积频数	累积百分比
0	199 021	99.83%	199 021	99.83%
1	344	0.17%	199 365	100%

表 15-2　测试数据集上的 class 分布

Class	频数	百分比	累积频数	累积百分比
0	85 294	99.83%	85 294	99.83%
1	148	0.17%	85 442	100%

15.4　模型开发

由于在建模数据集上，欺诈交易占比约为 0.17%，样本分布极度不平衡，样本不
平衡会严重影响分类模型的学习结果。本案例中，我们将比较使用分层抽样和不使用
分层抽样时的模型拟合结果，由于是二分类问题，将使用逻辑回归模型进行模型开发。

15.4.1　不使用分层抽样策略

由于不使用任何抽样方案，直接对原始数据集进行建模，上文 15.3 中已经对数据集进
行了分割，我们直接对数据集 sasdata.creditcard_2_DEV 进行模型拟合即可。首先我们调用
SAS 线性回归过程计算方差膨胀因子，以便考察自变量之间是否存在多重共线性。回归中
的多重共线性是一个模型中一些预测变量与其他预测变量相关时发生的条件。严重的多重
共线性可能会产生问题，因为它可以增大回归系数的方差，使模型变得一场不稳定。以下
是不稳定系数导致的一些后果：

- 预测变量和响应之间存在显著关系，系数也可能看起来并不显著。
- 高度相关的预测变量的系数在样本之间差异很大。

- 从模型中去除任何高度相关的项都将大幅影响其他高度相关项的估计系数，而且高度相关的变量的系数甚至会包含错误的符号。

要度量多重共线性，可以检查预测变量的相关性结构，可以查看方差膨胀因子（VIF）。VIF 用于在预测变量相关时，度量估计回归系数的方差增加的幅度，如果所有 VIF 都为 1，则不存在多重共线性；但如果有些 VIF 较大，则预测变量存在较为显著的多重共线性。

```
/* 把自变量赋给宏变量 logistic_varlist* /
% let logistic_varlist =V1  V2  V3  V4  V5  V6  V7  V8  V9
V10  V11  V12  V13  V14  V15  V16  V17  V18  V19
V20  V21  V22  V23  V24  V25  V26  V27  V28
;
/* 计算方差膨胀因子,判断共线性* /
proc reg data =  sasdata. creditcard_2_DEV;
model CLASS = &logistic_varlist. /vif collinoint;                    run;
```

运行上述程序，结果见表 15-3，从方差膨胀因子结果数据来看，均小于 2，则可以认为各个变量之间不存在较为明显的多重共线性。

表 15-3　方差膨胀因子表

变量	自由度	参数估计	标准误差	t 值	Pr > ｜t｜	方差膨胀
Intercept	1	0.001 69	0.000 063 51	26.64	<.000 1	0
V1	1	-0.002 11	0.000 032 3	-65.38	<.000 1	1.001 34
V2	1	0.002 23	0.000 038 32	58.2	<.000 1	1.001 21
V3	1	-0.005 15	0.000 041 69	-123.58	<.000 1	1.000 87
V4	1	0.003 77	0.000 044 77	84.23	<.000 1	1.000 27
V5	1	-0.002 81	0.000 045 63	-61.52	<.000 1	1.001 15
V6	1	-0.001 36	0.000 047 5	-28.72	<.000 1	1.000 59
V7	1	-0.006 13	0.000 050 74	-120.84	<.000 1	1.002 33
V8	1	0.000 798 91	0.000 053 77	14.86	<.000 1	1.001 31
V9	1	-0.003 57	0.000 057 81	-61.77	<.000 1	1.000 29
V10	1	-0.008 11	0.000 058 05	-139.76	<.000 1	1.000 81
V11	1	0.006 08	0.000 062 21	97.78	<.000 1	1.000 24
V12	1	-0.010 56	0.000 063 37	-166.69	<.000 1	1.000 65
V13	1	-0.000 188 2	0.000 063 85	-2.95	0.003 2	1.000 09
V14	1	-0.012 77	0.000 066 28	-192.61	<.000 1	1.000 47
V15	1	-0.000 130 74	0.000 069 34	-1.89	0.059 3	1.000 1
V16	1	-0.009 14	0.000 072 34	-126.39	<.000 1	1.000 59

续表

变量	自由度	参数估计	标准误差	t 值	Pr > | t |	方差膨胀
V17	1	− 0.015 62	0.000 074 26	− 210.37	<.000 1	1.001 33
V18	1	− 0.005 48	0.000 075 6	− 72.53	<.000 1	1.000 31
V19	1	0.001 75	0.000 077 99	22.46	<.000 1	1.000 11
V20	1	0.001 06	0.000 081 6	13.05	<.000 1	1.002 38
V21	1	0.002 07	0.000 086 85	23.82	<.000 1	1.001 62
V22	1	0.000 167 48	0.000 087 58	1.91	0.055 8	1.000 19
V23	1	− 0.000 158 61	0.000 100 71	− 1.57	0.115 3	1.000 14
V24	1	− 0.000 504 07	0.000 104 88	− 4.81	<.000 1	1.000 05
V25	1	0.000 402 65	0.000 121 64	3.31	0.000 9	1.000 13
V26	1	0.000 423 87	0.000 131 84	3.22	0.001 3	1.000 03
V27	1	0.001 76	0.000 155 04	11.34	<.000 1	1.001 24
V28	1	0.001 21	0.000 186 85	6.49	<.000 1	1.003 06

　　方差膨胀因子检测得出，各变量之间不存在较为显著的多重共线性，所以可以直接调用 Logistic 回归过程进行模型拟合，并利用 stepwise 关键字来选择自变量。

```
/* 拟合 logistic 模型,采用 stepwise 逐步回归方法筛选变量* /
proc logistic data = sasdata.creditcard_2_DEV
     descending
     outest = formul  NAMELEN =100;
     model class = &logistic_varlist.
     /stepwise sls = 0.1 sle = 0.1 maxstep = 50
     ;
     output out = sasdata.lout_dev;
     score  out = sasdata.score_dev;
run;
```

　　变量选择的结果见表 15-4，最后选择的变量为 V4、V5、V8、V10、V13、V14、V16，将 V17 变量从模型中移除。

表 15-4　逐步选择过程

步骤	效应已输入	已删除	自由度	个数	评分卡方	Wald 卡方	Pr >卡方
1	V17		1	1	23 347.316 8		<0.000 1
2	V14		1	2	1 921.225 2		<0.000 1
3	V4		1	3	124.825 5		<0.000 1
4	V16		1	4	49.924 7		<0.000 1
5		V17	1	3		0.252 4	0.615 4
6	V10		1	4	37.847 3		<0.000 1

步骤	效应已输入	已删除	自由度	个数	评分卡方	Wald 卡方	Pr >卡方
7	V8		1	5	68. 334 4		<0. 000 1
8	V5		1	6	34. 914		<0. 000 1
9	V13		1	7	7. 991 3		0. 004 7

表 15-5 是被选择进入模型中的各个变量的参数估计结果，均通过假设检验。

表 15-5　变量参数估计

参数	自由度	估计	标准误差	Wald 卡方	Pr >卡方
Intercept	1	−8. 353 5	0. 131 8	4016. 7682	<0. 000 1
V4	1	0. 533 9	0. 047	129. 046 1	<0. 000 1
V5	1	0. 082 3	0. 025 4	10. 513	0. 001 2
V8	1	−0. 195 3	0. 020 3	92. 577 6	<0. 000 1
V10	1	−0. 462	0. 047 4	95. 073 4	<0. 000 1
V13	1	−0. 258 7	0. 091 7	7. 952 9	0. 004 8
V14	1	−0. 732 5	0. 039 3	346. 534 2	<0. 000 1
V16	1	−0. 440 4	0. 055 8	62. 381 1	<0. 000 1

利用 Logistic 过程绘制 ROC 曲线，并生成每个样本的评分结果，代码如下所示，输出结果图 15-2 给出了最终模型的 ROC 曲线，曲线下的面积为 0.975。从 ROC 曲线看，模型的性能较好。

```
ODS graphics on;
proc logistic data = sasdata.creditcard_2_DEV
        descending
        outest = formul
        NAMELEN =100
        PLOTS(ONLY MAXPOINTS =NONE) =ROC;
        model class = V4 V5 V8 V10 V13 V14 V16
        /stepwise sls = 0.01 sle = 0.01 maxstep = 50 ;
        output out = sasdata.lout_dev;
        score  out = sasdata.score_dev;
run;
ODS graphics off;
data sasdata.score_ks_data_dev ;
        set sasdata.score_dev;
        score = int(P_1* 10);
    scc = P_1;
        keep score custno Class P_1 scc;
run;
```

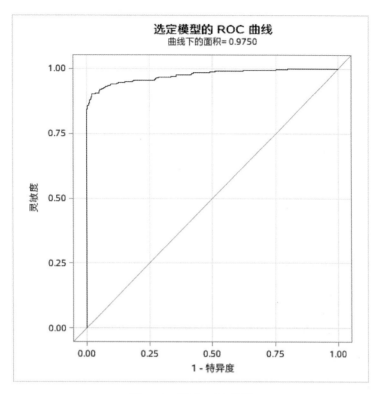

图 15-2　模型 ROC 曲线

我们以评分 0.03 为分割点，如果大于 0.03，则模型预测为欺诈交易，否则预测为正常交易。我们查看一下模型的召回率及准确率指标，以此评估模型的性能。程序代码如下所示。

```
/* 根据分数分割点对样本进行标签设置 * /
data sasdata. score_ks_data_dev_stat;
set   sasdata. score_ks_data_dev ;
if scc > 0.03 then p_class =1;
else p_class =0;
run;
PROC FREQ DATA = sasdata. score_ks_data_dev_stat
ORDER = INTERNAL
;
TABLES p_class* class /   SCORES = TABLE;
RUN;
```

运行上述程序，结果见表 15-6，其中 class 表示真实的欺诈交易和正常交易，p_class 表示模型预测的欺诈交易和正常交易，模型的召回率为 83.43%，欺诈交易的判断准确率为 70%。

表 15-6　模型的分类矩阵结果

		Class		合计
		0	1	
p_class				
0	频数	198 898	57	198 955
	百分比	99.77	0.03	99.79
	行百分比	99.97	0.03	
	列百分比	99.94	16.57	
1	频数	123	287	410
	百分比	0.06	0.14	0.21
	行百分比	30	70	
	列百分比	0.06	83.43	
合计	频数	199 021	344	199 365
	百分比	99.83	0.17	100

进一步我们分析模型在测试数据集和全量数据集上的效果是否稳定。根据上述 Logistic 过程得到的最终模型，可以给测试数据集的样本进行打分，程序如下所示。

```
/* 测试数据集上的效果*/
data sasdata.creditcard_2_val_2;
set sasdata.creditcard_2_val;
logit =            - 8.353494322    +
V4   *    0.533920003     +
V5   *    0.082341899     +
V8   *    - 0.195333099    +
V10  *    - 0.461971564    +
V13  *    - 0.258652794    +
V14  *    - 0.732483646    +
V16  *    - 0.440416531
;
score = exp(logit)/(1 + exp(logit));
run;
data sasdata.creditcard_2_val_2_stat;
set  sasdata.creditcard_2_val_2 ;
if score > 0.03 then p_class = 1;
else p_class = 0;
run;
PROC FREQ DATA = sasdata.creditcard_2_val_2_stat
```

```
ORDER = INTERNAL
;
TABLES p_class* class /  SCORES = TABLE;
RUN;
```

运行上述程序，结果见表 15-7，从表中可知，模型的召回率为 85.81%，欺诈交易的判断准确率为 66.84%，相比开发数据集上，模型的准确率有所下降。

表 15-7　测试样本上的模型分类矩阵

		Class		合计
		0	1	
p_ class				
0	频数	85 231	21	85 252
	百分比	99.75	0.02	99.78
	行百分比	99.98	0.02	
	列百分比	99.93	14.19	
1	频数	63	127	190
	百分比	0.07	0.15	0.22
	行百分比	33.16	66.84	
	列百分比	0.07	85.81	
合计	频数	85 294	148	85 442
	百分比	99.83	0.17	100

最后看一下模型在整体数据集上的效果。运行如下程序，输出的结果见表 15-8，从表中可知，模型的召回率为 84.15%，欺诈交易的判断准确率为 69%，相比开发数据集上，模型的召回率集准确率基本没有变化。

```
/* 在整个数据及集的效果*/
data sasdata.creditcard_2_2;
set sasdata.creditcard_2;
logit =        -8.353494322   +
V4   *   0.533920003    +
V5   *   0.082341899    +
V8   *   -0.195333099   +
V10  *   -0.461971564   +
V13  *   -0.258652794   +
V14  *   -0.732483646   +
V16  *   -0.440416531
;
```

```
score = exp(logit)/(1 + exp(logit));
run;
data sasdata.creditcard_2_2_stat;
set  sasdata.creditcard_2_2;
if score > 0.03 then p_class = 1;
else p_class = 0;
run;
PROC FREQ DATA = sasdata.creditcard_2_2_stat
ORDER = INTERNAL
;
TABLES p_class* class /  SCORES = TABLE;
RUN;
```

表 15-8　全量数据集上的分类矩阵

p_ class		Class		合计
		0	1	
0	频数	284 129	78	284 207
	百分比	99.76	0.03	99.79
	行百分比	99.97	0.03	
	列百分比	99.93	15.85	
1	频数	186	414	600
	百分比	0.07	0.15	0.21
	行百分比	31	69	
	列百分比	0.07	84.15	
合计	频数	284 315	492	284 807
	百分比	99.83	0.17	100

15.4.2　使用分层抽样策略

分层抽样策略比较简单，由于两类数据不均衡，所以我们对 Class = 0 的样本进行抽样，使得 1 和 0 样本基本均衡。程序代码如下所示。

```
/* 分层抽样策略* /
data sasdata.creditcard_2_1 sasdata.creditcard_2_0;
set sasdata.creditcard_2;
if class = 1 then output sasdata.creditcard_2_1;
if class = 0 then output sasdata.creditcard_2_0;
```

```
run;
/* NOTE:数据集 SASDATA.CREDITCARD_2_1 有 492 个观测和 32 个变量。*/
/* NOTE:数据集 SASDATA.CREDITCARD_2_0 有 284315 个观测和 32 个变量。*/
/* 随机抽取 3% 的负样本*/
PROC SURVEYSELECT DATA = sasdata.creditcard_2_0()
OUT = sasdata.creditcard_2_0_random
METHOD = SRS
RATE = % SYSEVALF(3/100);
RUN;
QUIT;
/* 数据集 SASDATA.CREDITCARD_2_0_RANDOM 有 8530 个观测和 32 个变量。*/
/* 抽样后的样本合并*/
data sasdata.creditcard_2_1_0_random;
set sasdata.creditcard_2_1
    sasdata.creditcard_2_0_random;
run;
/* 从数据集 SASDATA.CREDITCARD_2_1. 读取了 492 个观测*/
/* 从数据集 SASDATA.CREDITCARD_2_0_RANDOM. 读取了 8530 个观测*/
/* 数据集 WORK.CREDITCARD_2_1_0_RANDOM 有 9022 个观测和 32 个变量。*/
/* 调用逻辑回归过程进行建模*/
% let logistic_varlist = V1 V2 V3 V4 V5 V6 V7 V8 V9
V10 V11 V12 V13 V14 V15 V16 V17 V18 V19
V20 V21 V22 V23 V24 V25 V26 V27 V28
;
/* 拟合 logistic 模型,采用 stepwise 逐步回归方法筛选变量*/
proc logistic data = sasdata.creditcard_2_1_0_random
    descending
    outest = formul
    NAMELEN =100;
    model class = &logistic_varlist.
    /stepwise sls = 0.01 sle = 0.01 maxstep = 50 ;
    output out = sasdata.lout_dev;
    score  out = sasdata.score_dev;
run;
```

运行上述程序,结果见表 15-9,从表中可知,共选择 7 个变量进入最终的模型中,选择的变量分别是 V4、V8、V10、V12、V13、V14、V16。

表 15-9　逐步选择变量的步骤及结果

逐步选择汇总

步骤	效应		自由度	个数	评分	Wald	Pr > 卡方
	已输入	已删除			卡方	卡方	
1	V14		1	1	5 323.500 6		<.000 1
2	V4		1	2	160.526 5		<.000 1
3	V12		1	3	78.268 6		<.000 1
4	V8		1	4	25.914 6		<.000 1
5	V10		1	5	25.763 7		<.000 1
6	V13		1	6	14.720 2		0.000 1
7	V16		1	7	7.341 3		0.006 7
8	V1		1	8	7.205 3		0.007 3
9		V1	1	7		6.249 5	0.012 4

　　下一步获取最终的模型公式，以及对每个样本进行打分，确定分数分割点。运行程序如下所示，结果如图 15-3 所示。从图中可见，ROC 曲线的下的面积为 0.981 4，初步判断模型性能较好。

```
/* 获取模型公式并绘制 ROC 曲线* /
ODS graphics on;
proc logistic data = sasdata.creditcard_2_1_0_random
            descending
            outest = formul
            NAMELEN =100
            PLOTS (ONLY MAXPOINTS =NONE) =ROC ;
      model class = V4 V8 V10 V12 V13 V14 V16;
      output out  = sasdata.lout_dev;
      score   out = sasdata.score_dev;
run;
ODS graphics off;
data sasdata.score_ks_data_dev ;
      set sasdata.score_dev;
      score = int(P_1* 10);
      scc = P_1;
      keep score custno Class P_1 scc;
run;
```

　　根据样本评分的分布，我们确定 0.11 为分数分割点，大于 0.11 的样本被预测为欺诈交易，否则为正常交易。运行如下程序，结果见表 15-10，从表中可知，模型的召回率为88.62%，欺诈交易的判断准确率为 84.5%。

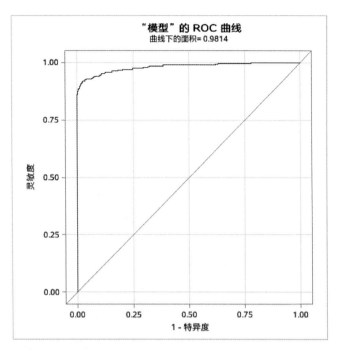

图 15-3　建模数据集上的 ROC 曲线

```
data sasdata. score_ks_data_dev_stat;
set   sasdata. score_ks_data_dev ;;
if score > 0. 11 then p_class = 1;
else p_class = 0;
run;
PROC FREQ DATA = sasdata. score_ks_data_dev_stat
ORDER = INTERNAL
;
TABLES p_class* class /  SCORES = TABLE;
RUN;
```

表 15-10　建模数据集上模型预测的分类矩阵

		Class		合计
		0	1	
p_class				
0	频数	8 450	56	8 506
	百分比	93. 66	0. 62	94. 28
	行百分比	99. 34	0. 66	
	列百分比	99. 06	11. 38	

续表

		Class		合计
		0	1	
p_class				
1	频数	80	436	516
	百分比	0.89	4.83	5.72
	行百分比	15.5	84.5	—
	列百分比	0.94	88.62	—
合计	频数	8 530	492	9 022
	百分比	94.55	5.45	100

进一步，我们考察模型在全量数据集上的性能，首先对全量样本进行打分，程序如下所示，并根据分数的分布在分数的截断点 0.7 进行分割。

```
/* 全量数据集上进行打分* /
data sasdata.creditcard_2_score;
set sasdata.creditcard_2;
logit = -6.073936255 +
V4* 0.789890638 +
V6*      -0.306355287 +
V8*      -0.311898739 +
V10*      -0.472369381 +
V12*      -0.93336946 +
V13*      -0.368498354 +
V14*      -0.692075832
;
score = exp(logit)/(1 + exp(logit));
run;
data sasdata.creditcard_2_score_stat;
set   sasdata.creditcard_2_score ;
if score >0.7 then p_class =1;
else p_class =0;
run;
PROC FREQ DATA = sasdata.creditcard_2_score_stat
ORDER = INTERNAL
;
TABLES p_class* class /  SCORES = TABLE;
RUN;
```

运行上述程序，结果见表 15-11，从表中可知，模型的召回率为 81.91%，欺诈交易的判断准确率为 70.21%，相比建模数据集上的效果，召回率和准确率均有所下降。

表 15-11　全量数据集上的模型的分类矩阵

p_class		Class		合计
		0	1	
0	频数	284 144	89	284 233
	百分比	99.77	0.03	99.8
	行百分比	99.97	0.03	
	列百分比	99.94	18.09	
1	频数	171	403	574
	百分比	0.06	0.14	0.2
	行百分比	29.79	70.21	
	列百分比	0.06	81.91	
合计	频数	284 315	492	284 807
	百分比	99.83	0.17	100

15.5　总结

在样本数据不均衡的机器学习模型中，应根据具体情况选择是否重新调整数据集比例。一般来说，准确率与召回率是评价模型的两个不同角度，例如，对于地震的预测，我们希望的是召回率非常高，也就是说每次地震我们都希望能预测出来。这个时候我们可以牺牲准确率，情愿发出 1 000 次警报，把 10 次地震都预测正确了，也不要预测 100 次对了 8 次漏了 2 次。在嫌疑人定罪方面，基于不错怪一个好人的原则，对于嫌疑人的定罪，我们希望是非常准确的，即使有时放过了一些罪犯，但也是值得的。但是有时候错判是有成本的，应根据具体情况具体选择。

本案例中原始数据集剥离了业务场景，因此在进行数据分析时，并不能看到盗刷交易的具体特征。在具体场景中，每个信用卡用户都具有自己的消费特性，如常用消费地点、消费时间、消费金额等。比如，如果一个人经常在白天进行信用卡交易，某一天在凌晨进行的交易属于欺诈交易的可能性就会高很多。再比如，一个从来没去过境外的人，忽然某一天持有的信用卡连续发生多笔大额的境外交易，则属于欺诈交易的可能性同样非常高。总之，如果对具体的业务场景进行分析，可以补充用户的各种行为数据，以便进一步对模型进行优化迭代。

第 16 章

SAS 数据清洗技术

数据清洗对于一个完整的数据挖掘项目来说至关重要，数据质量直接影响模型的性能，所以在实际的项目中，必须重视数据清洗。作为本书的最后一章内容，我们重点介绍数据清洗的相关技术。数据清洗需要做的工作很多，包括数据导入 SAS 系统、数据探索、变量衍生及选择等，任务十分庞杂。而且对不同的数据集、不同的项目需求，所进行的数据清洗工作也不完全一样，但是基本都会遇到本章即将讲述的几种情况。

16.1 数据清洗简介

数据是企业最有价值的资产之一，在各种商业智能应用中都需要使用数据以实现复杂的分析和决策过程，从而使公司更具竞争力。但数据的价值显然依赖于它的质量，基于有缺陷的数据的决策是不可信的，并大大浪费公司的费用。所以，不管是把数据存储到数据仓库还是对数据进行数据挖掘，首先必须对数据进行清洗工作，然后才能在决策过程中使用它。

数据清洗分析过程，即从源数据中移除不正确或者有问题的数据、转换数据格式并进行数据探索分析的过程。从字面上看，数据清洗就是把数据集中的"脏"数据清洗掉，脏数据就是那些包含不正确的数据，不正确的含义可能是输入错误、格式错误缺失值、拼写错误等。每个数据集都有其特定的数据清洗解决方案，这些和数据本身相关。另外，对一个数据集，不同的需求及其不断的演进也决定了数据清洗是一个不断持续的过程，需要不断地进行数据清洗分析。

需要注意的是，本章介绍的数据清洗分析是为下一步进行数据挖掘做准备的一个过程，与数据 ETL 过程（即数据抽取（Extract）、转换（Transform）、装载（Load）的过程）有一些区别。如果考虑一个完整的数据挖掘项目，数据清洗则会花掉项目 70% ~80% 的时间。

为了更好地了解数据清洗分析过程，首先介绍如下一些概念。

16.1.1　数据清洗

数据仓库中的数据是面向某一主题的数据的集合，这些数据从多个业务系统中抽取而来而且包含历史数据，这样就避免不了有的数据是错误数据、有的数据相互之间有冲突，这些错误的或有冲突的数据显然是我们不想要的，成为"脏数据"。我们要按照一定的规则把"脏数据""洗掉"，这就是数据清洗。而数据清洗的任务是过滤那些不符合要求的数据，将过滤的结果交给业务主管部门，确认是否过滤掉还是由业务单位修正之后再进行抽取。不符合要求的数据主要有不完整的数据、错误的数据、重复的数据三大类。

1．不完整的数据

这一类数据主要是一些应该有的信息缺失，如供应商的名称、分公司的名称、客户的区域信息缺失、业务系统中主表与明细表不能匹配等。将这一类数据过滤出来，按缺失的内容分别写入不同 Excel 文件向客户提交，要求在规定的时间内补全，补全后才能写入数据仓库。

2．错误的数据

这一类错误是业务系统不够健全，在接收输入后没有进行判断直接写入后台数据库造成的，比如数值数据输成全角数字字符、字符串数据后面有一个回车操作、日期格式不正确、日期越界等。这一类数据也要分类，对于类似于全角字符、数据前后有不可见字符的问题，只能通过写 SQL 语句的方式找出来，然后要求客户在业务系统修正之后抽取。日期格式不正确的或者是日期越界的这一类错误会导致 ETL 运行失败，这一类错误需要去业务系统数据库用 SQL 的方式挑出来，交给业务主管部门限期修正，修正之后再抽取。

3．重复的数据

对于这一类数据，特别是表中会出现这种情况，将重复数据记录的所有字段导出来，让客户确认并整理。

数据清洗是一个反复的过程，不可能在几天内完成，必须不断地发现问题解决问题。对于是否过滤、是否修正，一般要求客户确认。对于过滤掉的数据，写入 Excel 文件或者将过滤数据写入数据表，在 ETL 开发的初期可以每天向业务单位发送过滤数据的邮件，促使他们尽快地修正错误，同时也可以作为将来验证数据的依据。需要注意的是，数据清洗不要将有用的数据过滤掉，对于每个过滤规则要认真进行验证，并要用户确认。

16.1.2　数据探索

探索数据是对数据进行初步研究，以便更好地理解它的特殊性质，有助于选择合适的数据预处理和数据分析技术。下面简单介绍一下相关概念。

1．简单汇总统计

汇总统计是量化的，用单个数或数的小集合捕获可能很大的值集的各种特征。

- 频率和众数

是描绘无序的、分类的值的集合，给定一个在 $\{V_1，V_2\cdots，V_i，\cdots，V_k\}$ 上取值的分类属性 x 和 m 个对象的集合，值 V_i 的频率定义为：frequency（V_i）=具有属性值 V_i 的对象数/m，分类属性的众数（mode）是具有最高频率的值。

- 百分位数

对于有序数据，考虑值集的百分位数更有意义，给定一个有序的或连续的属性 x 和 0 与 100 之间的数 p，第 p 个百分位数 x_p 是一个 x 值，使得 x 的 $p\%$ 的观测值小于 x_p。

- 位置度量：均值和中位数

均值和中位数比较简单，也比较常用，但是均值对离群值比较敏感。为了克服这个问题，可以使用截断均值，指定 0 和 100 之间的百分位数 p，丢弃高端和低端 $(p/2)\%$ 的数据，然后用常规的方法计算均值，所得的结果就是截断均值。

- 散布度量：极差和方差

这种度量表明属性值是否散布很宽，或者是否相对集中在单个点（如均值）附近，给定一个属性 x，它具有 m 个值 $\{x_1，x_2，\cdots，x_m\}$，x 的极差定义为：

$$range（x）= max（x）- min（x）$$

尽管极差标识最大散布，但是如果大部分值都集中在一个较小的范围内，并且更极端的值的个数相对较少，则可能会引起误解，因此，作为散布的度量，方差和标准差更可取。

2. 多元汇总统计

包含多个属性的数据（多元数据）的位置度量可以通过分别计算每个属性的均值或中位数得到。

对于多元数据，每个属性的分布可以独立于其他属性。对于具有连续变量的数据，数据的散布更多地用协方差矩阵 S 表示，其中，S 的第 ij 个元素 S_{ij} 是数据的第 i 个和第 j 个属性的协方差。

协方差的值接近于 0 表明两个变量不具有（线性）关系，对于数据探索，相关性比协方差更可取，相关矩阵 R 的第 ij 个元素是数据的第 i 个和第 j 个属性之间的相关系数，即 r_{ij} = correlation（$x_i，x_j$）= covariance（$x_i，x_j$）$/s_is_j$，其中 s_i 和 s_j 分别是 x_i、x_j 的方差。

16.2 数据导入

如果数据录入 SAS 里就是 SAS 数据集。SAS 数据集是有结构的数据，在进行数据的录入时，数据的来源可以直接在 SAS 编辑窗口里输入，也可以从其他应用程序所生的数据文件导入，如数据库文件（.DBF，结构数据）、电子表格文件（.XLS）、文本文件（.TXT，纯数据）等，还可以从另一个已存在的 SAS 数据集导入。

本节将引导读者学习读取非 SAS 格式数据的方法。

16.2.1　读入数据到 SAS 系统的方法

数据源复杂，所以需要对不同的数据源进行处理，如长度、格式等问题。一般来说，读入数据到 SAS 系统中的方法有如下四种：

- 直接输入 SAS 数据集中；
- 通过原数据文件创建 SAS 数据集；
- 转换其他数据类型至 SAS 数据集；
- 直接读入其他类型的数据文件。

在有些时候，直接输入 SAS 数据集往往是最好的方法，读者可以利用 Viewtable 窗口来编辑数据，定义变量名、长度、类型等。

本章大部分内容都是介绍利用 SAS 编程来读入程序，比如 SAS 数据步和过程步，读取的数据文件的类型有很多种，比如文本类型、CSV 类型、TAB 类型等。

另外，也可以转换其他软件的数据类型至 SAS 数据集，比如 EXCEL、Lotus、dBase（包括 ORACLE、DB2、INGRES 及 SYBASE 等）、STATA、SPSS、JMP、Paradox 及 Access 等数据文件，可以利用 SAS 程序直接读入，也可以先转换为 CSV 等其他文本格式再利用 SAS 程序读入。

DDE 机制，即动态数据转换（Dynamic Data Exchange），利用 DDE 和数据步也可以把数据文件导入 SAS 中。

16.2.2　指定数据文件的位置

要读入原始数据文件，首先要告诉 SAS 所读数据文件的位置，这一点当然很重要。数据又可以分为外部数据文件和直接在 SAS 程序中的数据。

如果直接在 SAS 程序中输入原始数据，则此数据就在程序的内部，当数据量很小的时候可以这样做，使用 DATALINES 语句可以指定内部数据，当然也可以使用 CARDS 语句代替 DATALINES 语句，它们的作用没有什么区别。

考察如下程序，读入原始数据并命名为 tempdata。

```
DATA tempdata;
    INPUT name $ sex $ age;
    DATALINES;
Adams      M   25
Lili       F   16
Grant      M   18
Kennedy    M   35
;
RUN;
```

一般情况下，数据常常被保存至一个单独的文件中，所以当我们读入此类数据文件时，首先必须指定此文件的姓名和路径，可以利用 INFILE 语句告诉 SAS 文件名和路径，在 INFILE 关键字之后，文件路径和名称被单引号包围，如下所示几个例子。

```
INFILE 'E:\OLTP\Application.dat';
INFILE 'E:\OLTP\Application.csv';
INFILE 'E:\OLTP\Application.txt';
```

如下程序可以读入数据集。

```
DATA Development_data;
INFILE 'E:\DATASET\Development_data.csv';
INPUT
COMPANY
UNIQUEID
ORIGINALID
DEFAULTDATE
IDACCOUNTING
CREDITRATING $
BORROWERRATING
;
RUN;
```

这里需要注意的是，读入数据时，SAS 系统默认每个记录的长度是 256，如果要修改这一默认条件，可以使用关键字 LRECL，如下所示。

```
INFILE 'E:\DATASET\Development_data.csv' LRECL=1000;
```

最后关注的是 INFILE 语句中的选项设置问题。

- FIRSTOBS = 选项：告诉 SAS 应该从第几行开始读入数据。
- OBS = 选项：告诉 SAS 应该读入多少条观测。
- MISSOVER：到行末，有缺失值，安排缺失值，如果没有添加 missover 关键字时，系统会报错并停止执行；如果添加，则会出现警告，并继续进行。一般情况下，建议添加。
- TRUNCOVER：如果变量长度大于数据的长度，自动截取，超出的部分读入下一个变量。
- Delimiter/DLM：指定数据分割字符，默认情况下，分隔符为空格或者 Tab 制表符，在上例中分隔符就是空格。有些情况下，分割符不为空格，或者其本身数据中就含有空格，那么就要对分割符进行重新指定，像 Microsoft Excel 中的 CSV 文件，其数据分割符就为逗号，那么对此可以添加 delimiter = ',', 比如 1 * | * John * | * 32 * | * M * | * On Leave 的数据，就可以使用 delimiter = ' * | * ' 来切割数据。

对于像 Tab 制表符或者其他难以用字符表示出来的数据，可以直接使用相应的 ASCII 码来将其表示出来，不过在数字字符串后需要添加"x"，比如 Tab 就是"delimiter = '09' x"。

16.2.3　读入由空格分隔的原始数据

在 SAS 系统中，读入数据集的操作一般使用 SAS 数据步和 IMPORT 过程来完成，下面的例子给出了一些经常遇到的数据文件格式导入 SAS 的程序。

有如下数据文件，数据与数据之间有空格分隔，下面我们利用 data 步读入此数据集。

```
Abe  5.3 1.7 . 3.0
Spot 4.6 2.5 5.1 .5
Tubs 6.1 . . 3.8
Tom  4.5 3.2 3.9 2.7
Noisy 3.8 2.3 1.8
1.9
Win 5.5 . 6.8 .
```

SAS 程序如下：

```
DATA test1;
    INFILE 'E:\DATASET\test.txt';
    INPUT Name $ Weight x1 x2 x3;
RUN;
PROC PRINT DATA = test1;
    TITLE 'SAS Data Set test1';
RUN;
```

结果如图 16-1 所示。

Obs	Name	Weight	x1	x2	x3
1	Abe	3.3	1.7	.	3.0
2	Spot	4.6	2.5	5.1	0.5
3	Tubs	6.1	.	.	3.8
4	Tom	4.5	3.2	3.9	2.7
5	Noisy	3.8	2.3	1.8	1.9
6	Win	5.5	.	6.8	.

图 16-1　数据集输出结果

16.2.4　读入列对齐的原始数据

读取列对齐的数据文件，关键是要制定每个变量对于观测的长度，如下所示的数据集：

Abe	25	67	6	15	2	3
Jone	213		2	5	0	6
Will	65	135	15	13	7	4
Tomshang	53	35	14	2	8	3

SAS 程序如下所示：

```
DATA test2;
   INFILE 'E:\DATASET \test2. txt';
   INPUT NAME  $ 1 - 20   Sales 21 - 24 X1 25 - 28
       X2 29 - 31 X3 32 - 34 X4 35 - 37 X5 38 - 40;
RUN;
PROC PRINT DATA = test2;
   TITLE 'SAS Data Set test2';
RUN;
```

结果如图 16-2 所示。

Obs	NAME	Sales	X1	X2	X3	X4	X5
1	Abe	25	67	6	15	2	3
2	Jone	213	.	2	5	0	6
3	Will	65	135	15	13	7	4
4	Tomshang	53	35	14	2	8	3

图 16-2　数据集输出结果

16.2.5　读入非标准格式的数据

当读入非标准格式的数据时，需要对原始数据进行转换，将转换后的数据输出，数据集如下所示。

Alicia Grossman	13 c 10 - 28 - 2008 7. 8 6. 5 7. 2 8. 0 7. 9
Matthew Lee	9 D 10 - 30 - 2008 6. 5 5. 9 6. 8 6. 0 8. 1
Elizabeth Garcia	10 C 10 - 29 - 2008 8. 9 7. 9 8. 5 9. 0 8. 8
Lori Newcombe	6 D 10 - 30 - 2008 6. 7 5. 6 4. 9 5. 2 6. 1
Jose Martinez	7 d 10 - 31 - 2008 8. 9 9. 510. 0 9. 7 9. 0
Brian Williams	11 C 10 - 29 - 2008 7. 8 8. 4 8. 5 7. 9 8. 0

SAS 程序如下，在 INPUT 语句中指定变量的格式，其中 NAME 为字符型，TYPE 为字符型，DATE 为日期型数据，其他的为数值型。

```
DATA test3;
   INFILE 'E:\DATASET \test3. txt';
   INPUT Name  $16. Age 3.  +1 Type  $1.  +1 Date MMDDYY10.
```

```
        (Score1 Score2 Score3 Score4 Score5) (4.1);
RUN;

PROC PRINT DATA = test3;

    TITLE 'SAS Data Set test3';

RUN;
```

结果如图 16-3 所示。

Obs	Name	Age	Type	Date	Score1	Score2	Score3	Score4	Score5
1	Alicia Grossman	13	c	17833	7.8	6.5	7.2	8.0	7.9
2	Matthew Lee	9	D	17835	6.5	5.9	6.8	6.0	8.1
3	Elizabeth Garcia	10	C	17834	8.9	7.9	8.5	9.0	8.8
4	Lori Newcombe	6	D	17835	6.7	5.6	4.9	5.2	6.1
5	Jose Martinez	7	d	17836	8.9	9.5	10.0	9.7	9.0
6	Brian Williams	11	C	17834	7.8	8.4	8.5	7.9	8.0

图 16-3　数据集输出结果

16.2.6　读入一个观测占据多行的数据文件

SAS 读入这种类型的数据时，关键之处在于告诉 SAS 何时另起一行读入数据。SAS 程序中，可以在 INPUT 语句后使用"/"或"#n"指引 SAS 读入数据。

原始数据文件如下所示。

```
Nome AK
55    44
88    29
Miami FL
90    75
97    65
Raleigh NC
88    68
105   50
```

程序如下所示。

```
DATA test4;
    INFILE 'E:\DATASET\test4.txt';
    INPUT City $ State $
        / NormalHigh NormalLow
        #3 RecordHigh RecordLow;
RUN;
PROC PRINT DATA = test4;
    TITLE 'SAS Data Set test4';
RUN;
```

结果如图 16-4 所示。

Obs	City	State	Normal High	Normal Low	Record High	Record Low
1	Nome	AK	55	44	88	29
2	Miami	FL	90	75	97	65
3	Raleigh	NC	88	68	105	50

图 16-4   数据集输出结果

16.2.7   读入原数据文件的一部分

当如入原始数据文件的一部分时，不需要把所有的数据都读入 SAS，关键是告诉 SAS 怎样有选择地读入数据。首先可以读入部分变量以判断是否需要读入此观测，然后以符号 "@" 为 INPUT 语句的结尾，符号 "@" 告诉 SAS 要保持这条记录。然后利用 IF 语句来判断是否要读入此记录，如果读入，则再利用第二个 INPUT 语句读入剩余的变量。

原始数据如下所示，我们只读入 TYPE = "freeway" 的观测。

```
freeway408                               3684 3459
surface Martin Luther King Jr. Blvd.     1590 1234
surface Broadway                         1259 1290
surface Rodeo Dr.                        1890 2067
freeway 608                              4583 3860
freeway 808                              2386 2518
surface Lake Shore Dr.                   1590 1234
surface Pennsylvania Ave.                1259 1290
```

SAS 程序如下：

```
DATA test5;
    INFILE 'E:\DATASET\test5.txt';
    INPUT Type $ @ ;
    IF Type = 'surface' THEN DELETE;
    INPUT Name $ 9 - 38 AMTraffic PMTraffic;
RUN;
PROC PRINT DATA = test5;
    TITLE 'SAS Data Set test5';
RUN;
```

结果如图 16-5 所示。

```
Obs    Type     Name    AMTraffic    PMTraffic
  1    freeway   408       3684         3459
  2    freeway   608       4583         3860
  3    freeway   808       2386         2518
```

图 16-5　数据集输出结果

16.2.8　IMPORT 过程读入分隔数据文件

本部分我们讲述利用 IMPORT 过程对分隔数据文件进行导入，首先是指定分隔符的 txt 数据文件。

1. 指定分隔符数据文件

对指定分隔符（'｜'，' '，'！'，'ab'等）数据的导入，这里以 '！' 为例 delimiter = '！' 进行说明，首先我们生成数据集 pipefile. txt. 。

```
data _null_;
  file 'E:\dataset\datafile.txt';
  put"X1! X2! X3! X4";
  put "11! 22!.!";
  put "111!.! 333! apple";
run;
```

SAS 导入程序如下，结果如图 16-6 所示。

```
proc import
  datafile = 'E:\dataset\datafile.txt'
  out = work.datafile
  dbms = dlm
  replace;
  delimiter = '! ';   /* 指定分隔符* /
  GUESSINGROWS = 2000;
  DATAROW = 2;
  getnames = yes;
run;
proc print data = datafile;
run;
```

```
Obs          X1          X2          X3    X4
  1          11          22           .
  2         111           .         333    apple
```

图 16-6　输出结果

由图 16-6 可知，GUESSINGROWS 的区间为 1~3 276。再给出一个案例，读取逗号分隔符的数据，具体程序如下。

```
options pagesize = 60 linesize = 80 pageno = 1 nodate;
data club1;
infile datalinesv dlm = ',';
input IdNumber Name $ Team $ StartWeight EndWeight;
datalines;
1023,David,red,189,165u
1049,Amelia,yellow,145,124
1219,Alan,red,210,192
1246,Ravi,yellow,194,177
1078,Ashley,red,127,118
1221,Jim,yellow,220,.
;
proc print data = club1;
title 'Weight of Club Members';
run;
```

2. 对 CSV 格式的数据进行导入

CSV 格式数据文件就是分隔符为逗号的数据文件，利用 import 过程导入的程序如下，首先创建测试数据集。

```
data _null_;
  file 'E:\dataset\datafile2.csv';
  put "Fruit1,Fruit2,Fruit3,Fruit4";
  put "apple,banana,coconut,date";
  put "apricot,berry,crabapple,dewberry";
run;
```

导入程序如下，结果如下图 16-7 所示。

```
proc import
  datafile = 'E:\dataset\datafile2.csv'
  out = work.datafile2
  dbms = csv
  replace;
run;
proc print data = datafile2;
run;
```

Obs	Fruit1	Fruit2	Fruit3	Fruit4
1	apple	banana	coconut	date
2	apricot	berry	crabapple	dewberry

图 16-7　输出结果

3. 对 tab 分隔数据的导入

以 tab 作为分隔符的数据文件，测试数据集及导入程序如下，结果如图 16 -8 所示。

```
data _null_;
  file 'c:\temp\tabfile.txt';
  put "cereal" "09"x "eggs" "09"x "bacon";
  put "muffin" "09"x "berries" "09"x "toast";
run;
proc import
  datafile='c:\temp\tabfile.txt'
  out=work.breakfast
  dbms=tab
  replace;
  getnames=no;
run;
```

Obs	VAR1	VAR2	VAR3
1	cereal	eggs	bacon
2	muffin	berries	toast

图 16-8　输出结果

4. import 过程 dbms 选项汇总

关于利用 IMPORT 过程导入其他格式的数据文件，这里不再赘述，只要在 IMPORT 过程的 dbms 选项中指定对应的格式即可。IMPORT 过程支持的数据文件格式见表 16-1。

表 16-1　dbms 选项

关键字	输入数据源	扩展名
ACCESS	Microsoft Access 2000 or 2002 table	.mdb
ACCESS97	Microsoft Access 97 table	.mdb
ACCESS2000	Microsoft Access 2000 table	.mdb
ACCESS2002	Microsoft Access 2002 table	.mdb
ACCESSCS	Microsoft Access table	.mdb
CSV	delimited file (comma - separated values)	.csv
DBF	dBASE 5.0, IV, III +, and III files	.dbf
DLM	delimited file (default delimiter is a blank)	.*

续表

关键字	输入数据源	扩展名
EXCEL	Excel 2000 or 2002 spreadsheet	. xls
EXCEL4	Excel 4. 0 spreadsheet	. xls
EXCEL5	Excel 5. 0 or 7. 0（95）spreadsheet	. xls
EXCEL97	Excel 97 or 7. 0（95）spreadsheet	. xls
EXCEL2000	Excel 2000 spreadsheet	. xls
EXCELCS	Excel spreadsheet	. xls
JMP	JMP table	. jmp
PCFS	Files on PC server	. *
TAB	delimited file（tab – delimited values）	. txt
WK1	Lotus 1-2-3 Release 2 spreadsheet	. wk1
WK3	Lotus 1-2-3 Release 3 spreadsheet	. wk3
WK4	Lotus 1-2-3 Release 4 or 5 spreadsheet	. wk4

16.3 数据格式处理

在实际的数据处理过程中，我们经常需要把将变量的类型转换成其他的类型，最常见的是把数据从数字型转换成字符型，或者从字符型转换成数值型。

数值型转换成字符型使用 PUT 函数完成，如下所示：

```
data newlist;
set newdata. maillist;
zipcode = PUT(zip,z5.);
run;
```

字符型转换成数值型使用 INPUT 函数，如下所示：

```
data newlist;
set newdata. maillist;
zipcode = INPUT(zip,8.);
run;
```

16.4 SAS 函数

SAS 提供了比一般程序设计语言多几倍的标准函数，可以直接用在数据步的计算中，其中包括所有语言都有的数学函数、字符串函数，还包括特有的统计分布函数、分位数函数、随机数函数、日期时间函数、财政金融函数，等等。本节重点讲述数据清洗过程中常用的字符函数和数学函数。

16.4.1　字符函数

在数据清洗中，经常要处理字符型变量，部分函数已经在前面的章节中讲述过，在此不再赘述。经常用到的字符函数如下：

- Compress：从变量中移除定义的特殊字符。
- Index/indexc/indexw：返回一个字符或者字符串的起始位置。
- Left：左对齐变量值。
- Length：返回字符串长度。
- Lowercase：将字符都转换成小写。
- Right：右对齐变量值。
- Scan：返回被分隔符隔离的部分数据。
- Substr：返回字符串的一部分。
- Translate：用定义的字符替换字符串中字符。
- Tranwrd：用一部分字符替换字符串中某些字符。
- Trim：从右边除去字符串的空格。
- Upcase：将变量值全部转换成大写。

下面给出部分示例来说明这些字符函数的处理过程。

```
data newlist;
set newdata.maillist;
/*  Extract month, day and year * /
/*  from the date character vara * /
m = scan(date,1,' ');
d = scan(date,2,' ');
y = scan(year,2,',');
dd = compress(d||m||y,' ,');
/*  Convert mon, day, year into * /
/*  new date variableb * /
newdate = input(dd,date9.);
run;
Data cleandata;
Set dirtydata;
a = substr(oldid,length(oldid)-3);
put a;
run;
```

```
Oldid New Id
A123B24 B24
AS1456B35 B35
data cleandata;
set dirtydata;
oldidx = upcase(oldid);
a = substr(oldid,index(oldidx,'B'),3);
put a;
run;
```

16.4.2 数值函数

数值函数主要处理数值的转换等问题，SAS 系统中有比较丰富的数值函数，表 16-2 给出了一些常用的函数。

表 16-2 数值函数汇总

函数	格式	说明
INT	INT（arg）	返回数值的整数部分
LOG	LOG（arg）	自然对数
LOG10	LOG10（arg）	以 10 为底的对数
MAX	MAX（arg-1，arg-2，…，arg-n）	最大值
MEAN	MEAN（arg-1，arg-2，…，arg-n）	均值
MIN	MIN（arg-1，arg-2，…，arg-n）	最小值
N	N（arg-1，arg-2，…，arg-n）	非缺失值的个数
NMISS	NMISS（arg-1，arg-2，…，arg-n）	缺失值个数
ROUND	ROUND（arg，round-off-unit）	随机数
SUM	SUM（arg-1，arg-2，…，arg-n）	求和
DATEJUL	DATEJUL（julian-date）	把数字日期转成 SAS 日期格式
DAY	DAY（date）	返回日期的日
MDY	MDY（month，day，year）	根据 month、day、year 来生成 SAS 日期
MONTH	MONTH（date）	返回日期的月
QTR	QTR（date）	返回季节
TODAY	TODAY（）	返回当前日期
WEEKDAY	WEEKDAY（date）	返回日期是周几
YEAR	YEAR（date）	返回年
YRDIF	YRDIF（start-date，enddate，'ACTUAL'）	返回日期之间的年差

16.5　缺失值处理

SAS 系统里的缺失值分为两类，一类是数值型的缺失值，用 "." 表示；另一类是字符型的缺失值，用空格来表示。

有关缺失值示例如下。

```
data temp_missing;
input NAME $ 1 - 7 SCORE 8 - 9;
cards;
TOM    78
ANDY   75
JERRY
       80
ABE    69
;
RUN;
PROC PRINT DATA = temp_missing;
RUN;
```

运行上述程序，输出结果如图 16-9 所示，可见字符型缺失值为空格，数值型缺失值为一个下圆点。

```
Obs    NAME     SCORE

 1     TOM        78
 2     ANDY       75
 3     JERRY       .
 4                80
 5     ABE        69
```

图 16-9　字符和数值型缺失值

缺失值的处理一般需要和业务结合处理，最常用的方法是用 0 值替换，还可以用变量均值、众数替换。

16.6　数据抽样

在构建数据挖掘模型过程中，有时我们无法对所有的样本进行全面研究，有时我们希望将整体划分为训练集、验证集、测试集三份用于不同目的的数据集，甚至在 K-折交叉验证中，我们需要把样本随机地划分为 K 份数据子集。本节介绍 SAS 的 SURVEYSELECT 过程和 RANUNI 函数在样本随机抽样方面的应用。

所使用的数据集为 SAS 系统自带数据 sashelp. class。首先，查看数据集内容，程序如下。

```
PROC PRINT DATA = sashelp. class;
    TITLE 'Students"s name gender age height weight';
RUN;
```

然后，对二维列联表（年龄、性别）进行频数统计，程序如下所示，结果如图 16-10 所示。

```
PROC FREQ DATA = sashelp. class;
    TABLES sex *  age /NOPERCENT NOROW NOCOL;
RUN;
```

Sex(性别)	Age(年龄)						
频数	11	12	13	14	15	16	合计
男	1	3	1	2	2	1	10
女	1	2	2	2	2	0	9
合计	2	5	3	4	4	1	19

图 16-10　数据集 class 的 sex 和 age 的叉乘表

最后，对数据集按分层变量进行排序，程序如下所示。

```
PROC SORT DATA = sashelp. class;
BY sex age;
RUN;
```

16.6.1　等比例分层抽样

利用 SURVEYSELECT 过程对数据集进行等比例分层抽样，直接调用关键字 STRATA 即可，取样 50%，按照 sex 和 age 分层，程序如下所示。

```
PROC SURVEYSELECT DATA = sashelp. class
out = samp1
method = srs
samprate = .5
seed = 9876;
    STRATA sex age;
RUN;
```

查看分层抽样的结果，如图 16-11 所示。

```
PROC FREQ DATA = samp1;
     TABLES sex *  age /NOPERCENT NOROW NOCOL;
RUN;
```

```
Sex(性别)     Age(年龄)
频数    |    13|    14|  合计
--------+--------+--------+
男      |    0 |    1 |    1
--------+--------+--------+
女      |    1 |    0 |    1
--------+--------+--------+
合计         1       1       2
```

图 16-11　class 的分层抽样结果

16.6.2　不等比例分层抽样

利用 SURVEYSELECT 过程对数据集进行不等比例分层抽样，直接指定各个分层的抽样百分比即可，比如下面的程序，利用关键字 samprate 指定。

```
PROC SURVEYSELECT DATA = sashelp.class
     out = samp2
     method = srs
     samprate = (.4 .6 .4 .6 .4 .6)
     seed = 9876;
     STRATA sex age;
RUN;
```

16.6.3　分层抽样

利用 SURVEYSELECT 过程对数据集进行指定数量的分层抽样，直接指定要抽取的观测数量即可。程序如下所示。

```
proc sort data = sashelp.class;
by sex;
run;
PROC SURVEYSELECT DATA = sashelp.class
out = samp3
method = srs
n = (5 4 )
seed = 9876;
STRATA sex;
RUN;
```

查看分层抽样的结果如图 16-12 所示。

```
PROC FREQ DATA = samp3;
      TABLES sex *  age /NOPERCENT NOROW NOCOL;
RUN;
```

图 16-12   按照数量抽样结果